"十四五"职业教育国家规划教材

网络安全技术与实施

（第三版）

新世纪高职高专教材编审委员会 组 编

杨　云　苏东梅　主 编

涂小燕　王　东　王东恩　张瑞娜　副主编

WANGLUO ANQUAN

JISHU YU SHISHI

U0245290

大连理工大学出版社

图书在版编目(CIP)数据

网络安全技术与实施 / 杨云，苏东梅主编. -- 3 版
. -- 大连：大连理工大学出版社，2021.8(2024.12 重印)
新世纪高职高专网络专业系列规划教材
ISBN 978-7-5685-3081-1

Ⅰ. ①网… Ⅱ. ①杨… ②苏… Ⅲ. ①计算机网络—
网络安全—高等职业教育—教材 Ⅳ. ①TP393.08

中国版本图书馆 CIP 数据核字(2021)第 126662 号

大连理工大学出版社出版
地址：大连市软件园路 80 号　邮政编码：116023
发行：0411-84708842　邮购：0411-84708943　传真：0411-84701466
E-mail：dutp@dutp.cn　URL：https://www.dutp.cn
辽宁星海彩色印刷有限公司印刷　　　　大连理工大学出版社发行

幅面尺寸：185mm×260mm　　　　印张：17　　　　字数：393 千字
2014 年 8 月第 1 版　　　　　　　　　　　2021 年 8 月第 3 版
2024 年 12 月第 8 次印刷

责任编辑：马　双　　　　　　　　　　　责任校对：李　红
封面设计：对岸书影

ISBN 978-7-5685-3081-1　　　　　　　　定　价：55.00 元

前言

　　《网络安全技术与实施》(第三版)是"十四五"职业教育国家规划教材、"十三五"职业教育国家规划教材、"十二五"职业教育国家规划教材,也是新世纪高职高专教材编审委员会组编的网络专业系列规划教材之一。

　　党的二十大报告中指出,必须坚持科技是第一生产力、人才是第一资源、创新是第一动力。大国工匠和高技能人才作为人才强国战略的重要组成部分,在现代化国家建设中起着重要的作用。网络强国是国家的发展战略。要做到网络强国,不但要在网络技术上领先和创新,而且要确保网络不受国内外敌对势力的攻击,保障重大应用系统正常运营。因此,网络技能型人才的培养显得尤为重要。

　　1. 编写背景

　　随着互联网的发展与普及,网络安全成为信息化的"命门",信息安全人才需求巨大,信息安全工作的性质决定了对人才的需求是多层次、复合型的。掌握网络安全与防护相关技术已成为计算机网络技术、网络系统管理、计算机应用技术和电子商务等专业学生的核心技能。

　　本教材是编者总结多年网络安全技术教学经验及十余年实际网络安全项目管理与实践经验编写而成的,引入了主流网络安全产品及技术,历经多轮教学使用并不断完善,取得了非常好的教学效果。

　　2. 教材主要内容

　　本教材包括 5 个学习情境,共 12 个教学项目:

　　学习情境 1 介绍了网络协议分析相关技术,协议分析技术是网络安全技术的基础内容,也是核心内容。本部分学习 Packet Tracer 和 GNS3 软件的安装方法以及如何利用它们进行协议分析。

　　学习情境 2 介绍了网络设备安全管理与配置的方法和技巧,包括交换机、路由器、防火墙、IPS 等网络设备的安全配置。

　　学习情境 3 介绍了主机安全管理与配置的相关技术和技巧,包括对 Windows、Linux 主流操作系统进行评估与加固。

　　学习情境 4 介绍了系统网络防护与数据加密的方法和技巧,包括查杀计算机病毒与木马防护、使用 Sniffer Pro 防护网络、加密数据等内容。

学习情境 5 是针对整体网络的综合案例,讲解并分析如何对网络整体安全进行部署。

本教材面向应用型技能人才培养,以实践能力培养为主线,遵循"工学结合、任务驱动"的教学理念,充分利用仿真技术、虚拟化技术,将当前主流网络安全与管理技术进行有序化。

3.教材特色

本教材具有如下特色:

(1)本教材以典型企业园区网络异地互联的综合项目案例为背景,展开网络安全技术与实施相关知识与技能的讲解,使学习者能基于大的网络环境去理解网络安全技术的部署与实施。

(2)编写团队具有丰富的实际工作经验,部分编写人员从事大型园区网络安全管理工作十余年,指导的学生在近年全国高职技能大赛的信息安全技术应用项目、计算机网络应用项目中多次获得一等奖。团队具有较强的实践经验与拼搏精神,这为本教材的完成提供了丰富的经验积累和保障。

(3)教材中几乎所有的任务都利用了仿真技术、虚拟化技术,避免由于设备不足而使实训条件受限,学习者可以利用单机环境及虚拟仿真软件完成各实训任务的学习。

(4)本教材以工程实践为基础,将理论知识与实际操作融为一体,按照"项目背景"→"项目知识准备"→"项目实施"→"项目习作"的梯次编写,充分体现"教、学、做合一"的内容组织与安排,为实施"教、学、做合一"的教学模式提供有力支撑。

(5)力求语言精练,浅显易懂,以完整清晰的操作过程配以大量演示图例来组织教学内容,读者对照正文内容即可上机实践。

(6)采用了"纸质教材+电子活页"的形式编写教材。利用互联网技术,扩充教材内容,在纸质教材外,增加超值丰富的数字资源,包含视频、音频、作业、试卷、拓展资源、主题讨论、扩展的项目实训视频等,实现纸质教材三年修订、电子活页随时增减和修订的目标。

(7)按照职业教育学历证书与职业资格证书相互贯通的"双证"人才培养要求,本教材覆盖了网络安全工程师相关认证考试内容。

本教材是学院老师与企业工程师共同策划编写的一本工学结合教材,由浙江东方职业技术学院杨云、长春职业技术学院苏东梅担任主编,江西现代职业技术学院涂小燕,长春职业技术学院王东、王东恩、张瑞娜担任副主编,山东鹏森信息科技有限公司王春身、江西现代职业技术学院陈园园、顾牡丹参与了编写和项目视频录制。

本教材可作为高职院校计算机应用技术专业、信息安全技术应用专业和计算机网络技术专业理论与实践一体化教材,也可作为网络安全管理人员的自学指导书。

由于编者的水平有限,书中难免有疏漏之处,恳请读者批评指正,不吝赐教。

编 者

所有意见和建议请发往:dutpgz@163.com

欢迎访问职教数字化服务平台:https://www.dutp.cn/sve/

联系电话:0411-84707492 84706671

目　录

学习情境 1　网络协议分析

学习情境 2　网络设备安全管理与配置

学习情境 3　主机安全管理与配置

学习情境 4 系统网络防护与数据加密

学习情境 5　综合案例

本书微课视频表

学习情境 1
网络协议分析

　　作为一名企业员工，每天上班都要打开计算机通过互联网查看与业务相关的资料，如收发邮件、内部 OA 办公、发布和浏览企业新闻等。如果某天安装一个软件以后，发现计算机上不去网或者突然间上网速度变慢，这时分析网络出现的问题并解决网络故障就显得尤为重要。

　　通过抓包软件分析网络协议能够准确定位网络故障出现的位置，对网络传输的数据进行分析能找到导致网络问题的原因，从而进一步解决网络问题。因此，如果没有网络协议分析，网络故障的解决只停留在表面，并没有解决网络故障的实质。

项目 1
企业网络安全项目案例需求分析

1.1 项目背景

网络快速发展在带来了各种便利的同时,其存在的安全漏洞和隐患也带来了巨大的威胁和风险,网络安全问题已经成为世界各国关注的焦点。

早期的网络安全事件,多因黑客为炫耀技术而起,这也是时至今日,黑客们制造的许多网络安全事件仍能得到大多数网民原谅的主要原因。但是随着互联网应用的深入发展,网络蕴藏的巨大商机和通过网络产生的巨大经济利益驱使许多技术高超的黑客走向商业犯罪。

1.世界卫生组织疫情期间遭受网络攻击数量同比增长 5 倍

2020 年 4 月,世界卫生组织发表声明称疫情期间遭受网络攻击数量急剧增加,约有 450 个世界卫生组织及数千名相关工作人员的邮箱、密码遭到泄露。据外媒报道,和世卫组织的数据一起被泄露的,还有美国国立卫生研究院、美国疾病预防控制中心、盖茨基金会等机构的数据,共计近 25000 份邮箱和密码。

2.全球金融行业重大网络安全事件

案例1

新西兰证券交易所连续一周遭受 DDoS 攻击导致交易中断

2020 年 8 月 31 日上午,新西兰证券交易所网站在周一的市场交易开盘不久再次崩溃。这已是自 8 月 25 日以来,新西兰证券交易所连续第 5 天"宕机"。8 月 25 日,新西兰证券交易所收到分布式拒绝服务(DDoS)攻击,袭击迫使交易所暂停其现金市场交易 1 小时,扰乱了其债务市场。

案例2

欧洲某银行遭遇史上最大规模的 DDoS 攻击

2020 年 6 月,欧洲某银行遭大规模 DDoS 攻击,其网络遭遇每秒 8.09 亿数据包的洪水攻击。这次攻击活动可能是由源自地下黑市的新型僵尸网络实施的,这是从首次攻击牵涉的大量 IP 地址数量得出的结论。

案例3

世界最大加密货币交易所接连发生数据泄露事故

2019 年 8 月，世界最大加密货币交易所币安（Binancc）发生数据泄露事故，已有数百名用户的身份证明图像（Know Your Customer，KYC）被发布在互联网上，且未来可能影响上万用户。据称，黑客在窃取信息后，曾威胁该交易所支付 300 比特币，否则将公开其窃取的所有 KYC 图像。

无独有偶，Binance 在两个月前也遭遇了大规模系统性攻击，被窃走大量用户 API 密钥、谷歌验证 2FA 码以及其他相关信息。黑客团体使用了复合型的攻击技术，包括网络钓鱼，病毒等攻击手段。

3.用户信息遭泄露

几乎所有的公民都收到过骚扰电话，并且对方知道一些你的个人信息，这些大多数信息都是通过网络传播或因为遭受过网络安全事件的入侵造成的。

案例1

疑似 5.38 亿条微博用户信息遭到泄露

有人发现 5.38 亿条微博用户信息在暗网出售，但是不含密码，其中 1.7 亿条有帐户信息。微博方面表示是攻击者非法调用了接口获取了用户信息，但是不同声音指出数据来源是通过脱库进行，而非 API 接口，同时部分非公开信息不大可能通过 API 获取。3 月 20 日，新京报记者购买了价值 12 元的内容，获得了 201 条微博用户信息，这些信息中包括用户身份证号、手机号等私密信息。经过 3 条帐号信息的测试，2 个微博帐号查询到了正确的关联手机帐号。

案例2

我国多地高校数万学生隐私遭泄漏

2020 年 4 月，河南财经政法大学、西北工业大学明德学院、重庆大学城市科技学院等高校的数千名学生发现，自己的个人所得税 App 上有陌生公司的就职记录。税务人员称，很可能是学生信息被企业冒用，以达到偷税的目的。郑州西亚斯学院多名学生反映，学校近两万学生个人信息被泄露，以表格的形式在微信、QQ 等社交平台上流传。对此，该校官方微博在回应学生时称，已向公安机关报备，正在调查之中。5 月 31 日，有人在班级微信群中发来两份"返校学生名单"，该名单涉及近两万名学生，信息具体到名字、身份证号、年龄、专业及宿舍门牌号等。事件发生后，多名学生反映收到骚扰电话。

互联网的兴盛引起了全球新一轮的技术更迭,但同时对社会其他领域也造成了较大的影响。从中可见,几乎所有人都或多或少地遭受过网络安全事件的影响,为了能够更好地保护隐私,我们应该合理安全地使用网络,不入侵别人,同时提高自己的安全意识,合理使用网络。

1.2　项目知识准备

1.2.1　网络安全概念引入

1.网络安全

计算机网络安全是指计算机及其网络系统资源和信息资源不受自然和人为有害因素的威胁和危害,即指计算机、网络系统的硬件、软件及其系统中的数据受到保护,不因偶然的或者恶意的因素而遭到破坏、更改和泄露,确保系统能连续可靠正常地运行,使网络服务不被中断。

计算机网络安全从其本质上来讲就是系统中的信息安全。计算机网络安全是一门涉及计算机科学、网络技术、密码技术、信息安全技术、应用数学、数论和信息论等多种学科的综合性科学。从广义上来说,凡是涉及计算机网络上信息的保密性、完整性、可用性、真实性和可控性的相关技术和理论都是计算机网络安全的研究领域。所以,广义的计算机网络安全还包括信息设备的物理安全性,如场地环境保护、防火措施、防水措施、静电防护、电源保护、空调设备、计算机辐射和计算机病毒等。

2.网络安全体系结构框架

一般把计算机网络安全看成一个由多个安全单元组成的集合。其中,每个安全单元都是一个整体,包含多个特性。可以从安全特性的安全问题、系统单元的安全问题以及开放系统互连(ISO/OSI)参考模型结构层次的安全问题等三个主要特性去理解一个安全单元。

(1)安全特性的安全问题

安全特性的安全问题指的是该安全单元能解决什么安全威胁。一般来说,计算机网络的安全威胁主要来源于人的恶意行为,这可能导致资源(包括信息资源、计算资源、通信资源)被破坏、信息被泄露、信息被篡改、信息被滥用和拒绝服务。ISO 7498-2 对 OSI 规定了五个方面的安全服务,即认证、访问控制、数据保密性、数据完整性和防抵赖。这些安全服务几乎可以在 OSI 的所有层中提供。

(2)系统单元的安全问题

系统单元的安全问题指的是该安全单元解决什么系统环境下的安全问题。对于Internet,可以从四个不同的环境来分析其安全问题。

物理环境的安全问题:物理环境指的是硬件设备和网络设备等,包含该特性的安全单元解决物理环境的安全问题。

网络系统本身的安全问题:一般是指数据在网络上传输的安全威胁与数据和资源在存

储时的安全威胁。

应用程序的安全问题:应用程序是在操作系统上进行安装和运行的,包含该特性的安全单元解决应用程序所包含的安全问题。一般是指数据在操作和资源在使用时的安全威胁。

网络管理的安全问题:ISO 7498-2 制定了有关安全管理的机制,包括安全域的设置和管理、安全管理信息库和安全管理信息的通信、安全管理应用程序协议及安全机制与服务管理。

(3)开放系统互连(ISO/OSI)参考模型结构层次的安全问题

OSI 安全体系结构的研究始于 1982 年,当时 OSI 参考模型刚刚确立。1989 年,ISO 为实现开放互连环境下的信息安全,制定了 ISO 7498-2 标准,作为 OSI 参考模型的新补充。ISO 7498-2 标准现在已经成为网络安全专业人员的重要参考,它不是解决某一特定的安全问题,而是为解决网络安全共同体提出了一组公共的概念和术语,用来描述和讨论安全问题和解决方案。OSI 安全体系结构主要包括三部分内容,即安全服务、安全机制和安全管理,下面就 OSI 的安全服务、安全机制进行介绍。

3.安全服务

ISO 对 OSI 规定了五种级别的安全服务:认证、访问控制、数据保密性、数据完整性和防抵赖。下面分别介绍这些安全服务。

(1)认证安全服务

认证安全服务是防止主动攻击的重要措施,这种安全服务提供了对通信中的对等实体和数据来源的鉴别,它对于开放系统环境中的各种信息安全有着重要的作用。认证就是识别和证实。识别是辨别一个对象的身份,证实是证明该对象的身份就是其声明的身份。OSI 环境可提供对等实体认证(Peer Entity Authentication)的安全服务和信源认证(Data Origin Authentication)的安全服务。

(2)访问控制安全服务

访问控制安全服务是针对越权使用资源和非法访问的防御措施。访问控制大体可分为自主访问控制和强制访问控制两类。其实现机制可以是基于访问控制属性的访问控制表(或访问控制路),或者基于"安全标签""用户分类"和"资源分档"的多级访问控制等。访问控制安全服务主要位于应用层、传输层和网络层。它可以放在通信源、通信目标或两者之间的某一部分。

(3)数据保密性安全服务

数据保密性安全服务是针对信息泄露和窃听等被动威胁的防御措施。这组安全服务又细分为信息保密、数字保密和业务流保密。

信息保密是指保护通信系统中的信息或网络数据库数据。而通信系统中的信息又分为连接保密和无连接保密。连接保密服务保证一次连接上的全部用户数据的机密性。尽管在某些层次上,保护所有数据可能是不适宜的,例如,加速数据或连接请求中的数据。无连接保密服务保证单个无连接的 SDU 中的全部用户数据的机密性。

数字保密是指保护信息中被选择的部分数据字段。这些字段或处于连接的用户数据中,或者为单个无连接的 SDU 中的字段。

业务流保密是指防止攻击者通过观察业务流,如信源、信宿、转送时间、频率和路由等来得到敏感的信息。

(4)数据完整性安全服务

数据完整性安全服务是针对非法地篡改和破坏信息、文件和业务流而设置的防范措施,以保证资源的可获得性。这组安全服务又细分为:基于连接数据的数据完整性、基于数据单元的数据完整性和基于字段的数据完整性。

基于连接数据的数据完整性,为连接上的所有用户数据提供完整性服务,可以检测整个SDU序列中的数据遭到的任何篡改、插入、删除或重放。同时根据是否提供恢复成完整数据的功能,分为有恢复的完整性服务和无恢复的完整性服务。

基于数据单元的数据完整性,当由层提供这种服务时,对发出请求的实体提供数据完整性保证。它对无连接数据单元逐个进行完整性保护。另外,在一定程度上也能提供对重放数据单元的检测。

基于字段的数据完整性,这种服务为有连接或无连接通信的数据提供被选字段的完整性服务,通常是确定被选字段是否遭到了篡改。

(5)防抵赖安全服务

防抵赖安全服务是针对对方抵赖的防范措施,可用来证实已发生过的操作。这组安全服务可细分为:数据源发证明的防抵赖和交付证明的防抵赖。

数据源发证明的防抵赖,为数据的接收者提供数据来源的证据,这使发送者谎称未发送过这些数据或否认它的内容的企图不能得逞。

交付证明的防抵赖,为数据的发送者提供数据交付证据,这将使接收者事后谎称未收到过这些数据或否认它的内容的企图不能得逞。通信双方互不信任,但对第三方(公证方)绝对信任,于是依靠第三方来证实已发生的操作。

4.安全机制

为了实现上述五种安全服务,ISO 7408-2制定了支持安全服务的八种安全机制,它们分别是:加密机制(Encipherment Mechanisms)、数字签名机制(Digital Signature Mechanisms)、访问控制机制(Access Control Mechanisms)、数据完整性机制(Data Integrity Mechanisms)、鉴别交换机制(Authentication Mechanisms)、通信业务填充机制(Traffic Padding Mechanisms)、路由控制机制(Routing Control Mechanisms)、公证机制(Notarization Mechanisms)。

安全服务基本机制直接保护计算机网络安全,但这些机制必须有以下一些机制的配合,才能真正使安全服务满足用户需求。这些机制的实现与网络层次没有必然的联系,它们侧重于安全管理方面,被称为支持安全服务的辅助机制,主要包括:安全机制可信度评估、安全标识、安全审计、安全响应与安全恢复。

1.2.2 网络安全主要特点

网络安全具有以下四个方面的特点。

1.保密性

信息不被泄露给非授权的用户、实体、过程,或者供其利用。

2.完整性

数据未经授权不能进行更改,即信息在存储或传输过程中保持不被修改、不被破坏和不丢失。

3.可用性

可被授权实体访问并按需求使用,即当需要时应能存取所需的信息。

4.可控性

对信息的传播及内容具有控制能力。

1.2.3 网络安全分析

一个网络安全系统应具有如下功能。

1.身份识别

身份识别是安全系统应具备的最基本功能。这是验证通信双方身份的有效手段。用户向系统请求服务时,要出示自己的身份证明,例如输入 User ID 和 Password。系统应具备查证用户身份的能力,对于用户的输入,能够明确判别是否来自合法用户。

2.存取权限控制

存取权限控制的数字签名基本任务是防止非法用户进入系统及防止合法用户对系统资源的非法使用。在开放系统中,应对网上资源的使用制定两个规定:一是定义哪些用户可以访问哪些资源;二是定义可以访问的用户所具备的读、写等操作权限。

3.数字签名

数字签名即通过一定的机制,如 RSA 公开密钥加密算法等,使信息接收方能够做出"该信息是来自某一数据源且只可能来自该数据源"的判断。

4.保护数据完整性

保护数据完整性即通过一定的机制,如加入消息摘要等,以发现信息是否被非法修改,避免用户或主机被伪信息所欺骗。

5.审计追踪

审计追踪即通过记录日志和对有关信息进行统计等手段,使系统在出现安全问题时能够追查原因。

6.密钥管理

密钥管理是保障信息安全的重要途径,以密文方式在相对安全的信道上传递信息,可以让用户放心地使用网络。密钥泄露或居心不良者通过积累大量密文而增加破译密钥的机会,都会对通信安全造成威胁。因此,对密钥的产生、存储、传递和定期更换进行有效的控制并引入密钥管理机制,对增强网络的安全性和抗攻击性也是非常重要的。

1.2.4 网络安全现状

由于计算机和国际互联网的飞速普及,目前中国已经成为黑客重要的攻击目标之一。据 RIPE(世界互联网组织)2016 年的统计报告,全球每天有 35 万台 PC 处于随时可能被攻击的失控状态,而其中有 24% 的 PC 来自中国。

正版软件升级费用昂贵,因而部分用户更愿意选择各种免费的试用版软件,但是试用版软件无法通过官方网站进行升级,同时还人为地开放了某些特定端口,这些都会被黑客所利用。这些可以被黑客远程攻击的 PC 被称为 Zombies(僵系统)。"僵系统"的特点是,它为黑客开了一道"后门",黑客可以随时通过远程的方式对该系统"指手画脚"。一般情况下,黑客会利用这些"僵系统"大量地传播病毒或垃圾邮件。在中国,网民越来越多,许多网民并不精通计算机技术,专家指出:"对于一些没有计算机安全知识的用户,如果经常在线,那将是一件很危险的事情。"另外,由于很多人没有及时安装补丁程序,这些系统更易受到病毒的攻击。此外,语言障碍也是中国计算机用户容易受到攻击的原因之一,中国有 60 多种主要语言,如果微软发布一款补丁程序,不可能得到所有网民的一致关注。

1.2.5 网络安全对策

网络安全是一个系统工程,用户需要对网络所面临的威胁进行风险评估,决定其需要的安全服务种类,并选择相应的安全机制,然后集成先进的安全技术,形成一个全方位的安全系统。

通过前面的网络安全事件,可以了解到目前我们面临的网络安全问题是比较多的,学习网络安全,就要密切关注网络安全事件发生的起因和形式,进而找出相应的防范措施,尽量使网络变得更安全。计算机网络安全技术主要包括以下几种:主机安全技术、身份认证技术、访问控制技术、密码技术、防火墙技术、安全审计技术和安全管理技术等。

1.3 项目实施

在设计一个网络安全系统时,首要任务是确认该单位的需要和目标,并制定安全策略。安全策略需要反映出该单位同公用网络连接的理由,并分别规定对内部用户和公众用户提供的服务。

在传统的网络技术学习中,网络设备配置实践受实训时间、实训地点的限制。由于网络设备比较昂贵,只能在实训室里做网络实验,各个网络设备放置在实训室的不同实训台上,在实验中要不停地往返于设备之间,大大降低了做实验的效率。另外,实验中不可避免要频繁地插拔设备,对于初学者来说,还会有很多错误操作,这些都可能导致设备出现不同程度的损坏。

Cisco Packet Tracer 软件(下文称 Packet Tracer 软件)提供可视化、可交互的用户图形界面,来模拟各种网络设备及其网络处理过程,为设计、配置网络及排除网络故障提供了模拟网络环境。在选择设备时,根据实际需要确定设备的型号,通过各种连接线缆搭建起网络拓扑,非常适合新手学习网络设备的配置与管理,同时也使得实验更直观、灵活、方便。

Packet Tracer 软件适用于初学者,它的拓扑图有助于帮助初学者了解网络的架构,是思科的官方模拟器,但是不支持某些实验。GNS3 是比较好用的模拟器,可随时对设备进行模块添加、删减,可以为模拟的路由器、交换机、防火墙等设备加载真实的 IOS,只要加载的 IOS 版本是正确的,命令都是支持的,并且 GNS3 还可以通过电脑物理网卡与外界传输数据,可以通过虚拟网卡和虚拟机相连,功能很强大。但是,GNS3 占内存比较多,CPU 使用率较大。建议在使用前进行 Idle PC 值的计算,以免进行模拟时 CPU 占用过高。GNS3 算出 Idle PC 值后,优秀的值会以 * 号标记,帮助用户选取准确的 Idle PC 值,减少对 CPU 的占用。

　　GNS3 支持的模拟器程序可以运行 Cisco ASA、PIX 防火墙、Cisco IPS,还支持其他模拟器程序,例如 Qemu、Pemu、Virtual Box 等,连接方式上可与 Secure CRT 搭配使用。GNS3 将这些模拟器集成到一起,使用户可以将网络设备配置与安全和主机安全合理地联系起来并进行综合实验。

任务 1-1　安装 Packet Tracer 软件

　　1.双击 Packet Tracer 安装文件"Packet Tracer 7.1.1 for Windows 64 bit.exe",进行安装。如图 1-1 所示。

　　2.如图 1-2 所示,选择"I accept the agreement",单击"Next"按钮,进入选择安装路径界面。

PacketTracer 软件安装

图 1-1　安装界面

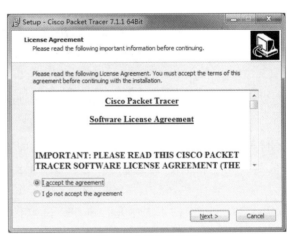

图 1-2　许可协议界面

　　3.如图 1-3 所示,输入安装路径,单击 Next 按钮,进入选择开始菜单文件夹界面。

　　4.如图 1-4 所示,输入开始菜单文件夹,单击 Next 按钮,进入选择附加任务界面。

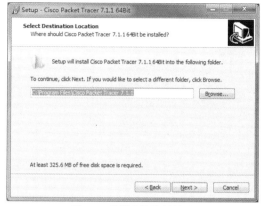

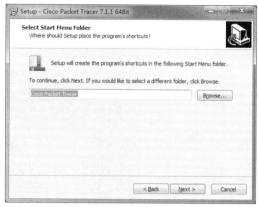

图 1-3 选择安装路径界面

图 1-4 选择开始菜单文件夹界面

5.如图 1-5 所示,选择"Create a desktop shortcut",可以创建桌面快捷方式;选择 "Create a Quick Launch shortcut",可以在快速启动工具栏上创建图标。单击 Next 按钮, 进入准备安装界面。

6.如图 1-6 所示,单击 Install 按钮,进入自动安装界面。

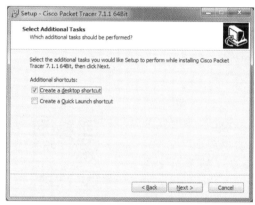

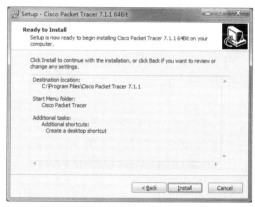

图 1-5 选择附加任务界面

图 1-6 准备安装界面

7.如图 1-7 所示,软件自动安装。

8.如图 1-8 所示,单击 Finish 按钮,完成安装。

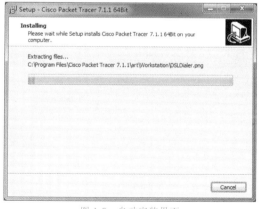

图 1-7 自动安装界面

图 1-8 安装完成界面

9.安装完成后,可以在桌面上看到 Cisco Packet Tracer 程序快捷方式,如图 1-9 所示。

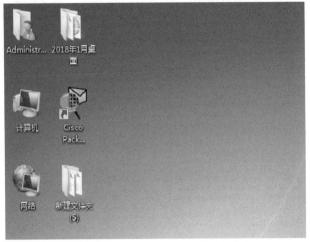

图 1-9　Cisco Packet Tracer 程序快捷方式

任务 1-2　安装 GNS3 软件

1.双击 GNS3 安装文件"GNS3-2.0.3-all-in-one.exe",弹出安装欢迎界面,如图 1-10 所示,单击 Next 按钮,进入许可协议界面。

2.如图 1-11 所示,单击 I Agree 按钮,进入选择开始菜单文件夹界面。

GNS3 软件安装

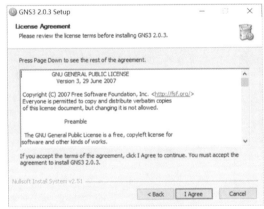

图 1-10　安装欢迎界面　　　　　　　　图 1-11　许可协议界面

3.如图 1-12 所示,输入开始菜单文件夹,单击 Next 按钮,进入选择组件界面。

4.如图 1-13 所示,默认选择相应的组件,每个组件的功能有英文描述,单击 Next 按钮,进入选择安装路径界面。

图 1-12 选择开始菜单文件夹界面

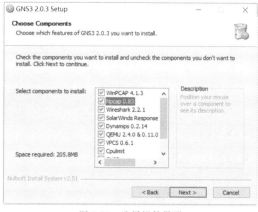
图 1-13 选择组件界面

5.如图 1-14 所示,输入安装路径,单击 Install 按钮,进入安装界面。

6.如图 1-15 所示,软件自动安装,安装完成后,进入通信界面。

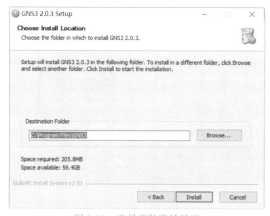
图 1-14 选择安装路径界面

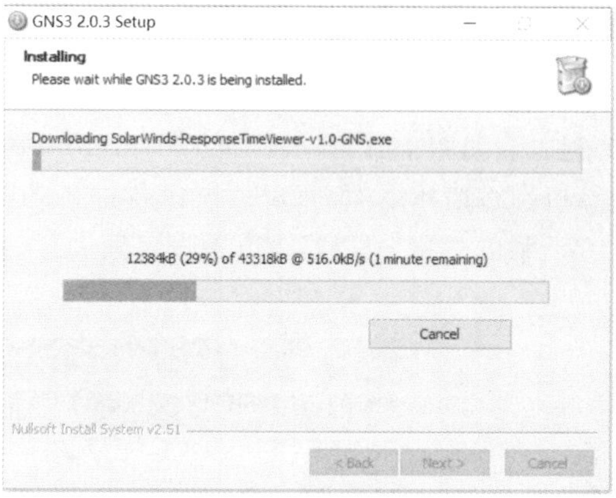

图 1-15 安装界面

7.如图 1-16 所示,单击 Continue 按钮,进入安装完成界面。

8.如图 1-17 所示,单击 Finish 按钮,完成安装。

图 1-16 通信界面

图 1-17 安装完成界面

9.安装完成后,可以在桌面上看到 GNS3 快捷方式,如图 1-18 所示。

图 1-18　GNS3 快捷方式

任务 1-3 使用 Packet Tracer 软件绘制网络拓扑

启动 Packet Tracer 软件，显示工作界面，中间的区域即工作拓扑区，如图 1-19 所示。在工作拓扑区中，用户可以设计各种计算机网络拓扑结构，并对每个设备进行功能配置。工作拓扑区上方是菜单栏和工具栏，下方是设备列表区，右侧是快捷工具栏。

PacketTracer 软件绘制网络拓扑

图 1-19　Packet Tracer 工作界面

1.分别选择一台 PC、一台交换机，鼠标选中设备，按住鼠标左键将设备拖曳到工作拓扑区。

2.在选择设备连线时，下方选择区右边列出十二种型号的连接线缆，如图 1-20 所示，基本包括了所有网络中要用到的线缆。

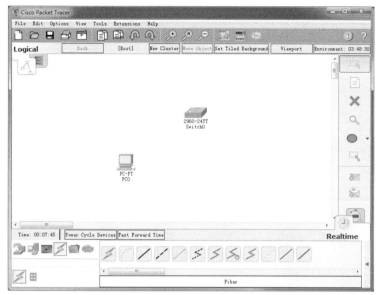

图 1-20 设备连线

其中常用的为前九种,如图 1-20 所示,由左至右具体说明如下:Automatically Choose Connection Type(自动选线);Console(控制线);Copper Straight-Through(直通线);Copper Cross-Over(交叉线);Fiber(光纤);Phone(电话线);Coaxial(同轴电缆);Serial DCE(串口数据通信设备);Serial DTE(串口数据终端设备)。

其中 Serial DCE 和 Serial DTE 是用于路由器之间的连线,实际工程中,需要把 Serial DCE 和一台路由器相连,Serial DTE 和另一台设备相连。而在这里,只需选一根即可,若选 Serial DCE 这一根线,则和这根线相连的路由器为 Serial DCE,配置该路由器时需配置时钟。

单击选择"直通线",一端连接 PC 的 FastEthernet0 接口,如图 1-21 所示。

直通线的另一端连接交换机的一个 FastEthernet 接口,如图 1-22 所示。

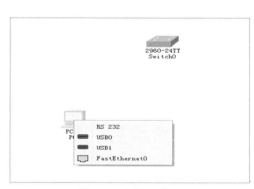

图 1-21 选择 PC 接口

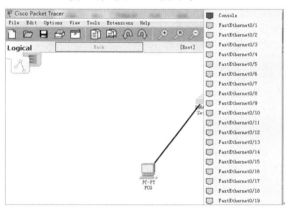

图 1-22 选择交换机接口

单击 Options 菜单,选择 Preferences 选项,弹出属性设置对话框,如图 1-23 所示。

5.勾选 Show Device Model Labels 复选框,显示设备型号;勾选 Always Show Port Labels in Logical Workspace 复选框,显示接口型号;勾选 Show Link Lights 复选框,显示设备连接显示灯,红色表示该连接线路不通,绿色表示连接通畅。

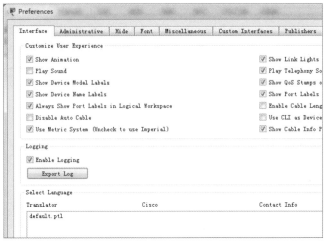

图 1-23　属性设置对话框

6.把鼠标放置在拓扑图中的设备上会显示当前设备配置信息,如 PC 当前的配置,如图 1-24 所示。

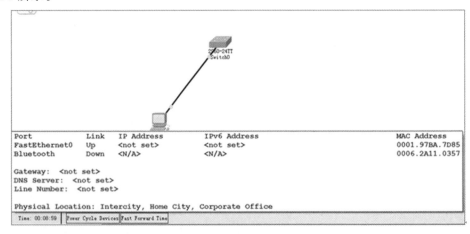

图 1-24　PC 的配置信息

7.单击要配置的设备,如果是网络设备(交换机、路由器等),在弹出的对话框中切换到 Config 或 CLI,可在图形界面或命令行界面对网络设备进行配置。 如果在图形界面下配置网络设备,下方会显示对应的 IOS 命令。

任务 1-4　使用 GNS3 软件绘制网络拓扑

使用 GNS3 软件绘制
网络拓扑文本

使用 GNS3 软件绘制
网络拓扑视频

　　启动 GNS3 软件,显示工作界面,中间的区域即工作拓扑区,如图 1-25 所示。 在工作拓扑区中,用户可以设计各种计算机网络拓扑结构,并对每个设备进行功能配置。工作拓扑区上方是菜单栏和工具栏,左侧是节点类型区,下方是控制台区。具体操作内容请扫描二维码获取。

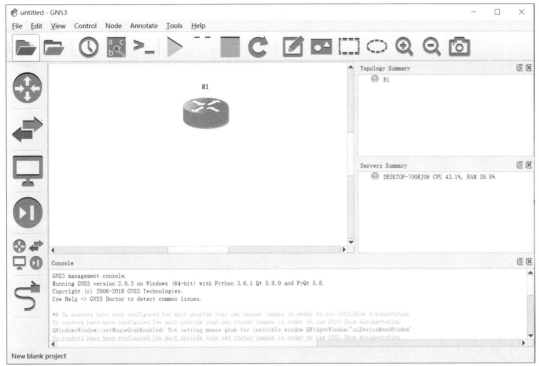

图 1-25 GNS3 工作界面

 项目习作

1. ISO 对 OSI 规定了哪五种级别的安全服务?

2. ISO 7408-2 制定了支持安全服务的八种安全机制,分别是什么?

3. 网络安全具有哪四个方面的特点?

4. 一个完整的网络安全系统应具有哪六大功能?

项目 2

协议分析

随着 Internet/Intranet 的发展，TCP/IP 协议得到了广泛的应用，几乎所有的网络均采用了 TCP/IP 协议。由于 TCP/IP 协议在最初设计时没有考虑到安全性问题而只是用于科学研究，所以它自身存在许多固有的安全缺陷，这就为欺骗、否认、拒绝、篡改、窃取等行为开了方便之门，使得基于这些缺陷和漏洞的攻击形式多种多样。

2.1 项目背景

如图 2-1 所示，A 企业是一个跨地区的大型企业，它由 A 企业长春总部、A 企业上海分公司、A 企业北京办事处组成，A 企业的三个部分处于不同城市，具有各自的内部网络，并且都已经连接到互联网中。小杨作为 A 企业长春总部网络管理人员，工作之初，他时常会听到领导、员工的责问："网管，怎么又掉线了！"同时，内网文件服务器也偶尔会出现死机、系统崩溃和内容被篡改的现象。请从目前三地网络所采用的 TCP/IP 协议的角度来分析一下，产生上述情况的原因及解决措施。

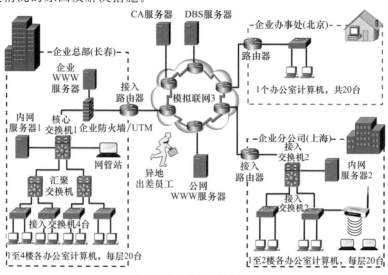

图 2-1　A 企业整体网络结构

2.2 项目知识准备

小杨通过对 TCP/IP 协议的分析,发现其存在很多安全方面的漏洞,之所以存在上述情形,是因为黑客利用了协议自身的漏洞,对网络进行了破坏。了解这些漏洞并熟悉相应的对策,做到知己知彼,才能构建一个安全稳固的网络。

2.2.1 ARP 协议

1.ARP 协议简介

ARP 全称为 Address Resolution Protocol,代表地址解析协议。所谓"地址解析",就是主机在发送数据包前将目标主机 IP 地址转换成目标主机 MAC 地址的过程。ARP 协议的基本功能就是通过目标设备的 IP 地址,查询目标设备的 MAC 地址,以保证通信的顺利进行。这时就涉及一个问题,一个局域网中的计算机少则几台,多则上百台,在这么多计算机之间,如何能准确地记住对方计算机网卡的 MAC 地址,以便进行数据的传送呢?这就涉及另外一个概念——ARP 缓存表。在局域网的任何一台主机中,都有一个 ARP 缓存表,该表中保存着网络中各个计算机的 IP 地址和 MAC 地址的对照关系。当一台主机向同局域网中另外的主机传送数据时,会根据 ARP 缓存表里的对应关系进行传送。

2.ARP 报文格式

ARP 数据被封装在一个以太网数据帧中,如图 2-2 所示。

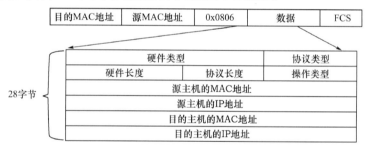

图 2-2   ARP 报文格式

从图 2-2 可以看出,ARP 报文是封装在以太网帧里面的,下面就来分析一下具体内容。

(1)硬件类型:指明硬件的类型,以太网是 1。

(2)协议类型:指明发送者映射到数据链路标识的网络层协议的类型,值为 0x0800 表示 IP 协议。

(3)硬件长度:也就是 MAC 地址的长度,单位是字节,这里是 6。

(4)协议长度:网络层地址的长度,即 IP 地址长度,单位是字节,这里是 4。

(5)操作类型:指明是 ARP 请求(1)还是 ARP 应答(2)。

3.ARP 工作原理

(1)首先,每台主机都会在自己的 ARP 缓冲区中建立一个 ARP 缓存表,以表示 IP 地址和 MAC 地址的对应关系。

(2)当源主机需要将一个数据包发送到目的主机时,会首先检查自己的 ARP 缓存表中是否存在该 IP 地址对应的 MAC 地址,如果有,就直接将数据包发送到这个 MAC 地址;如果没有,就向本地网段发起一个 ARP 请求的广播包,查询此目的主机对应的 MAC 地址。

(3)网络中所有的主机收到这个 ARP 请求后,都会检查数据包中的目的 IP 是否和自己的 IP 地址一致。如果不相同,就忽略此数据包;如果相同,该主机首先将发送方的 MAC 地址和 IP 地址添加到自己的 ARP 缓存表中,如果表中已经存在该 IP 的信息,则将其覆盖,然后给源主机发送一个 ARP 响应数据包,告诉对方自己是它需要查找的 MAC 地址。

(4)源主机收到这个 ARP 响应数据包后,将得到的目的主机的 IP 地址和 MAC 地址添加到自己的 ARP 缓存表中,并利用此信息开始数据的传输。如果源主机一直没有收到 ARP 响应数据包,表示 ARP 查询失败。

4.ARP 的安全及防范

从影响网络连接通畅的角度来看,分为两种:一种是对路由器 ARP 缓存表的欺骗;另一种是对内网 PC 的网关欺骗。

(1)对路由器 ARP 缓存表的欺骗

其原理是截获网关数据。它通知路由器一系列错误的内网 MAC 地址,并按照一定的频率不断进行,使真实的地址信息无法通过更新保存到路由器中,结果路由器的所有数据只能发送给错误的 MAC 地址,造成正常 PC 无法收到信息。

(2)对内网 PC 的网关欺骗

其原理是伪造网关。通过建立假网关,让被它欺骗的 PC 向假网关发送数据,而不是通过正常的路由器途径上网。在 PC 看来,就是不能访问外网。

作为企业的网管人员,为了防范第一种 ARP 缓存表欺骗,可以在路由器中把所有 PC 的 IP-MAC 输入一个静态表中,这叫路由器 IP-MAC 绑定;为防范第二种欺骗,可以在内网所有 PC 上设置网关的静态 ARP 信息,这叫 PC IP-MAC 绑定。

 2.2.2 ICMP 协议

1.ICMP 协议简介

ICMP 全称为 Internet Control Message Protocol,代表 Internet 控制消息协议。它是 TCP/IP 协议组的一个子协议,用于在 IP 主机、路由器之间传递控制消息。该协议属于网络层。控制消息是指网络通不通、主机是否可达、路由是否可用等网络本身的消息。这些控制消息虽然不传输用户数据,但是对于用户数据的传递起着重要的作用。在网络中经常会用到 ICMP 协议,如经常使用的用于检查网络通不通的 Ping 命令。Ping 的过程实际上就是 ICMP 协议工作的过程。还有其他的网络命令,如跟踪路由器的 Tracert 命令也是基于 ICMP 协议的。

2.ICMP 报文格式

ICMP 报文格式,如图 2-3 所示。

图 2-3 ICMP 报文格式

（1）类型字段（8 位）：有 15 个不同的值用来标记报文。

（2）代码字段（8 位）：提供报文类型的进一步信息。

（3）检验和字段（16 位）：提供整个 ICMP 报文的检验和。

（4）数据区：包括出错数据报的报头及该数据报的前 64 位数据，这些信息可以帮助源主机确定出错数据报。

如图 2-4 所示，每个 ICMP 报文放在 IP 数据报的数据区，通过互联网传递，即将 ICMP 报文加上 IP 报头，其中 IP 报头中的协议域 protocol＝1，而 IP 数据报本身放在帧的数据区，通过物理网络传递。

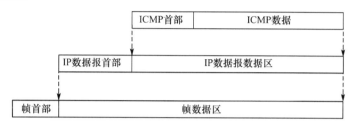

图 2-4　ICMP 的两级封装

3.ICMP 的安全及防范

ICMP 协议对于网络安全具有极其重要的意义。ICMP 协议本身的特点决定了它非常容易被用于攻击网络上的路由器和主机。例如在 1999 年 8 月海信集团"悬赏"50 万元人民币测试防火墙的过程中，其防火墙遭受到 ICMP 攻击达 334 050 次，占整个攻击总数的 90% 以上。比如，可以利用操作系统规定的 ICMP 数据包尺寸不超过 64 KB 这一规定，向主机发起"Ping of Death"（死亡之 Ping）攻击。"Ping of Death"攻击的原理是：如果 ICMP 数据包的尺寸超过 64 KB，主机就会出现内存分配错误，导致 TCP/IP 堆栈崩溃，主机死机。

此外，向目标主机长时间、连续、大量地发送 ICMP 数据包，最终也会使系统瘫痪。大量的 ICMP 数据包会形成"ICMP 风暴"，使得目标主机耗费大量的 CPU 资源去处理，疲于奔命。

对于"Ping of Death"攻击，可以采取两种方法进行防范：第一种方法是在路由器上对 ICMP 数据包进行带宽限制，将 ICMP 占用的带宽控制在一定的范围内，这样即使有 ICMP 攻击，它所占用的带宽也是非常有限的，对整个网络的影响非常小；第二种方法就是在主机上设置 ICMP 数据包的处理规则，最好是设定拒绝所有的 ICMP 数据包。

 2.2.3　TCP 协议

1.TCP 协议简介

TCP 全称为 Transmission Control Protocol，代表传输控制协议。TCP 是一种面向连接的、可靠的、基于字节流的传输层通信协议，由 IETF 的 RFC 793 说明。TCP 在 IP 报文的协议号是 6。在简化的计算机网络 OSI 模型中，它完成第四层传输层所指定的功能。UDP 是在同一层内另一个重要的传输协议。

2.TCP 报文格式

TCP 数据被封装在一个 IP 数据报中，其格式如图 2-5 所示。

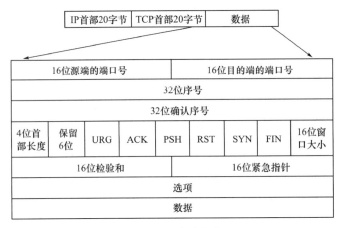

图 2-5　TCP 报文格式

说明：

（1）每个 TCP 段都包括源端和目的端的端口号，用于寻找发送端和接收端的应用进程。源端和目的端的端口号加上 IP 首部的源端 IP 地址和目的端 IP 地址来确定一个 TCP 连接。

（2）序号用来标记从 TCP 发送端向接收端发送的数据字节流，它表示在这个报文段中的第一个数据字节。如果将字节流看作两个应用程序间的单向流动，则 TCP 用序号对每个字节进行计数。

（3）当建立一个新连接时，SYN 标志设置为 1。

（4）每个被传输的字节都被计数，确认序号包含发送确认的一端所期望收到的下一个序号。因此，确认序号应当在上次已成功收到数据字节序号上加 1。只有 ACK 标志为 1 时确认序号字段才有效。

（5）发送 ACK 无须任何代价，因为 32 位的确认序号字段和 ACK 标志一样，总是 TCP 首部的一部分。因此一旦一个连接建立起来，这个字段总是被设置，ACK 标志也总是被设置为 1。

（6）TCP 为应用层提供全双工的服务。因此，连接的每一端都必须保持每个方向上的传输数据序号。

（7）TCP 可以表述为一个没有选择确认或否认的滑动窗口协议。因此 TCP 首部中的确认序号表示发送方已成功收到字节，但还不包含确认序号所指的字节。当前还无法对数据流中选定的部分进行确认。

（8）首部长度需要设置，因为任选字段的长度是可变的。TCP 首部最多为 60 个字节。

（9）6 个标志位中的多个可同时设置为 1。

①URG：紧急指针

②ACK：确认序号

③PSH：接收方应尽快将这个报文段交给应用层

④RST：重建连接

⑤SYN：同步序号用来发起一个连接

⑥FIN：发送端完成发送任务

（10）TCP 的流量控制由连接的每一端通过声明的窗口大小来提供。窗口大小为字节数,起始于确认序号字段指明的值,这个值是接收端期望接收的字节数。窗口大小是一个 16 位的字段,因而窗口大小最大为 65 535 字节。

（11）检验和覆盖整个 TCP 报文端:TCP 首部和 TCP 数据。这是一个强制性的字段,由发送端计算和存储,并由接收端进行验证。TCP 首部的检验和计算与 UDP 首部的检验和计算一样,也使用伪首部。

（12）紧急指针是一个正的偏移量,与 URG 字段共同使用,当 URG＝1 时,注解此报文应尽快发送,而不要按原来的队列次序来发送。紧急指针指出在本报文中的紧急数据的最后一个字节的序号,使接收方知道紧急数据有多长。

（13）最常见的可选字段是最长报文大小 MMS,每个连接方通常都在通信的第一个报文段中指明这个选项。它指明本端所能接收的最大长度的报文段。

3.TCP 连接的建立与终止

（1）TCP 三次握手

采用三次握手确认建立一次连接。

第一次握手:主机 A 发送标志位为 SYN＝1,随机产生 Seq＝X 的数据包到服务器,主机 B 由 SYN＝1 知道主机 A 要求建立连接。

第二次握手:主机 B 收到请求后要确认连接信息,向主机 A 发送 Ack Seq＝X＋1,SYN＝1,ACK＝1,随机产生 Seq＝Y 的数据包。

第三次握手:主机 A 收到后检查 Ack Seq 是否正确,即第一次发送的 X＋1 以及 ACK 是否为 1,若正确,主机 A 会再发送 Ack Seq＝Y＋1,ACK＝1,主机 B 收到后确认 Seq 值与 ACK＝1 则连接建立成功。

完成三次握手,主机 A 与主机 B 开始传送数据。即一个完整的三次握手就是请求－应答－再次确认。例如,主机 A 和主机 B 建立 TCP 连接的过程如图 2-6 所示。

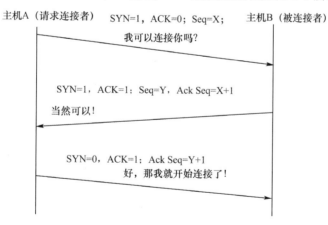

图 2-6 TCP 三次握手

（2）TCP 四次挥手

由于 TCP 连接是全双工的,所以每个方向都必须单独进行关闭。原则是当一方完成它的数据发送任务后就能发送一个 FIN 来终止这个方向的连接。收到一个 FIN 只意味着这一方向上没有数据流动,一个 TCP 连接在收到一个 FIN 后仍能发送数据。首先进行关闭的一方将执行主动关闭,而另一方则执行被动关闭,如图 2-7 所示。

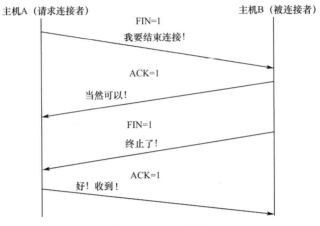

图 2-7　TCP 四次挥手

第一次挥手:当主机 A 完成数据传输后,将控制位 FIN 置为 1,提出停止 TCP 连接的请求。

第二次挥手:主机 B 收到 FIN 后对其做出响应,确认这一方向上的 TCP 连接将关闭,将 ACK 置为 1。

第三次挥手:由主机 B 提出反方向的关闭请求,将 FIN 置为 1。

第四次挥手:主机 A 对主机 B 的请求进行确认,将 ACK 置为 1,双方向的关闭结束。

4.TCP 的安全及防范

(1)TCP 洪流攻击

TCP 洪流攻击也叫作 SYN Flood 攻击。SYN Flood 攻击不会完成 TCP 三次握手的第三步,也就是不给服务器发送确认连接的信息。这样,服务器就无法完成第三次握手,但服务器不会立即放弃,它会不停地重试并在等待一定的时间后放弃这个未完成的连接,这段时间叫作 SYN timeout,这段时间在 30 秒~2 分。一个用户在连接时出现问题导致服务器的一个线程等待 1 分钟,这并不是什么大不了的问题,但是若有人用特殊的软件大量模拟这种情况,那后果就可想而知了。一台服务器若因处理大量的半连接信息而消耗大量的系统资源和网络带宽,它就不会再有空余去处理普通用户的正常请求(因为客户的正常请求比例很小)。这样服务器就无法正常工作,这种攻击就叫作 SYN Flood 攻击。

在 TCP 建立连接过程中,如果在第二次握手以后,由于主机 A(客户端)或网络出现故障以及其他原因,主机 B(服务器)没有接收到来自主机 A 的第三次握手信息,主机 B 一般会重新发送 SYN+ACK 报文给主机 A,并在等待一段时间后丢弃这个没有建立连接的请求。但主机 B 中用于等待来自主机 A 的 ACK 信息包的 TCP/IP 堆栈是有限的,如果缓冲区被等待队列充满,它将会拒绝下一个连接请求。那么,攻击者就可以利用这个漏洞,在瞬间伪造大量 SYN 数据报的同时,还发送 ACK、FIN、RST 报文以及其他 TCP 普通数据报文,这种攻击称为 TCP 洪流攻击。该攻击在消耗系统资源的同时,还能拥塞受害者的带宽网络接入。由于 TCP 协议为 TCP/IP 协议中的基础协议,是许多重要应用层服务(如 Web 服务、FTP 服务等)的基础,所以 TCP 洪流攻击能对服务器的服务性能造成致命的影响。据研究统计,大多数 DDoS 攻击是通过 TCP 洪流攻击来实现的。这类攻击软件有 SYN

Flood 等。

（2）IP 欺骗 DDoS 攻击

这种攻击利用 RST 位来实现。假设现在有一个合法用户（11.11.11.11）已经同服务器建立了正常的连接，攻击者构造攻击的 TCP 数据，伪装自己的 IP 为 11.11.11.11，并向服务器发送一个带有 RST 位的 TCP 数据段。服务器接收到这样的数据后，认为从 11.11.11.11 发送的连接有错误，就会清空缓冲区中建立好的连接。这时，如果合法用户 11.11.11.11 再发送合法数据，服务器就已经没有这样的连接了，该用户就必须重新建立连接。攻击时，伪造大量的 IP 地址，向目标发送 RST 数据，使服务器不对合法用户服务。

以上两种攻击方式均为分布式拒绝服务攻击（Distributed Denial of Service，DDoS），是常见的攻击方法。由于 TCP SYN Flood 是通过网络底层对服务器进行攻击的，所以它可以在任意改变自己网络地址的同时，又不被网络上其他设备所识别，这样就给公安部门追查犯罪来源造成很大的困难。在国内与国际的网站中，这种攻击屡见不鲜。在某年的一个拍卖网站上，曾经有犯罪分子利用这种手段，在低价位时阻止其他用户继续对商品竞拍，干扰拍卖过程的正常运作。

（3）DDoS 攻击的防范方法

到目前为止，对 DDoS 攻击进行防御还是比较困难的。首先，这种攻击的特点是它利用了 TCP/IP 协议的漏洞，只有不用 TCP/IP 协议，才有可能完全抵御 DDoS 攻击。不过这不等于没有办法阻挡 DDoS 攻击，可以尽量减少 DDoS 攻击。下面是一些防御方法：

①确保服务器的系统文件是最新版本，并及时更新系统补丁。

②关闭不必要的服务。

③限制同时打开的 SYN 半连接数目。

④缩短 SYN 半连接的 timeout 时间。

⑤正确设置防火墙。

⑥禁止对主机的非开放服务的访问。

⑦限制特定 IP 地址的访问。

⑧启用防火墙的防 DDoS 的属性。

⑨严格限制对外开放的服务器的向外访问。

⑩运行端口映射程序或端口扫描程序，认真检查特权端口和非特权端口。

认真检查网络设备和主机/服务器系统的日志。如果日志出现漏洞或是时间变更，那么这台机器很有可能遭到了攻击。

限制在防火墙外与网络共享文件。这会给黑客提供截取系统文件的机会，主机的信息暴露给黑客，无疑是给对方提供了入侵的机会。

2.2.4　Telnet 协议

1.Telnet 协议简介

Telnet 协议是 Internet 的远程登录协议，它为用户提供了在本地计算机上完成远程主机工作的功能。在终端使用者的计算机上使用 Telnet 程序，用它连接到服务器。终端使用者可以在 Telnet 程序中输入命令，命令就会在服务器上运行，就像是直接在服务器的控制台上输入一样。在本地就能控制服务器。该协议属于应用层。要开始一个 Telnet 会话,必须通过输入用户名和密码来登录服务器。

2.Telnet 的工作过程

使用 Telnet 协议进行远程登录时需要满足以下条件:在本地计算机上必须装有包含 Telnet 协议的客户端程序;必须知道远程主机的 IP 地址或域名;必须知道登录用户名与口令。

Telnet 远程登录服务分为以下四个过程:

(1)本地与远程主机建立连接。该过程实际上是建立一个 TCP 连接,用户必须知道远程主机的 IP 地址或域名。

(2)将本地终端上输入的用户名和口令及以后输入的任何命令或字符以 NVT(Net Virtual Terminal)格式传送到远程主机。该过程实际上是从本地主机向远程主机发送一个 IP 数据报。

(3)将远程主机输出的 NVT 格式的数据转化为本地主机所能接收的格式并送回本地终端,包括输入命令回显和命令执行结果。

(4)最后,本地终端对远程主机撤销连接。该过程是撤销一个 TCP 连接。

3.Telnet 的安全及防范

Telnet 本身的缺陷是远程用户的登录传送帐号和密码都是明文的,使用普通的抓包软件就可以截获;由于没有完整性检查,且传送的数据都没有加密,所以没有办法知道传送的数据是否完整,而且无法知道是否是被篡改过的数据。

通过抓包工具获取 Telnet 用户名及密码后,就可以顺利地进入远程主机,从而可以尽可能多地了解系统。可以为装"后门"摸底,也可以使用 TFTP 传送文件,或者修改远程主机的主页。

SSH 是一个很好的 Telnet 安全保护系统,SSH 的全称是 Secure SHell。通过使用 SSH,可以把所有传输的数据进行加密,这样"中间人"这种攻击方式就不可能实现了,而且也能够防止 DNS 和 IP 欺骗。还有一个额外的好处就是传输的数据是经过压缩的,所以可以缩短传输的时间。SSH 有很多功能,它既可以代替 Telnet,又可以为 FTP、POP 甚至是 PPP 提供一个安全的"通道"。

 2.2.5 FTP 协议

1.FTP 协议简介

FTP 全称为 File Transfer Protocol,即文件传输协议。FTP 是应用层的协议,它基于传输层,为用户服务,负责进行文件的传输。FTP 使用 TCP 生成一个虚拟连接用于控制信息,然后生成一个单独的 TCP 连接用于数据传输。该协议是在 TCP/IP 网络和 Internet 上最早使用的协议之一,FTP 客户机可以通过给服务器发出命令来下载文件、上传文件、创建或改变服务器上的目录。

2.FTP 工作原理

如图 2-8 所示,FTP 服务一般运行在 20 和 21 两个端口。端口 20 用于在客户端和服务器之间传输数据流,而端口 21 用于传输控制流,并且是命令通向 FTP 服务器的进口。当数据通过数据流传输时,控制流处于空闲状态。而当控制流空闲很长时间后,客户端的防火墙会将其会话设置为超时,这样当大量数据通过防火墙时,会产生一些问题。此时,虽然可以成功地传输文件,但因为控制会话被防火墙断开,所以传输会产生一些错误。

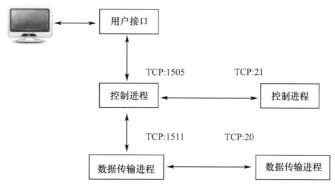

图 2-8　FTP 连接

在 FTP 的使用中,经常会遇到两个概念:"下载"(Download)和"上传"(Upload)。"下载"文件就是从远程主机复制文件至自己的计算机上;"上传"文件就是将文件从自己的计算机中复制到远程主机上。

3.FTP 的安全及防范

FTP 自建立后其主框架相当稳定,被广泛应用,但是在 Internet 迅猛发展的形势下,其安全问题还是日益突出,下述的安全功能扩展和对协议中安全问题的防范也是近年来不懈努力的结果,在一定程度上缓解了 FTP 的安全问题。

(1)防范反弹攻击(The Bounce Attack)

①漏洞

FTP 规范[PR85]定义了"代理 FTP"机制,即服务器间交互模型。支持客户建立一个 FTP 控制连接,然后在两个服务器间传送文件。同时 FTP 规范中对使用 TCP 的端口号没有任何限制,而 0～1 023 的 TCP 端口号则保留用于网络服务。所以,通过"代理 FTP",客户可以命令 FTP 服务器攻击任何一台机器上的网络服务。

②反弹攻击

客户发送一个包含被攻击的机器、服务的网络地址和端口号的 FTP"PORT"命令。这时客户要求 FTP 服务器向被攻击的服务发送一个文件,这个文件包含与被攻击服务相关的命令(例如:SMTP、NNTP)。由于是命令第三方去连接服务,而不是直接连接,所以不仅使追踪攻击者变得困难,还避开了基于网络地址的访问限制。

③防范措施

最简单的办法就是封住漏洞。首先,服务器最好不要建立 TCP 端口号在 1 024 以下的连接。如果服务器收到一个包含 TCP 端口号在 1 024 以下的 PORT 命令,服务器可以返回消息 504([PR85]中定义为"对这种参数命令不能实现")。

其次,禁止使用 PORT 命令也是一个用来防范反弹攻击的方案。大多数文件传输只需要 PASS 命令。这样做的缺点是失去了使用"代理 FTP"的可能性,但是在某些环境下并不需要"代理 FTP"。

④遗留问题

仅控制1 024以下的连接,仍会使用户定义的服务(TCP端口号在1 024以上)遭受反弹攻击。

(2)有限制的访问(Restricted Access)

①需求

对一些FTP服务器来说,非常希望能做到基于网络地址的访问控制。例如服务器可能希望限制来自某些地点的对某些文件的访问(为了保证某些文件不被传送到组织之外)。另外,客户也需要知道连接是否是由所期望的服务器建立的。

②攻击

攻击者可以利用的控制连接建立在可信任的主机之上,而数据连接却不是这样。

③防范措施

在建立连接前,双方需要同时认证远程主机的控制连接、数据连接的网络地址是否可信(如在组织之内)。

④遗留问题

基于网络地址的访问控制可以起到一定作用,但仍可能受到"地址盗用(Spoof)"攻击。在Spoof攻击中,攻击方可以冒用组织内机器的网络地址,从而将文件下载到组织之外的未授权机器上。

(3)保护密码(Protecting Passwords)

①漏洞

第一,在FTP标准[PR85]中,FTP服务器允许无限次输入密码。

第二,PASS命令以明文传送密码。

②攻击

强力攻击有两种表现:第一种是在同一连接上直接强力攻击;第二种是与服务器建立多个、并行的连接进行强力攻击。

③防范措施

对于第一种强力攻击,建议服务器限制尝试输入正确口令的次数。在几次尝试失败后,服务器应关闭与客户的控制连接。在关闭之前,服务器可以发送返回码421(服务不可用,关闭控制连接)。另外,服务器应在相应无效的PASS命令之前暂停几秒来消减强力攻击的有效性。若可能,可以用目标操作系统提供的机制来完成上述建议。

对于第二种强力攻击,服务器可以限制控制连接的最大数目,或者探查会话中的可疑行为并拒绝该站点的连接请求。

密码的明文传播问题可以用FTP扩展中的防止窃听认证机制来解决。

④遗留问题

上述两种措施的引入又都会被"业务否决"攻击,攻击者可以故意禁止有效用户的访问。

 2.2.6　抓包软件介绍

1.Wireshark软件简介

Wireshark软件是网络包分析工具。网络包分析工具的主要作用是捕获网络包,并尝试尽可能详细地显示包的情况。网络管理员可以用它来解决网络问题;网络安全工程师可以用它来检测安全隐患;开发人员可以用它来测试协议执行情况以及学习网络协议。

2.Wireshark 软件主界面

在成功安装 Wireshark 软件后,启动 Wireshark 网络分析器主界面,如图 2-9 所示,包含快捷抓包方式。

图 2-9 Wireshark 网络分析器主界面

(1)菜单(MENUS)

如图 2-10 所示,通过该软件的主界面来介绍一下本款软件的菜单。

图 2-10 Wireshark 软件菜单

下面对 Wireshark 的几个主要菜单项进行说明:

①文件(F):打开或保存捕获的信息。

②编辑(E):查找或标记封包,进行全局设置。

③视图(V):设置 Wireshark 的视图。

④跳转(G):跳转到捕获的数据。

⑤捕获(C):设置捕获过滤器并开始捕获。

⑥分析(A):设置分析选项。

⑦统计(S):查看 Wireshark 的统计信息。

⑧帮助(H):查看本地或在线支持。

(2)快捷菜单栏

如图 2-11 所示,在菜单下面,是一些常用的快捷按钮,包括网卡选择、开始、停止捕捉、前进后退、缩小放大以及首选项设置。可以将鼠标移动到某个图标上以获取功能说明。

图 2-11 Wireshark 软件快捷菜单栏

(3)显示过滤器(DISPLAY FILTER)

如图 2-12 所示,显示过滤器用于查找捕获记录中的内容。不要将捕获过滤器和显示过滤器的概念相混淆。可以通过输入过滤规则对已经捕获到的包进行过滤，只留下需要分析的协议等，以方便信息提取。

图 2-12　Wireshark 软件显示过滤器

（4）封包列表（PACKET LIST PANE）

如图 2-13 所示，封包列表中显示所有已经捕获的封包。在这里可以看到发送或接收方的 MAC/IP 地址、TCP/UDP 端口号、协议或封包的内容。如果捕获的是一个 OSI layer 2 的封包，在 Source（来源）和 Destination（目的地）列中出现的是 MAC 地址，此时 Port（端口）列为空。如果捕获的是一个 OSI layer 3 或者更高层的封包，在 Source 和 Destination 列中出现的是 IP 地址。Port 列在这个封包属于第 4 层或更高层时才会显示。

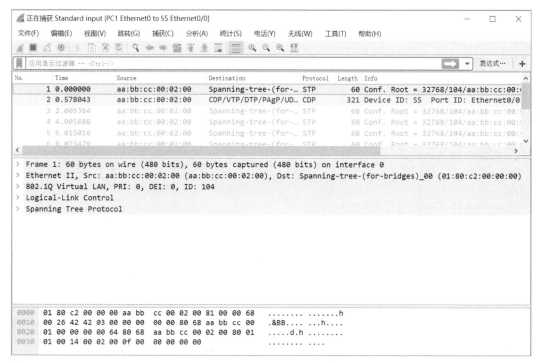

图 2-13　Wireshark 软件封包列表

3.Wireshark 软件首选项配置

Wireshark 软件和其他程序一样，都有自己的首选项（Option），配置首选项是方便使用软件的第一步，定制自己需要的首选项，使用起来会更加方便。

（1）打开 Wireshark 软件主界面，依次选择菜单"编辑"→"首选项"，进入首选项配置界面，如图 2-14 所示。

（2）外观（Profile）

图 2-14 是默认进入的首选项界面，也是外观配置界面，包括是否记住主窗口的大小及位置、是否打开文件夹中的文件、是否确认未保存的捕获文件等信息。

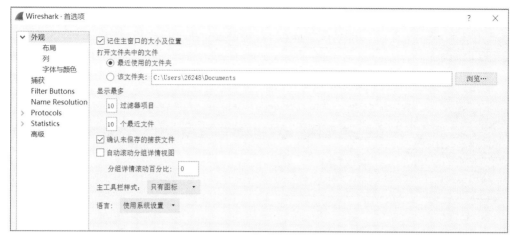

图 2-14　外观配置界面

（3）布局（Layout）

如图 2-15 所示是布局配置界面，包含 Wireshark 软件启动时显示的布局内容，根据自己的喜好进行设置即可。

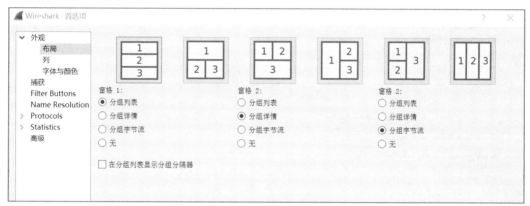

图 2-15　布局配置界面

（4）列（Columns）

如图 2-16 所示是列配置界面，显示的是默认的栏目内容。

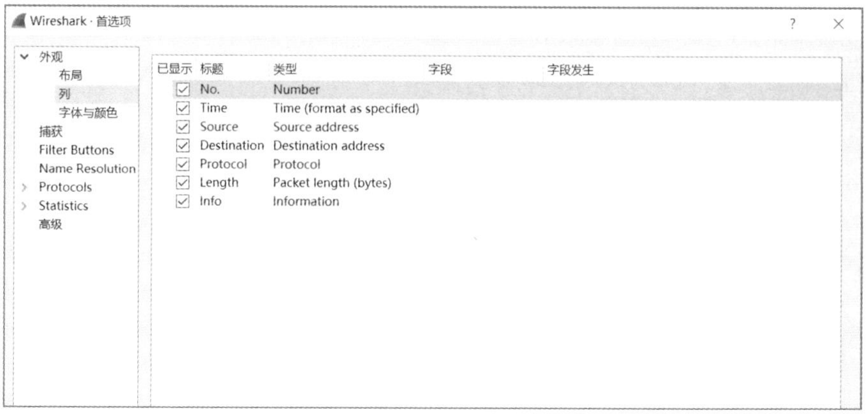

图 2-16　列配置界面

（5）字体与颜色（Font and Colors）

如图 2-17 所示是字体与颜色配置界面，需要设置使用的字体以及协议的颜色。

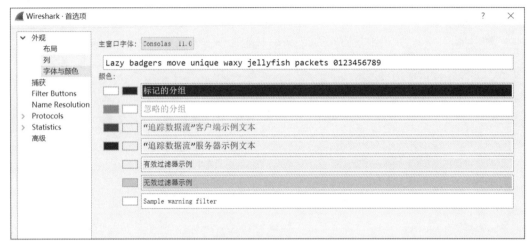

图 2-17　字体与颜色配置界面

（6）捕获（Capture）

如图 2-18 所示是捕获配置界面，包含设置捕获时默认使用的接口信息以及捕获模式等内容。

图 2-18　捕获配置界面

（7）Filter Buttons（过滤器表达式）

如图 2-19 所示是设置默认的过滤器表达式。

图 2-19　Filter Buttons 配置界面

（8）Name Resolution（名字解析）

如图 2-20 所示是 Name Resolution 配置界面，设置输出文件的格式。

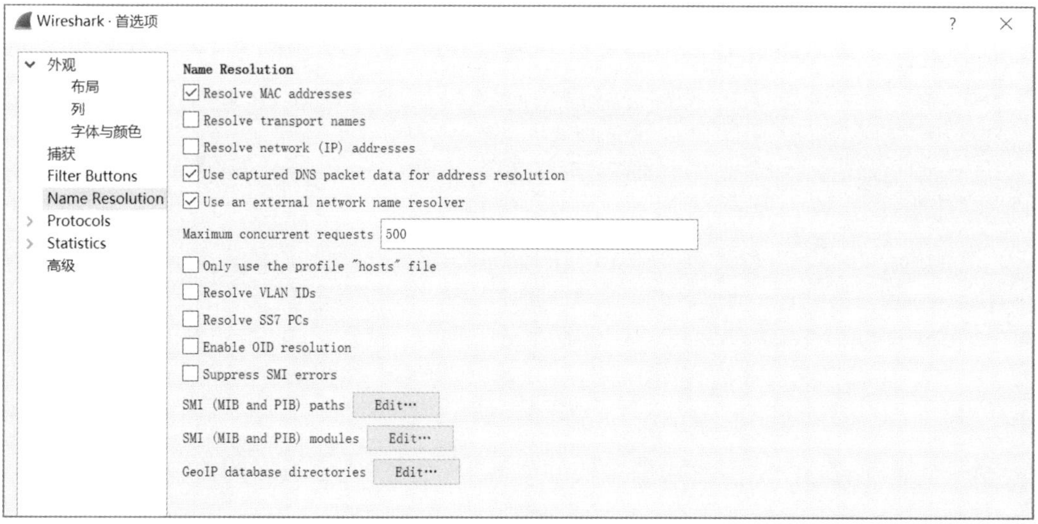

图 2-20　Name Resolution 配置界面

（9）Statistics（统计）

如图 2-21 所示是 Statistics 配置界面。

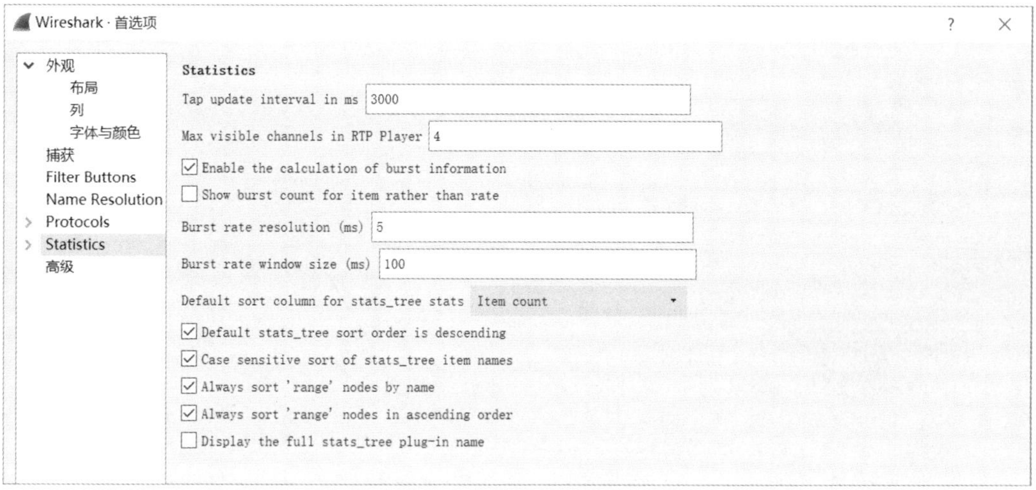

图 2-21　Statistics 配置界面

4.GNS3 关联 Wireshark 抓包软件

GNS3 可以在做实验的时候关联抓包软件 Wireshark，这样能够很方便地研究数据包。项目 1 中已经介绍了 GNS3 软件的安装及配置，下面将 GNS3 与 Wireshark 的关联配置做一介绍。

（1）打开 GNS3 主界面，依次找到菜单"Edit"→"Preferences"，弹出"Preferences"对话框，单击选择左侧的"Packet capture"，出现如图 2-22 所示界面。

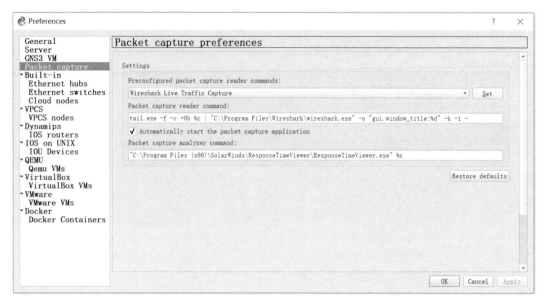

图 2-22　Packet capture preferences 界面

在这里可以设置自动抓包、保存临时文件.cap 的路径和启动 Wireshark 软件的路径。

（2）抓包设置

①如图 2-23 所示右击连接线缆，在弹出的快捷菜单中选择"Start capture"命令。

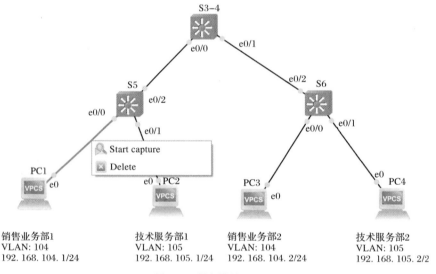

图 2-23　抓包设置（1）

②由于抓包是基于接口的，一个线缆对应两个接口，所以会给出一个选择，如图 2-24 所示。

③选择"Start Wireshark"命令就可以读取刚才的抓包信息，如图 2-25 所示。

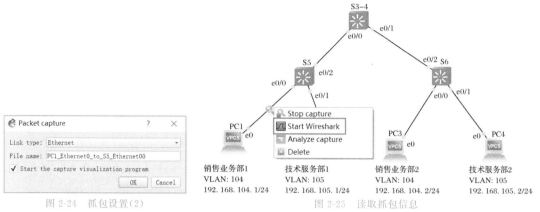

图 2-24 抓包设置(2)

图 2-25 读取抓包信息

④抓包效果如图 2-26 所示。

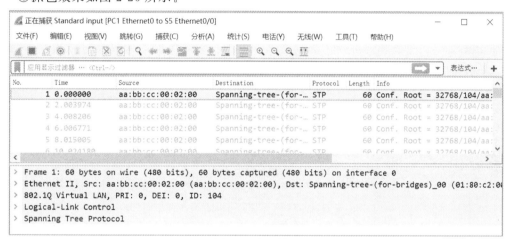

图 2-26 抓包效果

2.3 项目实施

GNS3 关联了 Wireshark 软件就可以捕获和显示通过网络接口的所有网络通信。为进一步掌握 TCP/IP 协议中的各层网络协议,利用 Packet Tracer、GNS3 及 Wireshark 软件,对网络中的流量进行实时捕获并分析。

任务 2-1　使用 Packet Tracer 软件分析 ARP

1.本任务的实验拓扑及设备 IP 地址如图 2-27 所示。

2.打开 PC1,使用 arp -a 命令,查看 ARP 缓存表,如图 2-28 所示,此时在没有任何通信的情况下，ARP 缓存表是空的。

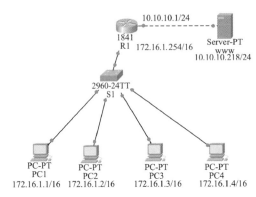

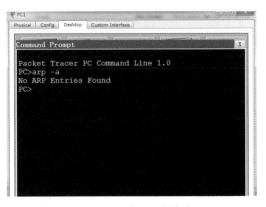

图 2-27 实验拓扑及设备 IP 地址　　　　　　　　图 2-28 查看 ARP 缓存表

3.PC1 为源主机，PC3 为目标主机，使用 Ping 命令测试网络连通性，观察数据经交换机转发的过程。

(1)由实时模式切换至模拟模式，单击 Packet Tracer 软件右下角的"Simulation"按钮，即可进入模拟模式。在模拟模式下，单击"Edit Filters"按钮，打开"捕获"窗口设置过滤条件(提取 ARP、ICMP)，如图 2-29 所示。

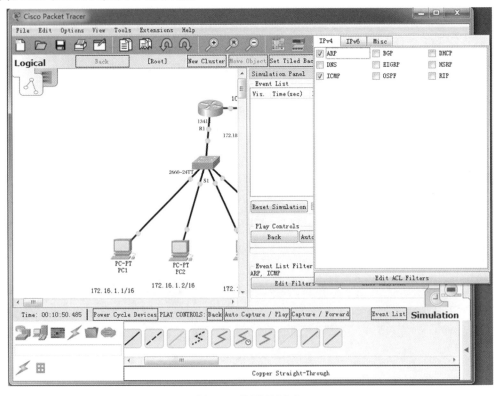

图 2-29 设置过滤条件

(2)打开 PC1，依次选择"Desktop"→"Command Prompt"，在命令行提示符下，输入"ping 172.16.1.3"，如图 2-30 所示。

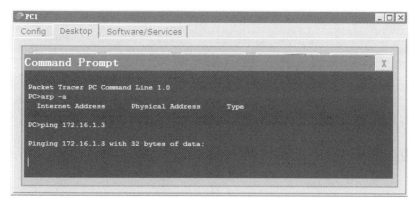

图 2-30 输入 Ping 命令

（3）在模拟模式下单击"Auto Capture/Play"按钮。观察数据传送过程，如图 2-31 所示。

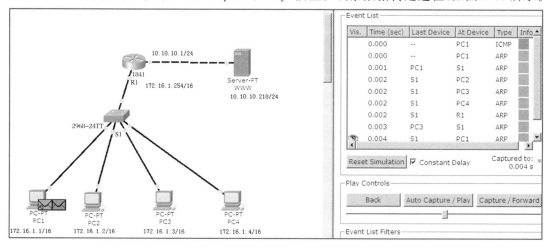

图 2-31 PC1 发送数据

4.在图 2-31 右侧的 Event List 中分析 PC1 发往 PC3 的第一个 ARP 数据，如图 2-32 所示。

源 IP 为 172.16.1.1，目的 IP 为 172.16.1.3，数据链路层为数据进行封装，类型字段（TYPE）值为 0x806，表示封装的是 ARP 协议，源 MAC 为 0001.6465.8B74（即 PC1），目的 MAC 为 0000.0000.0000（即广播地址），OPCODE（操作码）为 0x1，表示此次操作为"ARP 请求"。

5.数据经由交换机 S1 到达 PC3，经对比发现，目的 IP 与 PC3 的 IP 一致，进而 PC3 回应 PC1。如图 2-33 所示。

此时从 PC3 发出的数据包的源 IP 变为 172.16.1.3，目的 IP 变为 172.16.1.1，源 MAC 变为 0002.4AEE.98A4，目的 MAC 变为 0001.6465.8B74，OPCODE 为 0x2，表示此次操作为"ARP 响应"。

6.PC3 回应的数据到达 PC1，如图 2-34 所示为 PC1 收到的回应。

7.在 PC1 上再次使用 arp -a 命令，即可看到 ARP 缓存表中增加了记录，如图 2-35 所示。其含义为：IP 地址为 172.16.1.3 的主机，其 MAC 地址为 0002.4AEE.98A4，类型为动态。

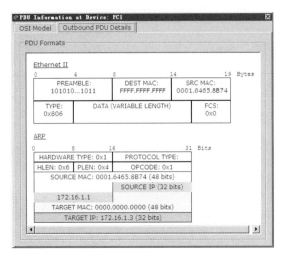

图 2-32　数据由 PC1 发出

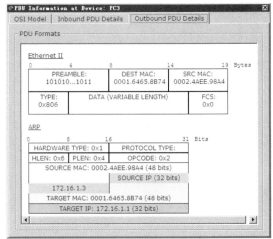

图 2-33　数据到达 PC3

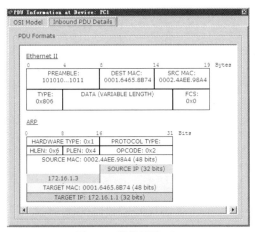

图 2-34　数据回到 PC1

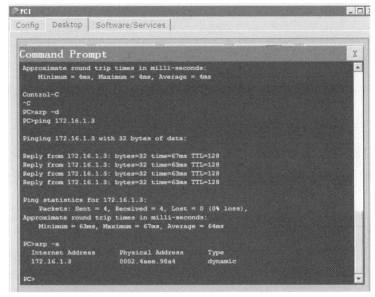

图 2-35　ARP 缓存表增加记录

8.Ping 命令可用于测试网络连通性。通过访问其他设备，ARP 关联会被动态添加到 ARP 缓存表中。在 PC1 上 Ping 地址 255.255.255.255，并使用 arp -a 命令查看获取的 MAC 地址。此时局域网中所有的 MAC 地址将保存在 ARP 缓存表中，如图 2-36 所示。

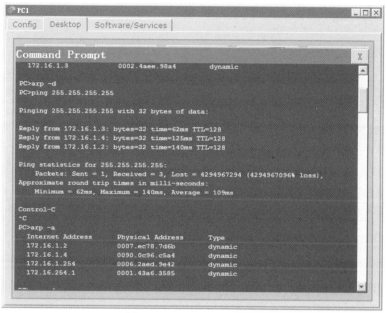

图 2-36　PC1 的 ARP 缓存表

9.为了防止 ARP 欺骗攻击，可以使用 arp -s 命令将网关的 IP 地址及 MAC 地址进行绑定。需要注意的是，Packet Tracer 模拟器不支持此命令。

任务 2-2　使用 Packet Tracer 软件分析 FTP

1.本任务的实验拓扑及设备 IP 地址，如图 2-37 所示。

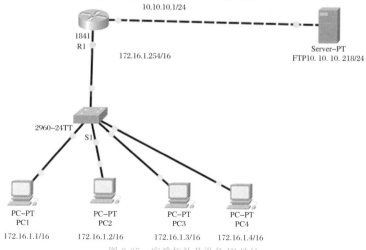

图 2-37　实验拓扑及设备 IP 地址

2.单击 FTP 服务器,配置 FTP 服务,用户名和密码均为 test,设置读写权限,同时单击右侧的"Add"按钮,成功增加 FTP 的用户名,配置如图 2-38 所示。

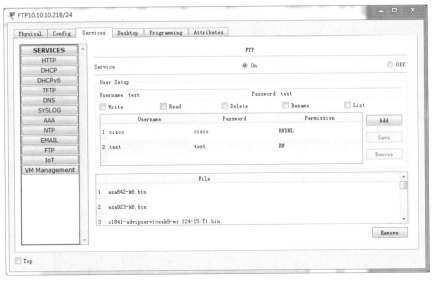

图 2-38　FTP 服务器配置

3.在 PC 的命令行提示符下,使用 FTP 命令连接远端的 FTP 服务器,前提是网络一定是可达的,如图 2-39 所示。

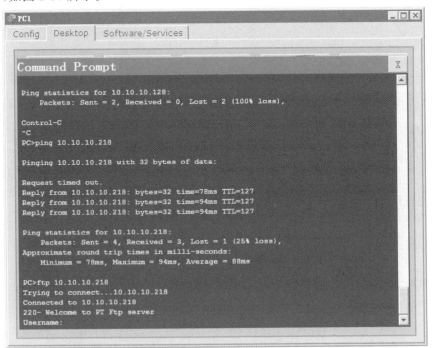

图 2-39　连接 FTP 服务器界面

4.输入刚刚创建的用户名和密码(test),即可登录 FTP 服务器。当然也可用默认的用户名和密码(cisco)进行登录,如图 2-40 所示。

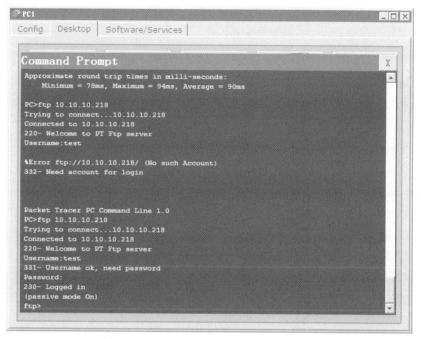

图 2-40　登录 FTP 服务器界面

5.进入 FTP 服务器后,可以利用"?"帮助功能查看可以使用的相关命令,如可以将 FTP 服务器中 2800 系列的 IOS 文件备份(先在 FTP 服务器上查看,按 Ctrl＋C 快捷键复制)到本地 PC 上,出现如图 2-41 所示界面,表示成功下载。

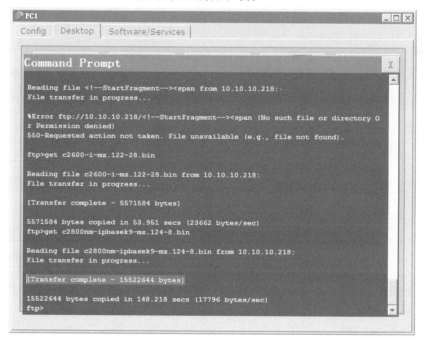

图 2-41　下载 IOS 文件

6.终止 FTP 连接,回退到 PC1,验证文件的下载,如图 2-42 所示。

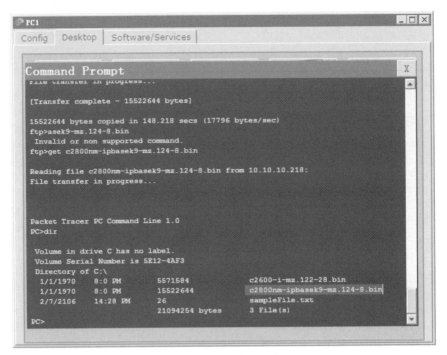

图 2-42　验证文件的下载

7.PC1 在连接 FTP 服务器时，切换至模拟模式，打开捕获窗口设置过滤条件（提取 TCP、FTP），输入合法用户名（test）后，开始捕获数据，打开进入交换机 S1 的数据包，会看到 FTP 用户名是以明文方式传送的，如图 2-43 所示。

8.在数据包转发到 FTP 服务器时，会看到 FTP 访问的用户名，需要输入密码才能通过验证，如图 2-44 所示。

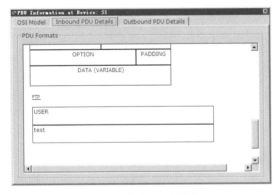

图 2-43　查看 FTP 用户名

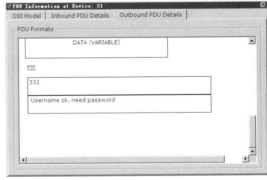

图 2-44　test 用户通过 FTP 验证

9.输入登录 FTP 的密码 test，在路由器 R1 上对捕获到的数据包进行分析，会看到 FTP 的密码也是以明文方式传送的，如图 2-45 所示。

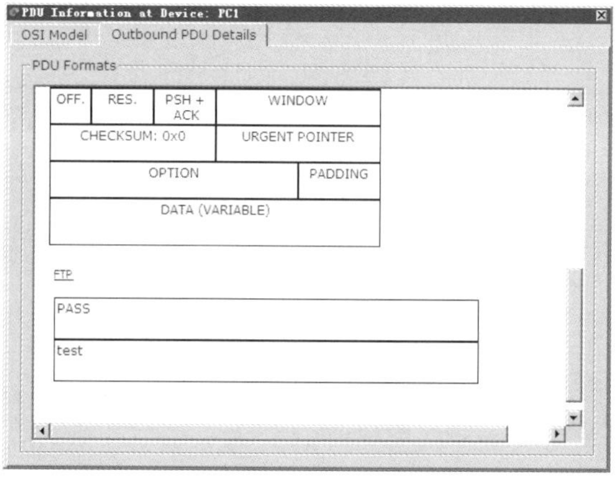

PDU Information at Device: PC1	✕

OSI Model | Outbound PDU Details

PDU Formats

OFF.	RES.	PSH + ACK	WINDOW
CHECKSUM: 0x0		URGENT POINTER	
OPTION			PADDING
DATA (VARIABLE)			

FTP

PASS

test

图 2-45　查看 FTP 密码

任务 2-3　使用 GNS3 和 Wireshark 软件分析 ICMP

想了解使用 GNS3 和 Wireshark 软件分析 ICMP 的具体内容,请扫描二维码获取文本和视频。

使用 GNS3 和 Wireshark 软件分析 ICMP 文本　　使用 GNS3 和 Wireshark 软件分析 ICMP 视频

任务 2-4　使用 GNS3 和 Wireshark 软件分析 Telnet

想了解使用 GNS3 和 Wireshark 软件分析 Telnet 的具体内容,请扫描二维码获取文本和视频。

使用 GNS3 和 Wireshark 软件分析 Telnet 文本　　使用 GNS3 和 Wireshark 软件分析 Telnet 视频

2.4　项目习作

一、填空题

1.UDP 被设计成系统开销很小，而且没有连接建立过程的协议，因为 UDP 非常适用的应用是_____。

2.管理员常用的网络命令 ping 基于的协议基础是_____。

3.用来分配 IP 地址，并提供启动计算机等其他信息的协议是_____。

4.用来保证 IPv6 与 IPv4 协议安全的是_____。

5.ARP 协议的功能是将_____转换成_____。

6.根据所使用通信协议的不同，端口扫描技术分为 TCP 端口扫描技术和_____。

二、选择题

1.ARP 协议工作过程中，当一台主机 A 向另一台主机 B 发送 ARP 查询请求时，以太网帧封装的目的 MAC 地址是（　　）。

A. 源主机 A 的 MAC 地址　　　　　B. 目标主机 B 的 MAC 地址

C. 任意地址：000000000000　　　　D. 广播地址：FFFFFFFFFFFF

2.在下面的命令中，用来检查通信对方当前状态的命令是（　　）。

A. telnet　　　　B. ping　　　　C. tcpdump　　　　D. traceroute

3.在进行协议分析时，为了捕获网络全部协议数据，可以在交换机上配置（　　）功能。

A. 端口映像　　　B. VLAN　　　C. Trunk　　　　D. MAC 地址绑定

4.在进行协议分析时，为了捕流经网卡的全部协议数据，要使网卡工作在（　　）模式下。

A. 广播模式　　　B. 单播模式　　　C. 混杂模式　　　D. 多播模式

5.在计算机中查看 ARP 缓存记录的命令是（　　）。

A. "arp -a"　　　B. "arp -d"　　　C. "netstat -an"　　　D. "ipconfig /all"

6.在计算机中清除 ARP 缓存记录的命令是（　　）。

A. "arp -a"　　　B. "arp -d"　　　C. "netstat -an"　　　D. "ipconfig /all"

7.一帧 ARP 协议数据中，如果其中显示操作代码（opcode）值为 1，表示此数据帧为 ARP 的（　　）帧。

A. 单播帧　　　　B. 应答帧　　　　C. 多播帧　　　　D. 请求帧

学习情境 2
网络设备安全管理与配置

    网络设备的正确互连,使互联网更加畅通、便捷,因此,这些网络设备的安全性更是需要得到很好的管理。为了防止外来入侵,使用安全技术来保证网络互连设备的安全显得十分重要。作为网络管理人员,必须十分清楚自己所管理的网络设备的安全程度并及时做出调整,确保设备安全,避免因受到攻击而造成不必要的损失。

    从广义上来说,网络安全可以分为网络设备的安全和网络信息的安全。网络管理人员通常都能够对网络信息的安全给予足够的重视,却往往忽视网络设备的安全。然而,几乎所有的网络设备都有一些技巧或漏洞,掌握了这些内容的人可以完全控制它,产生的后果可能是毁灭性的。因此,没有网络设备的安全,网络的安全策略就没有任何意义。

项目 3
交换机安全管理与配置

　　交换机,特别是核心、汇聚交换机,作为局域网信息交换的主要设备,承载着极高的数据流量,在突发异常数据或被攻击时,极易造成负载过重或宕机现象。交换机的安全性能已经成为网络建设必须考虑的重要问题。为了尽可能抑制攻击带来的影响,减轻交换机的负载,使局域网稳定运行,交换机厂商在交换机上应用了一些安全防范技术,网络管理人员应该根据不同的设备型号,有效地启用和配置这些技术,净化局域网环境。

3.1　项目背景

　　如图 3-1 所示,A 企业是一个跨地区的大型企业,它由 A 企业长春总部、A 企业上海分公司、A 企业北京办事处组成,A 企业的三个部分处于不同城市,具有各自的内部网络,并且都已经连接到互联网中。小王作为 A 企业上海分公司网络管理人员,时常会遇到局域网

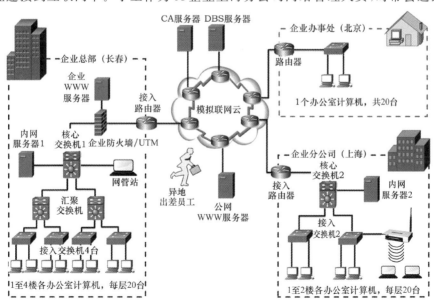

图 3-1　A 企业整体网络结构图

用户对企业内交换机进行非法登录、非法用户接入以及 IP 盗用等情况。请从交换机安全管理的角度分析产生上述情况的原因及解决措施。

3.2 项目知识准备

通过交换机本身支持的一些功能,可以有效地减少发生网络故障的概率,以下介绍一些常用的交换机安全防范技术。

 ### 3.2.1 交换机概述

1.交换机的工作原理

交换(Switching)是按照通信两端传输信息的需要,用人工或设备自动完成的方法,把要传输的信息送到符合要求的路由器上的技术统称。

交换机的工作原理:

(1)交换机根据收到数据帧中的源 MAC 地址,建立该地址同交换机端口的映射,并将其写入 MAC 地址表中。

(2)交换机将数据帧中的目的 MAC 地址同已建立的 MAC 地址表进行比较,以决定由哪个端口进行转发。

(3)若数据帧中的目的 MAC 地址不在 MAC 地址表中,则向所有端口转发。这一过程称为泛洪。

2.交换机的主要功能

(1)MAC 地址学习

以太网交换机了解每一端口相连设备的 MAC 地址,并将地址同相应的端口映射起来存放在交换机缓存中的 MAC 地址表中。

(2)转发/过滤

当一个数据帧的目的地址在 MAC 地址表中有映射时,它将被转发到连接目的节点的端口而不是所有端口(若该数据帧为广播/组播帧,则转发至所有端口)。

(3)消除回路

当交换机包括一个冗余回路时,以太网交换机通过生成树协议来避免回路的产生,同时允许存在后备路径。

3.交换机的工作特性

(1)交换机的每一个端口所连接的网段都是一个独立的冲突域。

(2)交换机所连接的设备在同一个广播域内,也就是说,交换机不隔绝广播(唯一的例外是在配有 VLAN 的环境中)。

(3)交换机依据数据帧头的信息进行转发,因此说交换机是工作在数据链路层的网络设备。

4.以太网数据帧结构

以太网数据帧是交换机通信信号的基本单元,认识以太网数据帧是对其进行网络性能分析的基础。当前以太网数据帧结构,即修订后的 IEEE 802.3(Ethernet)标准,见表 3-1。

表 3-1			以太网数据帧结构		单位:字节
前导码	目的 MAC 地址	源 MAC 地址	长度/类型	数据/填充位	FCS
7	6	6	2	46～1 500	4

说明:

(1)"前导码"字段(7 个字节)用于实现发送设备与接收设备之间的同步。实质作用是告诉接收方准备接收新帧。

(2)"目的 MAC 地址"字段(6 个字节)是目标接收方的标识符。第二层将使用该地址帮助设备确定自己是否是帧的目的设备。帧中的地址将会与设备中的 MAC 地址进行比对。如果匹配,设备就接收该帧。

(3)"源 MAC 地址"字段(6 个字节)标识帧的源 NIC 或接口。交换机将此地址添加到其查询表中。

(4)"长度/类型"字段(2 个字节)定义帧的数据字段的确切长度。此字段后来被用作帧校验序列(FCS)的一部分,用来确认是否正确收到报文。

如果该字段用于指定类型,则"类型"字段将说明采用哪个协议。当节点收到帧,并且"长度/类型"字段指定的是类型时,节点可确定存在的高层协议。

(5)"数据/填充位"字段(46 到 1 500 个字节)包含来自更高层的封装数据,这些数据是通用第三层 PDU 或者更常见的 IPv4 数据包。所有帧的长度至少为 64 个字节(最短长度有助于冲突检测)。若封装的是小数据包,则帧使用"填充位"来将长度增加到最短长度。

(6)"FCS"字段(4 个字节)检测帧中的错误,它使用的是循环冗余校验(CRC)。发送设备在帧的 FCS 字段中包含 CRC 的结果。接收设备接收帧并生成 CRC 结果以查找错误。如果计算结果匹配,就不会发生错误。如果计算结果不匹配,该帧将被丢弃。

当数据帧到达网卡时,在物理层上网卡要先去掉前导码和帧起始定界符,然后对帧进行CRC。如果帧检验和出错,就丢弃此帧。如果帧检验和正确,再判断帧的目的硬件地址是否符合接收条件(目的硬件地址是 MAC 地址、广播地址、可接收的多播硬件地址等),如果符合,就将帧交给"设备驱动程序"做进一步处理。这时可以通过抓包软件捕获数据帧。

5.交换机的组成

交换机相当于一台特殊的计算机,同样有 CPU、存储介质和操作系统,只不过这些都与PC 有些差别而已。交换机也由硬件和软件两部分组成。

软件部分主要是 IOS,硬件部分主要包含 CPU、端口和存储介质。交换机的端口主要有以太网端口(Ethernet)、快速以太网端口(Fast Ethernet)、吉比特以太网端口(Gigabit Ethernet)和控制台端口。存储介质主要有 ROM(Read-Only Memory,只读存储设备)、Flash(闪存)、NVRAM(非易失性随机存储器)和 DRAM(动态随机存储器)。其中,ROM相当于 PC 的 BIOS,交换机加电启动时,将首先运行 ROM 中的程序,以实现对交换机硬件的自检并引导启动 IOS。该存储器在系统掉电时不会丢失程序。Flash 是一种可擦写、可编程的 ROM,包含 IOS 及微代码。Flash 相当于 PC 的硬盘,但速度要快得多,可通过写入新版本的 IOS 来实现对交换机的升级。Flash 中的程序在掉电时不会丢失。NVRAM 用于存储交换机的配置文件,该存储器中的内容在系统掉电时也不会丢失。DRAM 是一种可读写存储器,相当于 PC 的内存,其内容在系统掉电时将全部丢失。

3.2.2　交换机基本配置

1.连接交换机的方法

（1）连接交换机的 Console 端口（带外管理），如图 3-2 所示。

使用超级终端连接，这种连接方法更多是在初次配置时使用。

（2）远程登录（带内管理），如图 3-3 所示。

图 3-2　通过 Console 端口进行本地登录　　　　图 3-3　通过 Telnet 或 SSH 进行远程登录

这种登录方式的前提是交换机预先配有 IP 地址。

（3）Web 方式登录（带内管理），如图 3-4 所示。

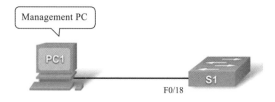

图 3-4　通过 Web 方式登录

这种登录方式的前提是交换机预先开启 HTTP 服务。

2.交换机的常见配置模式

要配置交换机，必须熟悉交换机的配置命令。单击要配置的设备，在弹出的对话框中选择 CLI，即可在命令行界面对交换机进行配置。为了保护系统，CLI 采用了普通用户、特权用户、全局配置、接口配置、Line 配置等多种级别的命令模式。

（1）普通用户模式

当用户通过交换机的控制台端口或 Telnet 会话连接并登录交换机时，所处的命令执行模式就是普通用户模式。在该模式下，只运行有限的一组命令，这组命令通常用于查看、显示系统信息，改变终端设置和执行一些最基本的测试，如 ping、traceroute 等命令。该模式的命令提示符为 switch＞。

（2）特权用户模式

在普通用户模式下，运行 enable 命令，可以进入特权用户模式。在该模式下，用户能够运行 IOS 提供的所有命令。该模式的命令提示符为 switch＃。

（3）全局配置模式

在特权用户模式下，运行 configure terminal 命令，可以进入全局配置模式。在该模式下，只要输入一条有效的配置命令，内存中正在运行的配置就会立即改变生效。该模式下的配置命令的作用域是全局性的，对整个交换机起作用。该模式的命令提示符为 switch（config）＃。

在全局配置模式下，还可进入接口配置、Line 配置等子模式。从子模式返回全局配置模式，运行 exit 命令；从全局配置模式返回特权用户模式，运行 exit 命令；若要退出任何配置子模式,直接返回特权用户模式,则要直接运行 end 命令或按 Ctrl+Z 组合键。

（4）接口配置模式

在全局配置模式下,运行 interface 命令,可以进入接口配置模式。在该模式下,可对选定的接口(端口)进行配置,并且只能执行配置交换机端口的命令。该模式的命令提示符为 switch(config-if)♯。

（5）Line 配置模式

在全局配置模式下,运行 line vty 或 line console 命令,将进入 Line 配置模式。该模式主要用于对虚拟终端(vty)和控制台端口进行配置,其配置主要是设置虚拟终端和控制台的用户级登录密码。该模式的命令提示符为 switch(config-line)♯。

3.交换机基本配置

（1）获得帮助

在任一视图下,输入"?",此时用户终端屏幕上会显示该视图下所有的命令及其简单描述。如 switch♯?（完全帮助）,switch♯p?（部分帮助）。

（2）命令简写

在不引起混淆的情况下,Cisco 交换机和路由器均支持命令简写、命令的自动补齐(Tab)、快捷功能,如:

全写:switch♯configure terminal

简写:switch♯conf t

（3）设置主机名

设置交换机的主机名可在全局配置模式下,通过 hostname 配置命令来实现,其用法为:

 hostname 自定义名称

默认情况下,交换机的主机名为 switch。当网络中使用了多个交换机时,为了以示区别,通常应根据交换机的应用为其设置一个具体的主机名。

例如,要将交换机的主机名设置为 teacher 的命令为:

switch(config)♯hostname teacher

（4）配置管理 IP 地址

在二层交换机中,IP 地址仅用于远程登录管理交换机,对于交换机的正常运行不是必需的。若没有配置管理 IP 地址,则交换机只能通过控制端口进行本地配置和管理。

默认情况下,交换机的所有端口均属于 VLAN 1,VLAN 1 是交换机自动创建和管理的。每个 VLAN 只有一个活动的管理 IP 地址,因此,在设置二层交换机管理 IP 地址之前,首先应选择 VLAN 1 接口,然后使用 ip address 配置命令设置管理 IP 地址,其配置命令为:

interface vlan vlan-id//选择配置的 VLAN 号

ip address address netmask//管理 IP 地址、子网掩码

（5）配置默认网关

为了使交换机能与其他网络通信,需要给交换机设置默认网关。网关地址通常是某个三层接口的 IP 地址,该接口充当路由器。

设置默认网关的配置命令为:

ip default-gateway gatewayaddress

在实际应用中,二层交换机的默认网关通常设置为交换机所在 VLAN 的网关地址。假设 student1 交换机为 192.168.168.0/24 网段的用户提供接入服务,该网段的网关地址为 192.168.168.1,则设置交换机的默认网关地址的配置命令为:

```
teacher(config)#ip default-gateway 192.168.168.1
teacher(config)#exit
```

(6)查看交换机信息

当需要验证 Cisco 交换机的配置时,show 命令非常有用。

①查看 IOS 版本

查看命令:

```
show version
```

②查看配置信息

要查看交换机的配置信息,需要在特权用户模式下运行 show 命令,其查看命令为:

```
show running-config//显示当前正在运行的配置
show startup-config//显示保存在 NVRAM 中的启动配置
```

例如,若要查看当前交换机正在运行的配置信息,则查看命令为:

```
teacher#show run
```

③查看交换机的 MAC 地址表

配置命令:

```
show mac-address-table [dynamic|static] [vlan vlan-id]
```

该命令用于显示交换机的 MAC 地址表,若指定 dynamic,则显示动态学习到的 MAC 地址;若指定 static,则显示静态指定的 MAC 地址表;若未指定,则显示全部。

④查看交换机的接口信息

配置命令:

```
show interfaces
```

命令显示交换机网络接口的状态信息和统计信息。在配置和监视网络设备时,经常会用到此命令。

(7)保存当前配置

使用 write 命令将当前配置保存到配置文件中,在特权用户模式下执行。

(8)备份/恢复当前配置

使用 copy 命令将当前运行的配置保存到启动的配置文件中,在特权用户模式下执行。

配置命令:

```
copy running-config startup-config//备份
copy flash:s1config.bak startup-config//恢复
```

(9)消除配置

在特权用户模式下,使用 erase nvram:或 erase startup-config 命令清除启动配置的内容。要从闪存中删除文件,使用 delete flash:filename 命令。

 3.2.3 交换机安全管理

1.VLAN 安全机制

VLAN(Virtual Local Area Networks,虚拟局域网)技术把用户划分成多个逻辑组

（Group），组内可以通信，组间不允许通信，二层转发的单播、组播、广播报文只能在组内转发，但能很容易地实现组成员的添加或删除。VLAN 技术提供了一种管理手段，实现控制终端之间的互通。

为了实现转发控制，在待转发的以太网帧中添加 VLAN 标签，然后设定交换机端口对该标签和帧的处理方式。处理方式包括丢弃帧、转发帧、添加标签、移除标签。转发帧时，通过检查以太网报文中携带的 VLAN 标签是否为该端口允许通过的标签，可判断出该以太网帧是否能够从端口转发。如图 3-5 所示，假设有一种方法，将 PC1 发出的所有以太网帧都加上标签 100，此后查询二层转发表，根据目的 MAC 地址将该帧转发到 PC2 连接的端口。由于该端口配置后仅允许 VLAN 200 通过，所以 PC1 发出的帧将被丢弃。即支持 VLAN 技术的交换机，转发以太网帧时不再仅仅依据目的 MAC 地址，同时还要考虑该端口的 VLAN 配置情况，从而实现对二层转发的控制。

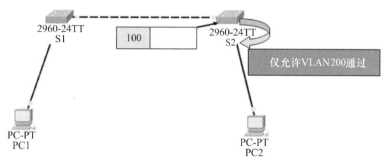

图 3-5　通过标签管理实现 VLAN 转发

对于安全的网络，干道（Trunk，链路）上应当只允许特定的 VLAN 访问其他设备，而不是所有的 VLAN。

2.STP 安全机制

STP（Spanning Tree Protocol，生成树协议）是第二层拓扑技术的基础特性，它能够在冗余配置网络中避免环路。此外，STP 还是一种在网络中能够有意或无意发挥优势的协议。

STP 能够避免某些常见的网络攻击。

（1）连接非授权的接入交换机

为了扩展网络，用户可能会插入非授权的接入交换机。其一可能会产生 STP 环路，为了避免此类网络故障，可以使用 BPDU 防护特性。BPDU 防护特性能够检测环路并有效地关闭该用户端口。其二可能会导致网络中的拓扑变更。如果接入交换机的 BPDU 更佳，那么它就可能成为网络根节点，进而因非预期的网络拓扑而降低网络性能。为了避免此类网络故障，可以使用根防护特性。根防护特性能够检测到新加入的接入交换机所发送的 BPDU，并且禁用该用户端口。

（2）阻塞状态端口错误地进入转发状态

单向链路会因硬件故障而导致阻塞状态端口进入转发状态。软件不一致或 BPDU 丢失也会导致这种情况。即应该保持阻塞状态的端口，交换机却错误地使端口进入转发状态，进而导致网络环路。为了避免这种罕见问题的发生，可以使用环路防护特性，它能够检测到这种情况并使交换机的阻塞状态端口进入"不一致"状态，进而避免环路。

3.端口安全机制

在如今的企业网络中,安全是最受关注的领域,因为大多数 PC 都与快速以太网或吉比特以太网连接,所以如果来自用户的流量怀有敌意或存在疏忽,那么就可能导致拥塞或 DoS(Denial of Service,拒绝服务)网络中断。基于上述原因,企业的网络管理人员有责任只允许网络的合法用户访问,拒绝其他未授权用户。端口安全是一种第二层特性,并且具有如下安全特点:

(1)限制交换机端口的最大连接数

单个端口能够允许一个及以上数目的 MAC 地址。根据 Cisco 交换机型号的不同,它们所允许的最大 MAC 地址数也不相同。这种特性有助于规定每个端口所允许的主机数。例如,办公室只有一台 PC,则将端口限制到一个 MAC 地址,而会议室不超过 10 台 PC,则将端口限制到 10 个 MAC 地址,将有助于避免网络的非授权访问。配置了交换机的端口安全功能后,若实际应用超出配置的要求,将产生一个安全违例,产生安全违例的处理方式有三种:

①当安全地址数满后,安全端口将丢弃未知名地址(不是该端口的安全地址中的任何一个)的包。

②当违例产生时,将发送一个 Trap 通知。

③当违例产生时,将关闭端口并发送一个 Trap 通知。

(2)交换机端口的地址绑定

可以针对 IP 地址、MAC 地址、IP+MAC 地址进行灵活的绑定,实现对用户严格控制,保证用户的安全接入和防止常见的内网网络攻击。如 ARP 欺骗、IP 和 MAC 地址欺骗、IP 地址攻击等。

(3)使用 IEEE 802.1X 管理网络访问安全

IEEE 802.1X 访问控制特性是一种基于行业标准的第二层访问控制方法,提供了集中管理功能。IEEE 802.1X 访问控制特性还被广泛用于无线网络中,如图 3-6 所示是基本的 IEEE 802.1X 拓扑。

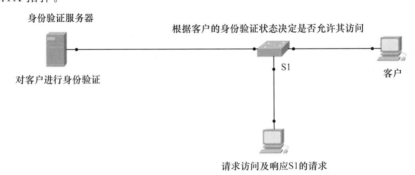

图 3-6　基本的 IEEE 802.1X 拓扑

在使用 IEEE 802.1X 时,在交换机接收其端口连接的工作站发送的数据包之前,将请求身份验证服务器对客户进行身份验证。在验证客户的身份之前,IEEE 802.1X 访问控制特性只允许 EAPOL(基于局域网的扩展认证协议)通信流通过工作站连接的端口。通过身份验证后,常规通信流才能通过该端口。

4.端口映像安全机制

端口映像(Port Mirroring)可以让用户将所有的流量从一个特定的端口复制到一个映像端口,如图 3-7 所示。

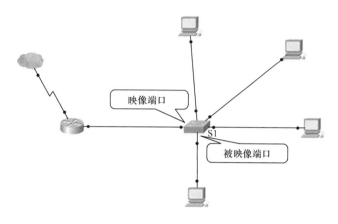

图 3-7   端口映像

若交换机提供端口映像功能,则允许网络管理人员自行设置一个监视管理端口来监视被监视端口的数据。监视到的数据可以通过 PC 上安装的网络分析软件来查看,如抓包软件 Wireshark,通过对数据的分析就可以实时查看被监视端口的情况。

5.动态 ARP 检测安全机制

动态 ARP 检测(DAI)能够验证网络中 ARP 数据包的安全特性,通过动态 ARP 检测,网络管理人员能够拦截、记录和丢弃具有无效 MAC 地址/IP 地址绑定的 ARP 数据包,能够预防"中间人"攻击。

如图 3-8 所示的网络环境说明多层交换网络中的 DAI 操作。主机 PC1 连接到交换机 S1,主机 PC2 连接到交换机 S2。DHCP 服务器连接到交换机 S1,作为动态 ARP 检测的先决条件,需要在交换机 S1 和 S2 上启用 DHCP 监听。交换机间链路被配置为 DAI 信任端口,用户端口是默认的非信任端口。

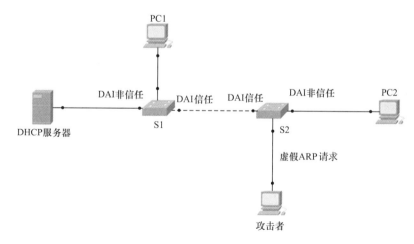

图 3-8   DAI 阻止攻击者的虚假 ARP 请求

如果攻击者连接到交换机 S2,并且试图发送虚假 ARP 请求,交换机 S2 将检测到这种行为,并丢弃 ARP 请求数据包。交换机能够使端口进入 err-disabled 状态或关闭它,并通过记录消息向网络管理人员发出警告。DAI 将丢弃任何具有无效 MAC 地址/IP 地址绑定的 ARP 数据包。此外,DAI 也可用于限制入站 ARP 数据包的速率(ARP 抑制),如果速率超过指定数值,交换机将使端口进入 err-disabled 状态。

6. DHCP 监听安全机制

DHCP 监听是一种 DHCP 安全特性,它能够过滤来自网络中主机或其他设备的非信任 DHCP 报文。通过这种特性,交换机能够使终端用户端口(非信任端口)只发送 DHCP 请求,并且丢弃来自用户端口的其他 DHCP 报文,例如 DHCP 提供(Offer)响应报文等。DHCP 监听信任端口是连接到已知 DHCP 服务器或者分布层交换机之间的上行链路端口。

信任端口能够发送或接收所有的 DHCP 报文。在这种方式中,交换机只允许受信任的 DHCP 服务器通过 DHCP 响应来分发 DHCP 地址。因此,这种方法能够避免用户通过建立自己的 DHCP 服务器来分发非授权的地址。

如图 3-9 所示,举例说明了 DHCP 信任端口和非信任端口的典型应用。基于上述原理,建议在合法 DHCP 服务器端口以及接入层交换机和汇聚层交换机之间的互联端口上启用信任状态,同时将接入交换机上的终端用户工作站端口保持为非信任状态。

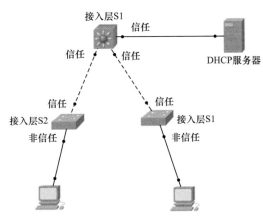

图 3-9　多层交换机中的 DHCP 监听

7. QoS 安全机制

QoS 对网络中传输的帧进行分类、标记、控制、排队和调度,因此 QoS 也是一种安全特性。使用 QoS 可最大限度地减少 DoS 攻击,并通过分类和控制限制流量。例如,将网络游戏通信流限制为较低的速率(例如 1~2 Mbps),可防止使用游戏通信流量配置文件发起的 DoS 攻击占用大量的网络带宽。此外,UDP/TCP 端口号限制特定通信流类型的流量,可最大限度地减少 DoS 攻击的影响。通过标记和调度等特性设置防止 DoS 攻击通信流优先于高优先级通信流,起到防 DoS 攻击的作用,从而实现了这种安全特性。

8. ACL 安全机制

为确保网络安全,ACL(Access Control List)访问控制列表是必不可少的。它用来限制交换的通信流,思科第三层交换机能够识别四种 ACL:

(1)RACL(路由器 ACL):应用于路由器接口的 ACL。

(2)VACL(VLAN ACL):应用于 VLAN 中的所有通信流量。

(3)QoS ACL:指定了 QoS 分类、标记、控制、排队和调度将应用于哪些数据包。

(4)PACL(端口 ACL):通过在第二层端口应用来控制进出端口的流量。

有关 ACL 的更多信息,请参见 4.2.3"路由器安全管理"中的相关内容。

3.2.4　交换机安全规划

1.配置坚固的系统口令

通过使用 enable secret 命令,可配置进入 Cisco IOS 系统特权用户模式。enable secret 命令只是对口令执行 MD5 加密,可以采用字典攻击来破解口令。因此,一些选择口令的标准做法仍然适用。选择包含字母、数字和特殊字符的口令,例如 P@SSW0RD 即单词 "PASSWORD",用"@"代替字母"A",用数字"0"代替字母"O"。

2.使用 ACL 限制管理访问

通过使用 ACL 来限制管理访问和远程接入,以防止对接口的非授权访问和 DoS 攻击。例如,对于某个多层交换拓扑,使用子网 10.1.2.0/24 来接入网络设备,以便对其进行管理。同时可减少网络设备的安全隐患。

3.确保控制台的物理安全

交换机或路由器的物理安全经常被忽视,但它确实是非常有价值的安全预防措施。控制台访问要求有最基本的物理安全性和逻辑安全性。如果能够通过控制台访问系统,便可恢复或重新设置口令,甚至可以重新启动系统,也就使得某些人员能够绕过系统中其他的安全措施。基于上述原因,通过安排安全管理人员、闭路电视、门禁卡系统、保险柜、访问日志等多种方法来保证控制台的物理安全。

4.确保 VTY 接入安全

为确保 VTY 接入安全,建议至少实现下述安全措施:

(1)通过使用 ACL,只允许某些工作站和子网以带内方式接入 VTY。

(2)配置坚固的 VTY 接入口令。

(3)使用 SSH(安全 Shell 协议)而不是 Telnet 来远程访问设备。

5.配置系统警告标语

无论出于法律还是管理目的,配置一条在用户登录交换机后显示的系统警告标语是一种方便、有效地实施安全和通用策略的方式。在用户登录前,明确地指出所有权、使用方法、访问权限和保护策略,将有助于对未授权的访问提起诉讼。

6.禁用不需要的或未用的服务

在正常情况下,大多数的 TCP 和 UDP 服务器并不需要提供服务,禁用它们可减少安全隐患。多层交换网络通常不使用下列服务:

(1)TCP Small Servers

(2)UDP Small Servers

(3)Finger

(4)自动配置

(5)BOOTP 服务器

(6)不进行身份验证的 NTP

(7)源路由选择

(8)IP 代理 ARP

(9)ICMP 不可达

（10）ICMP 重定向

如想获得关于上述服务的描述及禁用命令,可查阅 www.cisco.com 中的相关内容。

7.尽可能少用 CDP

有关 CDP 的安全性备受争议。虽然 CDP 传播网络设备的详细信息,但只要正确地规划和配置 CDP,它将是一种非常安全的协议。为了安全、有效地部署 CDP,应遵循下述 CDP 配置原则:

（1）在每个接口上禁用 CDP。只有在管理需要的时候才运行,如在交换机间和 IP 电话间连接的接口。

（2）只在控制范围内的设备之间运行 CDP。

8.禁用集成的 HTTP 后台程序

虽然 Cisco IOS 为简化管理而提供一个集成的 HTTP 服务器,但建议禁用该特性,尤其是在不使用这种管理方法的多层交换网络中。否则,非授权用户也许能够通过 Web 界面获得访问权限,并对配置进行变更。用户可以向交换机发送数量巨大的 HTTP 请求,这种行为可能会导致 CPU 利用率高,进而产生对系统的拒绝服务攻击。

9.配置基本的系统日志

为帮助和简化排错与安全性调查工作,应使用日志工具来监控交换机的系统信息。为发挥系统日志的用途,应增大缓冲区。默认的缓冲区大小不足以记录大部分事件。

10.确保 SNMP 的安全

尽可能避免使用 SNMP 读写特性。SNMPv2c 身份验证信息由简单的文本字符串组成,这些字符串以明文方式传输。在大多数情况下,一个只读的团体字符串就已经足够了。为安全地使用 SNMP,应使用 SNMPv3 和经过加密的口令,并通过使用 ACL 只允许来自受信任的子网和工作站的 SNMP 通信流通过。

11.限制链路聚集功能和 VLAN 的传播

默认情况下,某些思科交换机自动协商链路聚集功能。因为允许将未经授权的链路聚集端口引进网络,所以会导致安全隐患。如果未经授权的链路聚集端口被用来监听通信流和发起 DoS 攻击,其后果将比接入端口被用来发起这种攻击时严重得多。在链路聚集端口上发起的 DoS 攻击可能影响多个 VLAN,而在接入端口发起的 DoS 攻击只影响一个 VLAN。为防止未经授权的链路聚集,应在主机和接入端口上禁用链路聚集功能进行自动协商。此外,还应删除干道上未用的 VLAN。

12.确保交换机 STP 拓扑的安全

确保交换机 STP 拓扑的安全至关重要。为确保稳定性,首先在设计时需要确定期望的根网桥和指定网桥,并将其 STP 网桥优先级设置为一个可接受的值。通过配置网桥的优先级,可以避免因新交换机加入网络而无意间移动 STP 根。此外,通过使用 STP BPDU 防护特性,能够防止主机设备恶意地将 BPDU 发送到端口。

13.配置 AAA

本地访问和远程访问交换机时使用 AAA 特性。AAA 是一个体系结构框架,用于以统一的方式配置三种独立的安全功能。AAA 提供了一种完成身份验证、授权及统计的模块化方法。

14.交换机其他安全规划

（1）交换机配置文件要离线保存、注释、保密、有限访问，并保持与运行配置同步。

（2）交换机上运行最新的、稳定的 IOS 版本。

（3）定期检查交换机的安全性，特别是在改变重要配置之后。

（4）VLAN 1 中不允许引入用户数据，只能用于交换机内部通信，限制 VLAN 通过 TRUNK 传输，必要的除外。

（5）采用带外方式管理交换机。如果带外管理不可行，那么应该为带内管理指定一个独立的 VLAN 号。

（6）设置会话超时，并配置特权等级。

（7）配置 logging，包括准确的时间信息、NTP 和时间戳。

3.3 项目实施

任务 3-1 使用 Packet Tracer 软件加固交换式网络

如图 3-10 所示为 A 企业长春总部、A 企业上海分公司、A 企业北京办事处三个部分网络拓扑基于思科仿真软件 Packet Tracer（简称 PT）搭建的模拟环境。

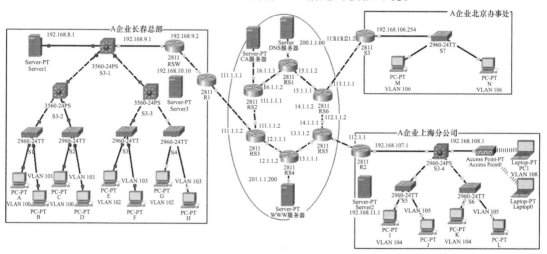

图 3-10 A 企业整体网络 PT 结构图

子任务 3-1-1 VLAN 隔离部门间通信

A 企业上海分公司有销售业务部 1（104 房间）、销售业务部 2（204 房间）、技术服务部 1（105 房间）及技术服务部 2（205 房间），出于安全方面的考虑，如何隔离不同部门间的互访？

根据以上描述,可以通过在交换机上配置 VLAN 来实现相同部门间可以互访,不同部门间不能互访。A 企业上海分公司网络 PT 结构如图 3-11 所示。

VLAN 隔离部门间通信

1.接入层 S5 上配置

(1)更改主机名为 S5。

switch#configure terminal

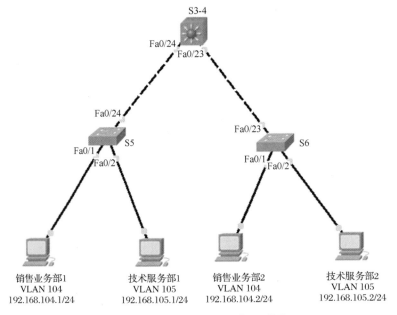

图 3-11　A 企业上海分公司网络 PT 结构

switch(config)#hostname S5

(2)创建 VLAN。

S5(config)#vlan 104

S5(config-vlan)#exit

S5(config)#vlan 105

(3)将 Fa0/1 和 Fa0/2 接口加入相应 VLAN。

S5(config)#int fa 0/1

S5(config-if)#switchport access vlan 104

S5(config-if)#exit

S5(config)#int fa 0/2

S5(config-if)#switchport access vlan 105

(4)将上连 S3-4 的 Fa0/24 接口设为 TRUNK,且只允许携带 VLAN 104 和 VLAN 105 的 VLAN 标签数据帧通过。

S5(config)#int fa 0/24

S5(config-if)#switchport mode trunk

S5(config-if)#switchport trunk allowed vlan 104,105

//中继链路只能转发 VLAN 104 和 VLAN 105

2.接入层 S6 上配置

(1)更改主机名为 S6。

switch # configure terminal

switch(config)# hostname S6

(2)创建 VLAN。

S6(config)# vlan 104

S6(config-vlan)# exit

S6(config)# vlan 105

(3)将 Fa0/1 和 Fa0/2 接口加入相应 VLAN。

S6(config)# int fa 0/1

S6(config-if)# switchport access vlan 104

S2(config-if)# exit

S6(config)# int fa 0/2

S6(config-if)# switchport access vlan 105

(4)将上连 S3-4 的 Fa0/23 接口设为 TRUNK,且只允许携带 VLAN 104 和 VLAN 105 的 VLAN 标签数据帧通过。

S6(config)# int fa 0/23

S6(config-if)# switchport mode trunk

S6(config-if)# switchport trunk allowed vlan 104,105

3.汇聚层 S3-4 上配置

(1)更改主机名为 S3-4。

switch # configure terminal

switch(config)# hostname S3-4

(2)创建 VLAN。

S3-4(config)# vlan 104

S3-4(config)# vlan 105

(3)将下连 S1 的 Fa0/24 和 S2 的 Fa0/23 接口设为 TRUNK,且只允许携带 VLAN 104 和 VLAN 105 的 VLAN 标签数据帧通过。

S3-4(config)# int fa 0/23

S3-4(config-if)# switchport mode trunk

S3-4(config-if)# switchport trunk encapsulation dot1q

//封装 802.1Q 协议

S3-4(config-if)# switchport trunk allowed vlan 104,105

S3-4(config)# int fa 0/24

S3-4(config-if)# switchport mode trunk

S3-4(config-if)# switchport trunk encapsulation dot1q

S3-4(config-if)# switchport trunk allowed vlan 104,105

4.以销售业务部 1 的计算机为例进行测试

如图 3-12 所示为销售业务部 1 与技术服务部 1 不同部门间的通信测试及销售业务部 1 与销售业务部 2 相同部门间的通信测试。

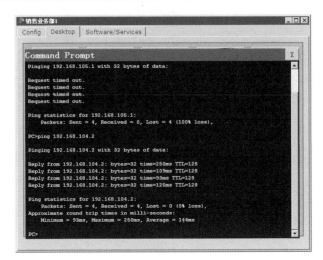

图 3-12　VLAN 间通信测试

子任务 3-1-2　交换机口令配置

如图 3-10 所示,根据项目需求,目前对接入、汇聚及核心交换机均做了相应配置,那么如何防止非授权用户访问设备? 为保证交换机不被非授权用户访问,首先应该配置密码及合法的用户名。以图 3-11 中的 S3-4 为例,进行如下相应的配置。

1.使能口令/使能加密口令

限制对特权用户模式的访问,从而避免交换机配置被非授权用户修改。

S3-4(config)♯enable password cisco

S3-4(config)♯enable secret cisco

区别:enable password 命令在默认情况下不加密。如果在设置使能口令后又设置了使能加密口令,那么使能加密口令会覆盖使能口令。

2.控制台口令

防止未授权用户从控制台端口访问普通用户模式。

S3-4(config)♯line console 0

S3-4(config-line)♯password cisco

S3-4(config-line)♯login

3.远程登录(虚拟终端)口令

防止未授权用户通过网络访问交换机(将这种访问视为一种虚拟终端连接)。

S3-4(config)♯line vty 0 4

S3-4(config-line)♯password cisco

S3-4(config-line)♯login

VTY 是虚拟终端,使用 Telnet 时进入的就是对方的 VTY 端口。交换机上一般有 5 个 VTY 端口,依型号而定,如果想同时配置这 5 个端口,就可使用 line vty 0 4 命令。

4.帐户设置

在控制台登录或远程登录时,若需通过本地用户名进行认证,则需要在交换机上创建本地用户名及密码。

S3-4(config)#username ccna password cisco

//创建用户名为 ccna，密码为 cisco 的用户

与 Console 配置关联使用：

S3-4(config)#line console 0

S3-4(config-line)#login local

//在 console 上启用本地用户名认证

5.控制台登录测试

以销售业务部 1 的计算机为例，如图 3-13 所示为通过控制台登录 S3-4。

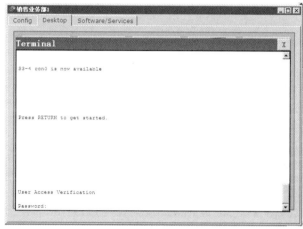

图 3-13　通过控制台登录 S3-4

在测试远程登录 S3-4 前，要为 S3-4 设置 IP 地址，通常情况下，各部门计算机的网关均在三层汇聚交换机上，所以在 S3-4 上要将 VLAN 104 虚拟接口的地址 192.168.104.254 配置为销售业务部 1 的网关。方法为：

S3-4(config)#int vlan 104

S3-4(config-if)#ip add 192.168.104.254 255.255.255.0

6.Telnet 远程登录

如图 3-14 所示为销售业务部 1 的计算机通过 Telnet 远程登录 S3-4。

图 3-14　通过 Telnet 远程登录 S3-4

7.禁用 Telnet,启用 SSH

S3-4(config)＃aaa new-model

//启用 AAA 身份验证,以进行 SSH 访问

S3-4(config)＃username ccna password cisco

S3-4(config)＃ip domain-name cisco.com

S3-4(config)＃crypto key generate rsa

//产生 SSH 需要的密钥

The name for the keys will be:S3-2.cisco.com

Choose the size of the key modulus in the range of 360 to 2048 for your General Purpose Keys. Choosing a key modulus greater than 512 may take a few minutes. How many bits in the modulus [512]:2048

S3-4(config)＃line vty 0 15

S3-4(config-line)＃transport input ssh

//只能通过 SSH 以带内管理的方式访问交换机

8.SSH 登录 S3-4

由于在 PT 模拟软件下,PC 上无法安装 SSH 客户端软件,所以这里为验证 SSH 的配置正确性,最简单的方法就是在 S3-4 上通过 SSH 远程登录设备来进行测试,如图 3-15 所示。

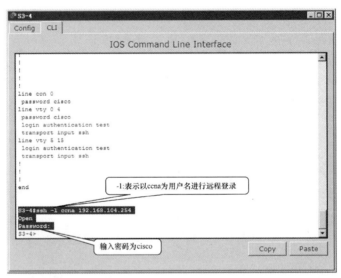

图 3-15　通过 SSH 登录 S3-4

子任务 3-1-3　端口安全设置(端口＋MAC 地址绑定)

为了防止公司内部用户的 IP 地址冲突和公司内部的网络攻击、破坏行为,为每一位员工分配了固定的 IP 地址,并且只允许公司主机使用网络,不得随意连接其他主机。例如,销售业务部 1 某员工主机 MAC 地址是 000B.BE42.E9A3,该主机连接在交换机 S1 的 Fa0/1 接口上。如何防止非授权用户通过此接口接入交换机 S1?根据以上描述,为保证交换机不被非授权用户访问,交换机端口安全主要有两种:一种是限制交换机端口的最大连接数,另

一种是针对交换机端口进行 MAC 地址的绑定。以图 3-11 中的 S5 为例,进行如下相应的配置。

1.配置交换机的最大连接数为 1

S5♯conf t

S5(config)♯interface FastEthernet 0/1

S5(config-if)♯switchport mode access

//交换机端口安全功能只能在 access 端口进行配置

S5(config-if)♯switchport port-security

//开启交换机的端口安全功能

S5(config-if)♯switchport port-security maximum 1

//配置端口的最大连接数为 1

S5(config-if-range)♯switchport port-security violation shutdown

//配置安全违例的处理方式为关闭端口

2.配置交换机端口的绑定地址

S5(config-if)♯switchport port-security mac-address 000b.be42.e9a3

//配置端口与 MAC 地址绑定

3.查看交换机端口安全配置(如图 3-16 所示)

S5♯show port-security

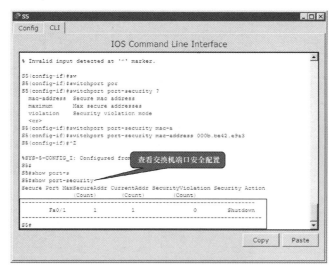

图 3-16　查看交换机端口安全配置

4.查看地址安全绑定配置(如图 3-17 所示)

S5♯show port-security address

5.实际验证测试

从实际测试的效果来看已达到了以上要求,即该端口的安全设置生效后,销售业务部 1 计算机(000B.BE42.E9A3)是可以接入网络的,更换为另一台计算机(00D0.BCC5.C196)以后,在连通的瞬间,该计算机的网卡状态仍然显示为已连接,但是网络数据不通,如图 3-18 所示。

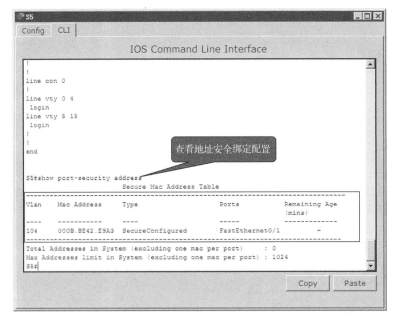

图 3-17　查看地址安全绑定配置

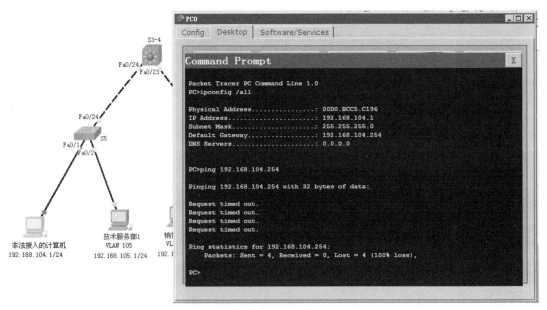

图 3-18　实际验证测试

子任务 3-1-4　保证特定部门主机的安全性

　　在企业内部网络中，会存在一些重要的或需要保密的资源和数据，为了防止企业员工有意无意地破坏和访问，应该只允许相关人员访问这些主机。作为网络管理人员该如何做呢？根据以上描述，可以通过包过滤技术来解决问题。以 A 企业上海分公司网络为例，包过滤技术任务 PT 组网如图 3-19 所示。

保证特定部门主机的安全性

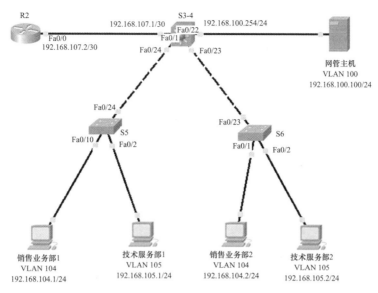

图 3-19 包过滤技术任务 PT 组网

在图 3-19 中,各部门在划分 VLAN 后,原本已经隔离了部门间的通信,但是为满足内网各部门均可访问外网这个需求,首先需要在 S3-4 上开启路由(ip routing)功能。

s3-4(config)♯ip routing

s3-4(config)♯vlan 100

s3-4(config)♯int fa0/1

s3-4(config-if)♯no switchport

s3-4(config-if)♯ip address 192.168.107.1 255.255.255.252

s3-4(config-if)♯exit

s3-4(config)♯int vlan 104

s3-4(config-if)♯ip address 192.168.104.254 255.255.255.0

s3-4(config-if)♯int vlan 105

s3-4(config-if)♯ip address 192.168.105.254 255.255.255.0

s3-4(config-if)♯int vlan 100

s3-4(config-if)♯ip address 192.168.100.254 255.255.255.0

s3-4(config)♯int f0/22

s3-4(config-if)♯switch access vlan 100

在开启了该功能后,各部门间便可以进行通信,如图 3-20 所示。

为了网管主机(VLAN 100)不被内网其他主机访问,可以配置访问控制列表。这里省略了 VLAN 的基本配置。

1.S3-4 上 ACL 的配置

S3-4(config)♯ip access-list extended deny_vlan_100

//定义一个基于名称(deny_vlan 100)的扩展访问控制列表

S3-4(config-ext-nacl)♯deny ip 192.168.104.0 0.0.0.255 192.168.100.0 0.0.0.255

//定义一个扩展访问控制列表,拒绝源地址为 192.168.104.0 网段访问目的地址 192.168.100.0 网段

S3-4(config-ext-nacl)♯deny ip 192.168.105.0 0.0.0.255 192.168.100.0 0.0.0.255

//定义一个扩展访问控制列表,拒绝源地址为 192.168.105.0 网段访问目的地址 192.168.100.0 网段

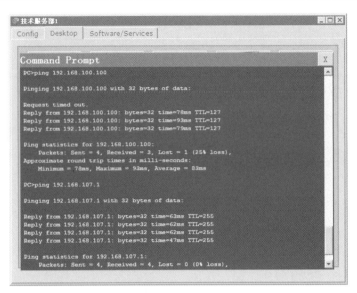

图 3-20 开启路由功能后，不同 VLAN 间可互通

S3-4(config-ext-nacl)＃permit ip any any

//这条命令是必加的，因为 cisco 隐含 deny any

2.S3-4 上 ACL 的应用

S3-4(config-if)＃interface vlan 104

S3-4(config-if)＃ip address 192.168.104.254 255.255.255.0

S3-4(config-if)＃ip access-group deny_vlan 100_in

S3-4(config-if)＃interface vlan 105

S3-4(config-if)＃ip address 192.168.105.254 255.255.255.0

S3-4(config-if)＃ip access-group deny_vlan 100_in

如图 3-21 所示显示了技术服务部 1 计算机与网管主机之间的通信。

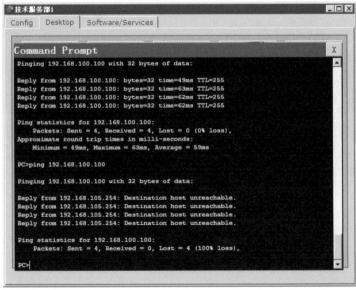

图 3-21 技术服务部 1 计算机与网管主机之间的通信

任务 3-2   使用 Packet Tracer 软件启用 STP

生成树协议(Spanning Tree Protocal)是一种链路管理协议,生成树协议的主要功能是为了解决网络中由于备份连接所产生的环路问题。当网络拓扑发生变化时,生成树协议将重新配置交换机的各个端口以避免链接丢失或者出现新的回路。

依据交换机厂商实际情况,可以将生成树协议设置为 MISTP(多实例生成树协议)、RSTP(快速生成树协议)、PVST(每 VLAN 生成树协议)等模式。

子任务 3-2-1   PVST(每 VLAN 生成树协议)配置实例

按图 3-22 所示网络拓扑,配置网络中的每 VLAN 生成树协议,使网络中的每个 VLAN都取消环路,形成树形网络结构。

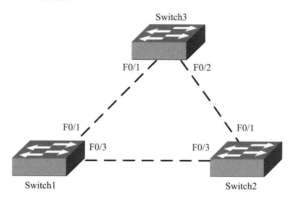

图 3-22   配置 PVST 生成树网络拓扑

1.交换机 Switch1 基本配置

将 Switch1 命名为 SW1,在 SW1 上配置 VTP 和 TRUNK:

```
SW1♯vlan database              /进入 VLAN DATEBASE
SW1(vlan)♯vtp server           /配置成为 VTP SERVER 端
SW1(vlan)♯vtp domain ambow.com /配置 VTP 域
SW1(vlan)♯vtp v2-mode          /使用 V2 版的 VTP 协议
SW1(vlan)♯vtp password ambow   /配置 VTP 密码
SW1(vlan)♯vlan 10 name vlan-10 /创建 VLAN 10
SW1(vlan)♯vlan 20 name vlan210 /创建 VLAN 20
SW1(vlan)♯exit
SW1♯config terminal
SW1(config)♯interface f0/10    /配置中继端口
SW1(config-if)♯switchport mode trunk
SW1(config-if)♯exit
```

```
SW1(config)# interface f0/11                    /配置中继端口
SW1(config-if)# switchport mode trunk
SW1(config)# spanning-tree vlan 10,20           /开启生成树协议
SW1(config)# spanning-tree mode pvst            /采用 pvst 生成树模式
```

2.交换机 Switch2 基本配置

将 Switch2 命名为 SW2,命令如 SW1 相同,之后在 SW2 上配置 VTP 和 TRUNK:

```
SW2# vlan database                              /进入 VLAN DATEBASE
SW2(vlan)# vtp client                           /配置成为 VTP CLIENT 端
SW2(vlan)# vtp domain ambow.com                 /配置 VTP 域
SW2(vlan)# vtp v2-mode                          /使用 V2 版的 VTP 协议
SW2(vlan)# vtp password ambow                   /配置 VTP 密码
SW2(vlan)# exit
SW2# config terminal
SW2(config)# interface f0/10                     /配置中继端口
SW2(config-if)# switchport mode trunk
SW2(config-if)# exit
SW2(config)# interface f0/12                     /配置中继端口
SW2(config-if)# switch port mode trunk
SW2(config-if)# exit
SW2(config)# spanning-tree vlan 10,20           /开启生成树协议
SW2(config)# spanning-tree mode pvst            /采用 pvst 生成树协议模式
```

此时注意观察亮灯情况

3.交换机 Switch3 基本配置

将 Switch3 命名为 SW3,命令如 SW1 相同,之后在 SW3 上配置 VTP 和 TRUNK:

```
SW3# vlan database                              /配置中继端口
SW3(vlan)# vtp client                           /配置成为 VTP CLIENT 端
SW3(vlan)# vtp domain ambow.com                 /配置 VTP 域
SW3(vlan)# vtp v2-mode                          /使用 V2 版的 VTP 协议
SW3(vlan)# vtp password ambow                   /配置 VTP 密码
SW3(vlan)# exit
SW3# config terminal
SW3(config)# interface f0/1                      /配置中继端口
SW3(config-if)# switchport mode trunk
SW3(config-if)# exit
SW3(config)# interface f0/2                      /配置中继端口
SW3(config-if)# switchport mode trunk
SW3(config-if)# exit
SW3(config)# spanning-tree vlan 10,20           /开启生成树协议
SW3(config)# spanning-tree mode pvst            /采用 pvst 生成树模式
```

此时注意观察亮灯情况

4.划分 VLAN 的配置

```
SW1(config)# interface f0/1
```

SW1(config-if)♯switchport mode access

SW1(config-if)♯switchport access vlan 10　/将 R1 划入 VLAN 10(此时注意观察亮灯情况的变化)

SW1(config-if)♯exit

SW2(config)♯interface f0/3

SW2(config-if)♯switchport mode access

SW2(config-if)♯switchport access vlan 20　/将 R2 划入 VLAN 20(此时注意观察亮灯情况的变化)

5.验证 PVST

在 S1 上可以用 show spanning tree 查看生成树协议,会发现针对不同的 vlan 有不同的生成树。

子任务 3-2-2　MISTP(多实例生成树协议)配置实例

理解多实例生成树协议 MISTP 的配置及原理,并掌握 MISTP 的配置方法。

根据图 3-23 所示的网络拓扑,在网络中存在冗余链路的情况下,进行 VLAN 的划分,实现不同 交换机之间 VLAN 内部的通信,启用多实例生成树协议,避免网络环路的产生。

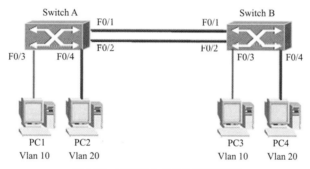

图 3-23　MISTP 生成树协议网络拓扑

IP 地址规划见表 3-2。

表 3-2　　　　　　　　　　　　IP 地址规划表

设备	端口	IP 地址	子网掩码	默认网关
PC1	网卡	192.168.1.10	255.255.255.0	无
PC2	网卡	192.168.2.10	255.255.255.0	无
PC3	网卡	192.168.1.11	255.255.255.0	无
PC4	网卡	192.168.2.11	255.255.255.0	无
SwitchA	F0/1	无		
	F0/2		无	
SwitchB	F0/1	无		
	F0/2		无	

1.在交换机 SwitchA 上的操作

Switch＞enable

Switch♯configure terminal

Switch(config)♯hostname SwitchA

SwitchA(config)♯spanning-tree

SwitchA(config)♯spanning-tree mode mistp   /采用 MISTP 生成树协议

SwitchA(config)♯spanning-tree priority 8192   /设置交换机 SwitchA 为根

SwitchA(config)♯vlan 10

SwitchA(config-vlan)♯exit

SwitchA(config)♯vlan 20

SwitchA(config-vlan)♯exit

SwitchA(config)♯interface fastethernet 0/3

SwitchA(config-if)♯switchport access vlan 10

SwitchA(config-if)♯interface fastethernet 0/4

SwitchA(config-if)♯switchport access vlan 20

SwitchA(config-if)♯interface fastethernet 0/1

SwitchA(config-if)♯switchport mode trunk

SwitchA(config-if)♯interface fastethernet 0/2

SwitchA(config-if)♯switchport mode trunk

2.检查 SwitchA 配置的正确性

SwitchA♯show spanning-tree

SwitchA♯show spanning-tree detail

SwitchA♯show spanning-tree mistp 1   /显示 MISTP 的实例 1 的配置

3.在交换机 SwitchB 上的操作

Switch＞enable

Switch♯configure terminal

Switch(config)♯hostname SwitchB

SwitchB(config)♯spanning-tree

SwitchB(config)♯spanning-tree mode mistp   /采用 MISTP 生成树协议

SwitchB(config)♯vlan 10

SwitchB(config-vlan)♯exit

SwitchB(config)♯vlan 20

SwitchB(config-vlan)♯exit

SwitchB(config)♯interface fBstethernet 0/3

SwitchA(config-if)♯switchport Bccess vlan 10

SwitchB(config-if)♯interface fastethernet 0/4

SwitchB(config-if)♯switchport access vlan 20

SwitchB(config-if)♯interface fastethernet 0/1

SwitchB(config-if)♯switchport mode trunk

SwitchB(config-if)♯interface fastethernet 0/2

SwitchB(config-if)♯switchport mode trunk

4.检查 SwitchA 配置的正确性

SwitchB♯show spanning-tree

SwitchB♯show spanning-tree detail

SwitchB♯show spanning-tree mistp 1   /显示 MISTP 的实例 1 的配置

5.查看并测试配置结果

1）验证交换机 Switch B 的端口 1 和 2 的状态

SwitchB♯show spanning-tree interface fastethernet 0/1

SwitchB♯show spanning-tree interface fastethernet 0/2

2）如果交换机 SwitchA 与交换机 SwitchB 的端口 1 之间的链路关闭的话，验证交换机 SwitchB 端口 2 的状态，并观察状态转换时间。

SwitchB♯show spanning-tree interface fastethernet 0/2

3）如果交换机 SwitchA 与交换机 SwitchB 之间的一条链路关闭（拔掉网线），验证 PC1 与 PC3 是否能互相 Ping 通，并观察 Ping 的丢包情况。

C:\>ping 192.168.0.136 -t

任务 3-3　　使用 GNS3 软件加固交换式网络

我们通过端口安全设置和端口映像两个子任务来介绍使用 GNS3 软件加固交换式网络。请扫描二维码获取内容！

子任务 3-3-1　　　　　子任务 3-3-2
端口安全设置（多元绑定）　　端口映像

3.4　项目习作

1.如果想发现到达目标网络需要经过哪些路由器，应该使用（　　）命令。

A. ping　　　　　B. nslookup　　　　　C. ipconfig　　　　　D. tracert

2.Telnet 和 FTP 协议在进行连接时要用到用户名和密码，用户名和密码是以（　　）形式传输的。

A. 对称加密　　　B. 加密　　　　　　C. 明文　　　　　　D. 不传输密码

3.假如向一台远程主机发送特定的数据包，却不想远程主机响应该数据包。这时应使用哪一种类型的进攻手段？（　　）

A. 缓冲区溢出　　B. 地址欺骗　　　　C. 拒绝服务　　　　D. 暴力攻击

4.在进行协议分析时，为了捕获网络全部协议数据，可以在交换机上配置（　　）功能。

A. 端口映像　　　B. VLAN　　　　　C. Trunk　　　　　D. MAC 地址绑定

5.交换机 SWA 的端口 E1/0/1 连接有 PC。如果想要使交换机通过 802.1X 协议对 PC 进行本地验证，则需要在交换机上配置哪个命令（　　）？

A.〔SWA〕dot1x

B.〔SWA〕dot1x interface ethernet1/0/1

C. ［SWA］local-user localuser

D. ［SWA-luser-localuser］password simple hello

E. ［SWA-luser-localuser］service-type lan-access

6.PCA、PCB 分别与 S3610 交换机 SWA 的端口 Ethernet1/0/2、Ethernet1/0/3 相连，服务器与端口 Ethernet1/0/1 相连。如果使用端口隔离技术使 PC 间互相隔离，但 PC 都能够访问服务器，则需要在交换机上配置哪个命令(　　　)？

A. ［SWA］ port-isolate enable

B. ［SWA-Ethernet1/0/2］ port-isolate enable

C. ［SWA-Ethernet1/0/3］ port-isolate enable

D. ［SWA-Ethernet1/0/1］ port-isolate uplink-port

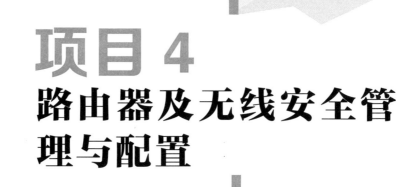

项目 4
路由器及无线安全管理与配置

目前,大多数接入 Internet 的企事业单位都在企业出口部署一台路由器以实现与 ISP (Internet Service Provider,互联网服务提供商)的连接。这台路由器就是沟通外部 Internet 和内部网络的桥梁。如果对这台路由器进行合理的安全设置,就可以为内部的网络提供一定的安全保障或使已有的安全多一层屏障。考虑到路由器的作用和位置,其配置的好坏不仅影响路由器本身的安全,也影响整个网络的安全。目前路由器(以 Cisco 为例)本身也带有一定的安全功能,如访问控制列表、加密等,但是在缺省配置时,这些功能大多是关闭的,因而需要进行手动配置。如何配置才能最大限度地满足安全的需要,且不降低网络的性能?

4.1 项目背景

如图 2-1 所示,A 企业是一个跨地区的大型企业,它由 A 企业长春总部、A 企业上海分公司、A 企业北京办事处组成,A 企业的三个部分处于不同城市,具有各自的内部网络,并且都已经连接到互联网中。小张作为 A 企业北京办事处网络管理人员,经常会遇到某些局域网用户对路由器进行非法登录、篡改配置,非法用户访问特殊用户等情形。请从路由器安全管理的角度来分析一下,产生上述情况的原因及解决措施。

4.2 项目知识准备

黑客利用路由器的漏洞发起攻击通常是一件比较容易的事情。路由器攻击会浪费 CPU 周期,误导信息流量,使网络"瘫痪"。好的路由器不仅需要采取一个好的安全机制来保护自己,还需要网络管理人员在配置和管理路由器过程中采取相应的安全措施。

 ### 4.2.1 路由器简介

1.路由器的主要作用
(1)隔离广播
路由器用来连接不同网段,各个子网间的广播不会被路由器转发到其他网段,这样可以隔离广播,避免广播风暴。

(2)网间互连

路由器属于第三层设备,它执行下层设备的所有任务,并且根据第三层信息选择抵达目的地的最佳路线。路由器是用于连接不同网络的主要设备,通常用于 WAN 与 LAN 两种连接。路由器上的每个端口都连接到一个不同的网络,并且在网络之间转发数据包。

2.路由器的工作原理

路由器的主要作用是转发数据包,将每一个 IP 数据包由一个端口转发到另一个端口。转发行为既可以由硬件完成,也可以由软件完成。显然,硬件转发的速度要快于软件转发的速度,无论哪种转发都要根据"转发表"或"路由表"来进行,该表指明了到某一目的地址的数据包将从路由器的哪个端口发送出去,并且指定了接收路由器的地址。每一个 IP 数据包都携带一个目的 IP 地址,沿途的各个路由器根据该地址到表中寻找对应的路由器,如果没有合适的路由器,路由器将丢弃该数据包,并向发送该包的主机发送一个通知,表明要去的目的地址"不可达"。

3.路由器的组成

路由器可以理解为一台由专用的硬件处理芯片及操作系统组成的计算机,具体由 CPU、内存(RAM/DRAM)、Flash、NVRAM 和 ROM 构成。

(1)CPU:中央处理单元,是路由器的控制和运算部件。

(2)RAM/DRAM:路由器主要的存储部件,用于存储临时的运算结果。如路由表、ARP 缓存表、快速交换缓存、当前配置文件等。

(3)Flash:可擦除、可编程的 ROM,用于存放路由器的 IOS 软件,断电后其内容不会丢失,可存放多个版本 IOS 软件。

(4)NVRAM:非易失性 RAM,用于存放路由器的配置文件,断电后其内容不会丢失。

(5)ROM:只读存储器,存储了路由器的开机诊断程序、引导程序和特殊版本的 IOS 软件。

4.路由器和网络层

路由器借助目的 IP 地址转发数据包,路由表决定数据包的路径,从而确定最佳路径。然后数据包被封装成数据帧,数据帧通过传输介质以比特流的形式排列输出,如图 4-1 所示。

PC-PT　　2960-24TT　　2811　　2811　　2960-24TT　　PC-PT
PC1　　　S1　　　　　R1　　R2　　　S2　　　　PC2

图 4-1　路由器转发数据包

4.2.2　路由器基本配置

1.基本配置方式

(1)通过 Console 端口,利用运行终端软件的 PC 连接。

(2)通过 AUX 端口连接 Modem,利用电话线与远方的终端或运行终端仿真软件的 PC 连接。

(3)通过 Telnet 或 SSH 方式连接。

（4）通过 Web 方式连接。

路由器的第一次设置必须通过方式（1）进行，此时终端的硬件设置如下：

波特率：9 600 bps，奇偶校验位：N（无），数据位：8，停止位：1。

2.基本模式切换

（1）router＞

用户模式：进入路由器后得到的第一个模式，在该模式下可以查看路由器的软件、硬件版本信息，并进行简单的配置。在该模式下，可以使用 enable 命令进入特权模式。

（2）router♯

特权模式：由用户模式进入的下一级模式，在该模式下可以对交换机的配置文件进行管理，查看交换机的配置信息。在该模式下，可以使用 config terminal 命令进入全局配置模式。

（3）router(config)♯

全局配置模式：属于特权模式的下一级模式，在该模式下可以对交换机的全局参数（主机名、登录信息等）进行配置。在全局配置模式下，使用 interface 命令，即可进入接口配置模式。

（4）router(config-if)♯

接口配置模式：可以对接口（端口）的速率、工作方式进行配置管理。

使用 exit 命令返回上一级模式，使用 end 命令可以直接返回特权模式。

3.常见的错误信息

（1）Ambiguous command：'command'表示输入的字符不足，导致 IOS 无法识别命令。解决的方法是重新输入命令，后跟问号（?），命令与问号之间不留空格。

（2）Imcomplete command：表示未输入必填的全部关键字或参数。解决的方法是重新输入命令，后跟问号（?），最后一个字符后留一个空格，此时会显示必填的关键字或参数。

（3）Invalid input detected at'ˆ'marker：表示命令输入不正确，显示插入标记（ˆ）的位置出现错误。解决的方法是在插入标记所指的位置重新输入命令，后跟问号（?），可能还需要删除最后的关键字或参数。

4.基本配置命令

（1）帮助

在 IOS 操作中，无论处于何种状态和位置，都可以输入"?"得到系统的帮助。

（2）显示命令

①show version：查看版本及引导信息。

②show running-config：查看运行设置。

③show startup-config：查看开机设置。

④show interface：显示端口信息。

⑤show ip router：显示路由信息。

（3）拷贝命令

使用 copy 命令，实现 IOS 软件及 config 的备份和升级。

（4）网络命令

①telnet hostname|ip address：登录远程主机。

②ping hostname|ip address：网络侦测，测试是否可达。

③trace hostname|ip address：路由跟踪。

（5）保存命令

使用 write 命令，可以对其做的配置进行保存。

（6）清除配置

直接在特权模式下使用 erase startup-config 命令，再使用 reload 命令，重启即可清除配置。

 4.2.3　路由器安全管理

Cisco 路由器的安全管理主要包括：建立口令以保护访问路由器的安全，使用正确的访问控制列表（ACL）以管理通过路由器的可接收数据流。

1.口令管理

据卡内基梅隆大学的 CERT/CC（计算机应急反应小组/控制中心）称，80％的安全事件是由薄弱的口令引起的。黑客常常利用弱口令或默认口令进行攻击。加长口令、选用 30 到 60 天的口令有效期等措施有助于防止这类漏洞出现。下面显示了设置口令的常用命令：

（1）line console 0：为控制台终端建立一个口令。

（2）line vty 0：为 Telnet 连接建立一个口令。

（3）enable password：为特权模式建立一个口令。

（4）enable secret：使用 MD5 加密方法建立密码口令。

（5）service password-encryption：保护口令，避免黑客使用 display 命令将口令显示出来。

2.报文过滤

在 Cisco 路由器上通过报文过滤来实现安全管理。通过访问控制列表使用包过滤技术可以实现对多种数据流的控制，如限制流入、流出。通过对访问控制列表的编写，可以实现对特定网络或主机的数据流限制。ACL 分很多种，不同场合应用不同种类的 ACL。

（1）标准访问控制列表

标准访问控制列表通过使用 IP 数据包中的源 IP 地址进行过滤，使用 ACL 号 1 到 99 来创建相应的 ACL。

（2）扩展访问控制列表

上面提到的标准访问控制列表是基于 IP 地址进行过滤的，是最简单的 ACL。那么如果希望将过滤细化到端口或者希望对数据包的目的地址进行过滤怎么办呢？这时就需要使用扩展访问控制列表。它可以有效地允许用户访问物理 LAN 而并不允许用户使用某个特定服务（例如 WWW、FTP 等）。扩展访问控制列表使用的 ACL 号为 100 到 199。

例如，定义如下的访问控制列表来实现允许任何主机到主机 22.11.5.8 的报文：

access-list 101 permit ip any host 22.11.5.8

而下面的语句允许使用客户源端口（小于 1024 的端口留给服务器用）方式的主机发往 22.11.5.8 的 UDP 报文通过，且报文的目的端口必须为 DNS 端口（53）。其中 gt 意为 great than。

access-list 101 permit udp any gt 1023 host 160.10.2.100 eq 53

建立好访问控制列表以后,要想让它进行报文过滤,必须将它应用到端口上。在进入要控制的端口后,用如下命令应用此访问控制列表:

router(config-if)♯ip access-group 101 in

其中的 in 表示对入站(针对此端口来说)的数据进行过滤。要注意的是,一个端口只能有一个入站和出站的列表,如果有多个,就只有第一个起作用。

(3)基于名称的访问控制列表

不管是标准访问控制列表还是扩展访问控制列表都有一个缺点,就是当设置好 ACL 的规则后发现其中的某条有问题,希望进行修改或删除的话只能将全部的 ACL 信息都删除。即修改一条或删除一条都会影响到整个 ACL。这个缺点影响了工作效率,带来了沉重的负担。可以用基于名称的访问控制列表来解决这个问题。

如配置路由器 R1 不接收来自 192.168.1.1、192.168.1.2、192.168.1.3、192.168.1.4 的数据包,然后加以应用。

配置 ACL1:

ip access-list standard ACL1

deny host 192.168.1.1

deny host 192.168.1.2

deny host 192.168.1.3

deny host 192.168.1.4

1000 permit any//写 1000 是为了以后加入新的规则

进入接口应用 ACL1:

interface fa 0/1:

ip access-group ACL1 in //将 ACL1 应用在内网端口

(4)基于时间的访问控制列表

前面介绍了标准访问控制列表与扩展访问控制列表,实际上掌握了这两种访问控制列表就可以满足大部分过滤网络数据包的要求了。不过实际工作中总会有人提出这样或那样的苛刻要求,这时就需要掌握一些关于 ACL 的高级技巧。基于时间的访问控制列表就属于高级技巧之一。

这种基于时间的访问控制列表就是在标准访问控制列表和扩展访问控制列表中加入有效的时间范围来更合理、有效地控制网络。它需要先定义一个时间范围,然后在原来的各种访问控制列表的基础上应用它。同时,对基于名称的访问控制列表也适用。

IOS 命令格式为:

time-range time-range-name absolute [start time date] [end time date] periodic days-of-the week hh: mm to [days-of-the week] hh:mm

参数含义:

time-range:用来定义时间范围。

time-range-name:时间范围名称,用来标识时间范围,以便在后面的访问控制列表中引用。

absolute:用来指定具体时间范围。它后面紧跟着 start 和 end 两个关键字。在这两个关键字后面的时间要以 24 小时制、hh:mm(小时:分钟)表示,日期要按照日/月/年来表示。

可以看到,它们两个可以都省略。如果省略 start 及其后面的时间,表示与之相联系的 permit 或 deny 语句立即生效,并一直作用到 end 处的时间为止;若省略 end 及其后面的时间,表示与之相联系的 permit 或 deny 语句在 start 处的时间开始生效,并且永远发生作用,当然,把访问控制列表删除就不会起作用了。

(5)访问控制列表流量记录

有效地记录 ACL 流量信息可以第一时间了解网络流量和病毒的传播方式。方法就是在扩展 ACL 最后加上 log 命令。

实现方法:

log 192.168.1.100

//为路由器指定一个日志服务器地址,该地址为 192.168.1.100

access-list 101 permit tcp any 10.10.10.10 0.0.0.0 eq www log

//在希望监测的扩展 ACL 最后加上 log 命令,这样就会把满足该条件的信息保存到指定的日志服务器 192.168.1.100 中

若在扩展 ACL 最后加上 log-input,则不仅会保存流量信息,还会将数据包通过的端口信息保存下来。使用 log 命令记录满足访问控制列表规则的数据流量,就可以完整地查询网络上哪个地方流量大,哪个地方有病毒。

3.禁止服务

(1)CDP

CDP 是 Cisco 的一个专用协议,运行在所有 Cisco 产品的第二层,用来和其他直接相连的 Cisco 设备共享信息,它独立于介质和其他协议。黑客在勘测攻击中使用 CDP 信息的可能性是比较小的,因为必须在相同的广播域才能查看 CDP 组播帧。所以建议在边界路由器上关闭 CDP,或者至少在连接公共网络的接口上关闭 CDP。缺省情况下是启用的。全局关闭 CDP 使用 no cdp run 命令,关闭之后,应该使用 show cdp 命令验证 CDP 是否已被关闭。

(2)TCP 和 UDP 低端口服务

TCP 和 UDP 低端口服务是运行在设备上的端口 19 和更低端口的服务。所有这些服务都已经过时,如日期和时间(daytime,端口 13)、测试连通性(echo,端口 7)和生成字符串(chargen,端口 19)。chargen 常被用于 DDoS 中放大网络流量。

下面显示了一个打开的连接,被连接的路由器上打开了 chargen 服务:

router # telnet 192.168.1.254 chargen

要在路由器上关闭该服务,使用下面的配置:

router(config) # no service tcp-small-servers

及

router(config) # no service udp-small-servers

关闭了该服务之后,用下面方法进行测试,如:

router(config) # telnet 192.168.1.254 daytime

(3)Finger 协议

Finger 协议(端口 79)允许网络上的用户获得当前正在使用特定路由选择设备的用户列表,显示的信息包括系统中运行的进程、链路号、连接名、闲置时间和终端位置。通过 show user 命令查看所有连接到路由器的用户。

下面显示了一个验证 Finger 服务如何被打开以及被关闭的例子:

router♯telnet 192.168.1.254 finger

router♯connect 192.168.1.254 finger

router(config)♯no ip finger

router(config)♯no service finger

当对路由器执行一个 Finger 操作时,路由器以 show users 命令的输出来响应。要阻止响应,使用 no ip finger 命令,关闭 Finger 服务。在较老版本中,使用 no service finger 命令。在较新版本中,两个命令都适用。

(4)IdentD

IdentD 支持对某个 TCP 端口身份的查询,能够报告一个发起 TCP 连接的客户端身份以及响应该连接的主机的身份。IdentD 允许远程设备为了识别目的查询一个 TCP 端口,是一个不安全的协议,旨在帮助识别一个想要连接的设备。一个设备发送请求到 IdentD 端口(TCP 113),目的设备用其身份信息作为响应,如主机和设备名。如果支持 IdentD,攻击者就能够连接到主机的一个 TCP 端口上,发布一个简单的字符串以请求信息,得到一个返回的简单字符串响应。要关闭 IdentD 服务,使用下面的命令:

router(config)♯no ip identd

可以通过 Telnet 连接设备的 113 端口来进行测试。

(5)IP 源路由

应该在所有的路由器上关闭此项,包括边界路由器。可以使用下面的命令:

router(config)♯no ip source-route

执行上述配置后,禁止对带有源路由选项的 IP 数据包进行转发。

(6)FTP 和 TFTP

路由器可以用作 FTP 服务器和 TFTP 服务器,可以将映像从一台路由器复制到另一台。建议不要使用这个功能,因为 FTP 和 TFTP 都是不安全的协议。默认情况下,FTP 服务器在路由器上是关闭的,然而,为了安全起见,仍然建议在路由器上使用以下命令:

router(config)♯no ftp-server write-enable //从 12.3 版本开始

router(config)♯no ftp-server enable

可以通过一个 FTP 客户端从 PC 测试,尝试建立到路由器的连接。

(7)HTTP

可以使用一个 Web 浏览器尝试访问路由器。还可以在路由器的命令提示符下,使用下面的命令来进行测试:

router♯telnet 192.168.1.254 80

router♯telnet 192.168.1.254 443

要关闭以上两个服务并验证,使用以下命令:

router(config)♯no ip http server

router(config)♯no ip http secure-server

Cisco 安全设备管理器(Security Device Manager,SDM)用 HTTP 访问路由器,如果用 SDM 来管理路由器,就不能关闭 HTTP 服务。如果选择开启 HTTP 服务,应该用 ip http access-class 命令来限制对 IP 地址的访问。此外,还应该用 ip http authentication 命令来配置认证。对于交互式登录,HTTP 认证最好的选择是使用一个 TACACS+或 RADIUS 服务器,这可以避免将 enable 口令用作 HTTP 口令。

（8）SNMP

SNMP 可以用来远程监控和管理 Cisco 设备。然而，SNMP 存在很多安全问题，特别是在 SNMPv1 和 SNMPv2 中。要关闭 SNMP 服务，需要完成以下三件事：

①从路由器配置中删除默认的团体字符串。

②关闭 SNMP 陷阱和系统关机特征。

③关闭 SNMP 服务。

要查看是否配置了 SNMP 命令，使用 show running-config 命令。

下面显示了用来完全关闭 SNMP 服务的配置：

router(config)♯no snmp-server community public RO

router(config)♯no snmp-server community private RW

router(config)♯no snmp-server enable traps

router(config)♯no snmp-server system-shutdown

router(config)♯no snmp-server trap-auth

router(config)♯no snmp-server

前两个命令删除了只读和读写团体字符串（团体字符串可能不一样）。接下来三个命令关闭 SNMP 陷阱、系统关机和通过 SNMP 的认证陷阱。最后一个命令在路由器上关闭 SNMP 服务。关闭 SNMP 服务之后，使用 show snmp 命令验证。

（9）域名解析

缺省情况下，Cisco 路由器的 DNS 会向 255.255.255.255 广播地址发送名字查询请求。应该避免使用这个广播地址，因为攻击者可能会借机伪装成一个 DNS 服务器。如果路由器使用 DNS 来解析名称，会在配置中看到类似的命令：

router(config)♯hostname R1

router(config)♯ip domain-name CCZY.COM

router(config)♯ip name-server 202.1.1.1 208.1.1.1

router(config)♯ip domain-lookup

可以使用 show hosts 命令来查看已经解析的名称。

DNS 没有固有的安全机制，易受到会话攻击，在目的 DNS 服务器响应之前，黑客先发送一个伪造的回复。如果路由器得到两个回复，通常忽略第二个回复。如果想解决这个问题，要么确保路由器有一个到 DNS 服务器的安全路径，要么不使用 DNS，而使用手动解析。使用手动解析，可以关闭 DNS，然后使用 ip host 命令静态定义主机名。如果想阻止路由器产生 DNS 查询，要么配置一个具体的 DNS 服务器（使用 ip name-server 命令），要么将这些查询作为本地广播（当 DNS 服务器没有被配置时），使用下面的配置：

router(config)♯no ip domain-lookup

（10）BootP

BootP 是一个 UDP 服务，可以用来给一台无盘工作站指定地址信息以及在设备上加载操作系统（用它来访问另一个运行了 BootP 服务的路由器上的 IOS 软件，将 IOS 软件下载到 BootP 客户端路由器上）。该协议发送一个本地广播到 UDP 端口（67，和 DHCP 相同）。要实现这种应用，必须配置一个 BootP 服务器来指定 IP 地址信息以及任何被请求的文件。

Cisco 路由器能作为一台 BootP 服务器给请求的设备提供闪存中的文件。因为以下三个原因，应该在路由器内关闭 BootP 服务。

①不再有使用 BootP 服务的真正需求。

②BootP 服务没有固有的认证机制。任何人都能从路由器请求文件，无论配置了什么，路由器都将做出回复。

③易受 DoS 攻击。

默认情况下，该服务是启用的。要关闭 BootP 服务，使用下面的配置：

```
router(config)#no ip bootp server
```

（11）DHCP

DHCP 允许从服务器获取所有的 IP 地址信息，包括 IP 地址、子网掩码、域名、DNS 服务器地址、WINS 服务器地址、TFTP 服务器地址和其他信息。Cisco 路由器既能作为 DHCP 客户端，也能作为 DHCP 服务器。

在将 Cisco 路由器作为边界路由器时，应该设置该路由器为 DHCP 客户端的唯一情形是：通过 DSL 和线缆调制解调器连接到 ISP，而 ISP 使用 DHCP 指定地址信息。否则，决不要将路由器设置为 DHCP 客户端。同样地，应该设置该路由器为一台 DHCP 服务器的唯一情形是：当在一个 SOHO 环境中使用路由器，在这种小型的网络中，路由器基本上是可以给 PC 指定地址的唯一设备。如果这样做，确保在路由器外部接口上过滤 UDP 端口（67），这将阻止来自外部的 DHCP 和 BootP 请求。

一般 DHCP 服务器是默认打开的。使用下面的配置进行关闭：

```
router(config)#no service dhcp
```

这可以阻止路由器成为一台 DHCP 服务器或中继代理。

（12）配置自动加载

Cisco 路由器启动时，在出现 CLI 提示符之前，将经历几个测试阶段、发现 IOS 和配置文件。路由器启动时，通常会经过以下五个步骤：

①加载并执行 POST，发现 ROM，测试硬件组件，如闪存和接口。

②加载并执行引导自举程序。

③引导自举程序发现并加载 IOS 映像文件。这些映像文件可以来自闪存、TFTP 服务器。

④加载 IOS 映像文件之后，发现并执行一个配置文件。配置文件储存在 NVRAM 中，但如果 NVRAM 是空的，路由器使用系统配置对话框或 TFTP 来获取一个配置文件。

⑤路由器给用户 CLI EXEC 提示符。

在发现 IOS 映像文件的过程中，假定在 NVRAM 中没有 boot system 命令，路由器首先在闪存中寻找有效的 IOS 映像文件。如果闪存中没有 IOS 映像文件，路由器将执行 TFTP 启动，或者网络启动，发送本地广播请求，从 TFTP 服务器上获取操作系统文件。如果这个过程也失败了，路由器将从内存中加载 IOS 映像文件。因为启动过程中用到 TFTP，而对加载过程没有安全保护，所以不应该允许路由器使用该功能。要阻止该功能，使用下面的配置：

```
router(config)#no boot network remote-url-ftp
```

加载了 IOS 映像之后，如果在 NVRAM 中没有配置文件，路由器会使用系统配置对话框来建立配置文件，或者使用网络配置选项，通过 TFTP 广播来发现配置文件。所以，应该使用以下命令关闭该特性：

router(config)♯no service config

（13）关闭 ARP 代理

大多数 Cisco 路由器（缺省情况下）都会向外发送无根据的 ARP 消息，如果路由器上启用了 ARP 代理，路由器就扮演了第二层（数据链路层）地址解析代理的角色，使得网络跨多个接口得以扩展。攻击者可能会利用 ARP 代理的信任特性，伪装成一台可信主机，中途截获数据包。

禁止 ARP 代理传送，使用下面的命令：

router(config)♯no ip proxy-arp

（14）关闭 IP 无类别路由选择服务

路由器可能会收到一些发往一个没有网络缺省路由的子网的数据包，如果启用了 IP 无类别路由选择服务，就会将这些数据包转发给最有可能实现路由的超网。

要关闭 IP 无类别路由选择服务，在全局配置模式下使用 no ip classless 命令。

4. 路由认证

出于安全考虑，可以通过配置邻居路由认证功能来预防路由器接收到欺骗性的路由更新。在配置了邻居路由认证功能后，两个相邻路由器之间交换路由时，路由器会认证所接收的每个路由更新包的源 IP 地址。这是通过交换双方都已知的认证密钥来完成的。

（1）启用 OSPF 路由协议认证

在相同 OSPF 区域的路由器上启用身份验证功能，只有经过身份验证的同一区域的路由器才能互相通告路由信息。在默认情况下 OSPF 不使用区域验证。通过两种方法可启用身份验证功能，分别是纯文本身份验证和消息摘要（MD5）身份验证。纯文本身份验证传送的身份验证口令为纯文本，它会被网络探测器捕获，所以不安全，不建议使用。而消息摘要（MD5）身份验证在传输身份验证口令前，要对口令进行加密，所以一般建议使用此方法进行身份验证。

使用身份验证时，区域内所有的路由器接口必须使用相同的身份验证方法。为启用身份验证，必须在路由器接口配置模式下为区域的每个路由器接口配置口令，见表 4-1。

表 4-1　　　　　　　　　　为路由器接口配置口令

认证方式	命　令
身份验证	area area-id authentication ［message-digest］
纯文本身份验证	ip ospf authentication-key password
消息摘要（MD5）身份验证	ip ospf message-digest-key keyed md5 （对应的路由器必须有相同的 key）

（2）RIP 邻居路由认证

Cisco RIPv2 支持认证、密钥管理、路由汇总、CIDR 和 VLSM。默认情况下，IOS 软件可以同时接收 RIPv1 和 RIPv2 版本消息包，但是仅发送 RIPv1 版本数据包。可以让 IOS 软件仅接收和发送 RIPv1 或 RIPv2 版本消息包。考虑到默认行为，可以配置一个接口仅发送某个版本的 RIP 消息包，也可以控制一个接口仅接收某个版本的 RIP 消息包。但 RIPv1 版本不支持身份认证。如果发送和接收 RIPv2 版本消息包，就可以在接口上启用 RIP 邻居路由认证。方法如下：

R1(config)♯key chain haha

//启用设置密钥链

R1(config-keychain)♯key 1

R1(config-keychain-key)♯key-string xixi

//设置密钥

R1(config)♯interface FastEthernet 0/0

R1(config-if)♯ip rip authentication key-chain haha

R1(config-if)♯ip rip authentication mode md5

//采用 MD5 模式认证,并选择已配置的密钥链

(3)禁止转发和接收路由

使用 passive-interface 命令可以禁用一些不需要接收和转发路由信息的端口。建议禁用这些端口。但是,在 RIP 协议中只禁止转发路由信息,并没有禁止接收。在 OSPF 协议中禁止转发和接收路由信息。

4.2.4 路由器安全规划

1.路由器"访问控制"安全规划

(1)严格监督可以访问路由器的管理员,任何一次维护都需要记录备案。

(2)建议不要远程访问路由器。即使需要远程访问路由器,建议也要使用访问控制列表和高强度密码进行控制。

(3)严格控制 CON 端口的访问,配合使用访问控制列表对 CON 端口进行访问。

(4)如果不使用 AUX 端口,就禁用这个端口,默认是未被启用。

(5)建议采用权限分级策略,如:

username xnprivilege 10 P@ssw0rd

privilege EXEC level 10 telnet

privilege EXEC level 10 show ip access-list

(6)为特权模式的进入设置强壮的密码。不要使用 enable password 命令来设置密码,而要使用 enable secret 命令进行设置,同时使用 service password-encryption 命令。

(7)控制对 VTY 的访问。如果不需要远程访问,就禁止它;如果需要,就对其进行严格控制。如设置强壮的密码;控制连接的并发数目;采用访问控制列表严格控制访问的地址;采用 AAA 设置用户的访问控制等。

(8)地址过滤,利用封包过滤功能管理局域网用户。比如所有主机在上班时间只能收发邮件而不能浏览网页。再比如禁止所有主机使用 QQ,禁止所有主机访问特定 IP 地址的网站,禁止部分 IP 地址的主机上网,禁止部分 IP 地址主机的某些服务等。

(9)防止外部非法探测,非法访问者在对内部网络发起攻击之前,常常使用 ping 命令或其他命令探测网络,所以要禁止从外部使用这些命令。一般情况下阻止答复的输出,而不阻止探测的进入。

(10)IOS 软件的升级和备份以及配置文件备份,建议使用 FTP 代替 TFFP。

2.路由器"网络服务"安全规划

为了降低对路由器攻击的成功率、利用率,强调路由器的安全性就不得不禁用一些不必

要的本地服务及禁止不使用的端口。

3.路由器"路由协议"安全规划

(1)启用 OSPF 路由协议认证。默认的 OSPF 认证密码是明文传输的,建议启用 MD5 模式认证,并设置一定强度的密钥(相对的路由器必须有相同的 Key)。

(2)RIP 邻居路由认证。只支持 RIPv2 版本,不支持 RIPv1 版本。建议启用 RIPv2 版本,并且采用 MD5 模式认证。普通认证的密码同样是明文传输的。

(3)端口合理设置路由信息的转发和接收。

(4)建议启用 IP Unicast Reverse-Path Verification。它能够检查源 IP 地址的准确性,从而防止一定的 IP Spooling。但是它只能在启用 CEF(Cisco Express Forwarding)的路由器上使用。

```
router # config t
//启用 CEF
router(config) # ip cef
//启用 IP Unicast Reverse-Path Verification
router(config) # interface eth0/1
router(config) # ip verify unicast reverse-path
```

4.路由器其他安全规划

(1)及时升级 IOS 软件,并迅速为其安装补丁。

(2)要严格认真地为 IOS 软件做安全备份。

(3)要为路由器的配置文件做安全备份。

(4)购买 UPS 设备,或者至少要有冗余电源。

(5)要有完备的路由器安全访问和维护日志。

(6)要严格设置登录 Banner。必须包含非授权用户禁止登录的字样。

(7)IP 欺骗的简单防护。如过滤非公有地址访问内部网络、内部网络地址、回环地址(127.0.0.0/8)、RFC1918 私有地址、DHCP 自定义地址(169.254.0.0/16)、科学文档作者测试用地址(192.0.2.0/24)、不用的组播地址(224.0.0.0/4)。

(8)建议采用访问控制列表控制流出内部网络的地址是属于内部网络的。

4.2.5　无线安全规划

现在我们已经步入手机、平板电脑、个人电脑等基于 Wi-Fi、3G、4G 等网络应用的时代,这些应用都离不开无线网络,无线网络已经成为有线网络的有效补充方式。随着无线网络的应用,窃听、无线拒绝服务攻击等针对无线技术的安全威胁也逐渐增多。企业内部 Wi-Fi 设备泛滥,如何选择更好的无线安全设备并进行无线安全部署,保证无线局域网中数据的安全无线访问呢?

传统局域网无线网络一般采用家用的路由器方式,采用简单的 WEP、WPA、WPA2 认证方式,通过简单的密码一次认证获取 IP 地址即可访问互联网。优点是部署简单,价格便宜,缺点是如果多个无线路由器同时部署就需切换网络,否则会出现断网情况。

在企业内部有多个无线应用的情况下,通常采用多个无线 AP(Access Point)进行部署。无线 AP 是无线网和有线网之间沟通的桥梁,采用 802.11b/g/n 的无线 AP 最大连接距离可达 300 m,支持 30 个以上并发用户的使用,具有数据加密、多速率发送等功能。

部署无线 AP 时要注意以下几点:安装位置,覆盖范围内尽量无障碍物;无线 AP 之间的覆盖范围,要尽量少重叠;控制无线 AP 用户数量保证无线带宽;采取瘦 AP 方式,通过设置 AC(无线接入控制器)对无线 AP 进行统一控制,保障用户实现 Portal 服务器无线认证漫游,确保无线子网之间能够实现无缝连接。

从无线安全角度来说,结合 Portal 服务器认证部署在无线网络中分析无线用户上网过程。用户通过标准的 DHCP 协议,从 AC 获取规划中的 IP 地址;用户用浏览器访问网站,发起 HTTP 请求;AC 截获用户的 HTTP 请求,由于用户没有认证,就强制到 Portal 服务器;Portal 服务器向 WLAN 用户终端推送 Web 认证页面;用户在认证页面上填入用户名、密码等信息,提交到 Portal 服务器;Portal 服务器接收到用户信息,必须按照 CHAP(挑战握手认证协议)流程,向 AC 请求 Challenge;AC 返回 Challenge ID 和 Challenge;Portal 服务器将密码、Challenge ID 和 Challenge 做 MD5 算法后得到的 Challenge-Password 和用户名一起提交到 AC,发起认证;AC 将 Challenge ID、Challenge、Challenge-Password 和用户名一起送到 RADIUS 用户认证服务器,由 RADIUS 用户认证服务器进行认证;RADIUS 用户认证服务器根据用户信息判断用户是否合法,然后回应认证成功/失败报文到 AC;AC 返回认证结果给 Portal 服务器;Portal 服务器根据认证结果,向用户返回认证结果页面;Portal 服务器回应 AC 收到认证结果报文。如果认证失败,流程就到此结束;如果认证成功,AC 发起计费开始请求给 RADIUS 用户认证服务器;RADIUS 用户认证服务器回应计费开始请求报文;用户上线成功,可以上网。

4.3　项目实施

任务 4-1　使用 Packet Tracer 软件加固含路由器的网络

针对 A 企业长春总部、A 企业上海分公司、A 企业北京办事处三个部分网络拓扑,基于思科仿真软件 Packet Tracer 搭建模拟环境。

 子任务 4-1-1　配置系统警告标语

保证三地企业(图 3-10)出口路由器的安全性是非常重要的,在用户登录前,如何明确地指出所有权、使用方法、访问权限和保护策略呢?出于法律和管理目的,可以配置一条在用户登录路由器后显示的系统警告标语。如图 4-2 所示,以 A 企业北京办事处网络为例。

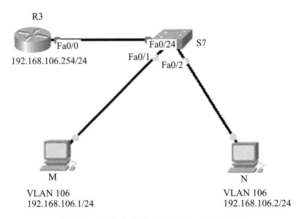

图 4-2　A 企业北京办事处网络 PT 结构

1.R3 上的配置

(1)接口 IP 基本配置

router＞ena

router＃conf t

router(config)＃hostname R3

R3(config)＃int fa 0/0

R3(config-if)＃ip add 192.168.106.254 255.255.255.0

R3(config-if)＃no shut

(2)创建警告标语

R3(config)＃banner login＃

enter TEXT message.end with the character ′＃′.

＊＊Warning＊＊″Unauthorized access to this site is strictly prohibited″

＃

//警告用户的登录消息"本站点仅允许授权用户访问"

R3(config)＃

　　每次通过 Console、AUX 或 VTY 端口登录路由器之后都会显示 MOTD(当天消息)标语。标语本身位于两个定界符(本例为＃)之间,任何字符都可以用作定界符,只要不是被用作真正的标语消息即可。标语内容不应体现正在被访问的路由器或公司名称,因为这样会向黑客提供信息。

2.Console 端口登录

　　通过 Console 端口登录后显示警告标语如图 4-3 所示。

3.VTY 端口登录

R3(config)＃line vty 0 4

R3(config-line)＃password p@ssw0rd

R3(config-line)＃login

　　在通过 VTY 端口登录前,要完成上述配置,下面以主机 M(192.168.106.1)为例进行测试,如图 4-4 所示。

图 4-3　通过 Console 端口登录后显示警告标语

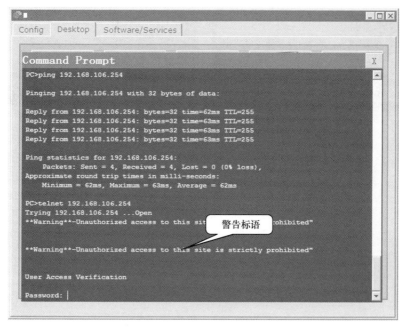

图 4-4　通过 VTY 端口登录后显示警告标语

子任务 4-1-2　配置安全独立登录

如前面在 A 企业北京办事处企业出口路由器所配置的 VTY 端口登录所示,路由器密码被所有用户共享,这样就存在潜在的安全危险,无论该密码设置得如何高级,都有可能意外地被共享给不值得信任的人。此外,如果某个知道密码的员工离开了公司,那么就必须更改所有共享的密码并让大家知道更改后的密码,这对一个公司来说是一个非常大的负担。

根据描述,避免单一访问密码问题的方法就是为每个访问路由器的用户分配唯一的密码。以图 4-2 中的 R3 为例,进行如下相应的配置。

1.配置唯一的用户名

运行 username 命令可以为每个允许访问路由器的用户创建唯一的本地登录项。

R3(config)♯username teachermrli secret ciscoteach123

R3(config)♯username wangguangmryang secret ciscowgyang456

R3(config)♯line vty 0 4

R3(config-line)♯login local

2.密码长度限制

密码的字符数越多,被猜出的难度越大。在 IOS 12.3(1)及以后的软件版本中密码最小长度被作为强制项,配置方法如下:

R3(config)♯security passwords min-length 10

3.不同用户登录测试

使用不同用户名进行登录测试的测试结果如图 4-5 所示。

图 4-5　使用不同用户名进行登录测试的测试结果

子任务 4-1-3　配置多个特权级别

A 企业北京办事处企业出口路由器上配置了安全独立登录,但是所设置的特权密码仍然是可以访问特权模式的单一密码,所以网络还是存在脆弱性,如何进一步加固路由器的安全性呢?单一特权模式意味着所有拥有密码的用户都能够访问全部特权选项,而 IOS 软件允许创建多个特权级别,且多个特权级别允许管理人员为不同级别的用户定义不同的命令集。以图 4-2 中的 R3 为例,进行如下相应的配置。

1.创建特权级别

使用 privilege mode level level command 命令来给每个定制化级别增加经授权的 IOS 命令,可能需要为每个特权级别使用多次 privilege 命令,level 取值范围为 1～14,实际的数字并没有意义,只是可以创建 14 种级别。使用 enable secret 命令来定义访问特定权限等级时的加密密码。

R3(config)♯privilege configure level 2 interface

R3(config)♯privilege exec level 2 configure

R3(config)♯privilege exec level 2 show

R3(config)♯privilege exec level 2 show interfaces

R3(config)♯privilege exec level 2 show running-config

R3(config)♯privilege interface level 2 ip

R3(config)♯privilege interface level 2 ip address

R3(config)♯enable secret level 2 ciscop@ssw0rd

上述的配置说明访问 level 2 的用户可以执行以下操作：

①访问配置模式。

②访问接口。

③配置接口上的 IP 地址。

④显示接口。

⑤显示运行中的配置文件。

2.指定创建的用户为 level 2 级别

R3(config)♯line vty 0 4

R3(config-line)♯login local

R3(config-line)♯privilege level 2

如图 4-6 所示为基于 level 2 级别访问 R3。

图 4-6 基于 level 2 级别访问 R3

子任务 4-1-4 控制线路访问

A 企业北京办事处企业出口路由器上配置了远程登录 Telnet 功能，但是密码并不能限制发起 Telnet 或 SSH 会话。如何限制非授权用户呢？使用 access-class（访问等级）命令可以严格限制 Telnet 访问，访问等级创建了一个经授权的、可以与路由器建立 Telnet 会话的

IP 地址/子网列表。任何没有被访问等级显式允许的用户都会被拒绝。

以图 4-2 中的 R3 为例,只允许 IP 地址为 192.168.106.1 的主机(M 主机)对其发起 Telnet 会话,相应配置如下:

　　R3(config)#access-list 1 permit 192.168.106.1

　　R3(config)#line vty 0 4

　　R3(config-line)#access-class 1 in

　　R3(config-line)#password ciscop@ssw0rd

　　R3(config-line)#login

M 主机发起 Telnet 会话,如图 4-7 所示。以同样的方式配置 N 主机,N 主机发起 Telnet 会话,如图 4-8 所示。

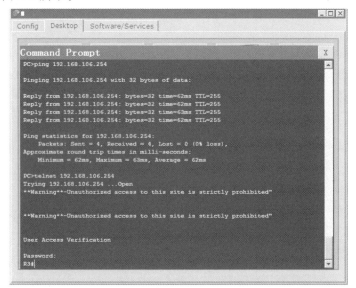

图 4-7　M 主机发起 Telnet 会话

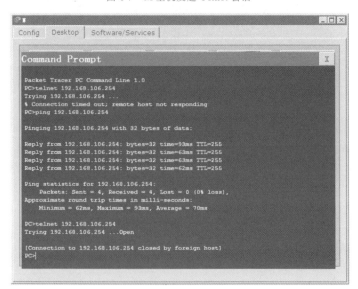

图 4-8　N 主机发起 Telnet 会话

📒📖 **子任务 4-1-5　隐藏企业内网地址**

隐藏企业内网地址

　　A 企业北京办事处内网主机与外网通信时,出于安全方面的考虑,不想用真实身份进行通信,该如何实现呢? 通过路由器的地址转换功能(NAT)实现,可以隐藏内网地址,只以公共地址的方式访问外部网络。除了由内部网络首先发起连接外,网外用户不能通过地址转换直接访问内网资源。以 A 企业北京办事处网络为例,如图 4-9 所示。

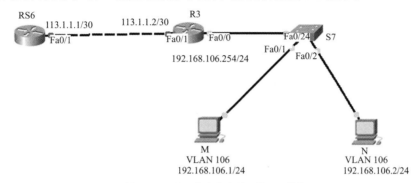

图 4-9　A 企业北京办事处网络 PT 结构

　　针对本任务的网络 PT 结构,仅有一个公有 IP 地址(113.1.1.2)适合配置 NAT 过载,即单一公有 IP 地址配置 NAT 过载。

　　过载配置通常把该公有地址分配给连接到 ISP 的外部接口。所有内部地址离开该外部接口时,均被转换为该地址。使用 interface 关键字来标识外部 IP 地址,利用 overload 关键字将端口号添加到转换中。

1.R3 上的配置

(1)接口 IP 的基本配置

router>ena

router#conf t

router(config)#hostname R3

R3(config)#int fa 0/0

R3(config-if)#ip add 192.168.106.254 255.255.255.0

R3(config-if)#no shut

R3(config)#int fa 0/1

R3(config-if)#ip add 113.1.1.2 255.255.255.252

R3(config-if)#no shut

(2)NAT 的配置

R3(config)#access-list 1 permit 192.168.106.0 0.0.0.255

//定义要转发的网段

R3(config)#ip nat inside source list 1 interface fa 0/1 overload

//将符合要求的每个内部本地 IP 地址转换为对应的全局端口地址

R3(config)#int fa 0/0

R3(config-if)#ip nat inside

//指定连接内部网络的内部端口

R3(config-if)♯int fa 0/1

R3(config-if)♯ip nat outside

//指定连接外部网络的外部端口

2.RS6 上的配置

router＞ena

router♯conf t

router(config)♯hostname RS6

RS6(config)♯int fa 0/1

RS6(config-if)♯ip add 113.1.1.1 255.255.255.252

RS6(config-if)♯no shut

3.任务测试

(1)M、N 主机配置相应 IP 地址,如图 4-10 所示。

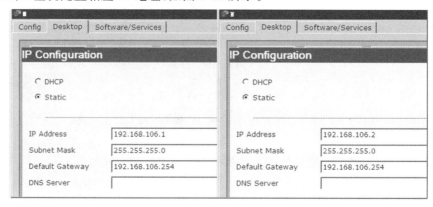

图 4-10 M、N 主机配置相应 IP 地址

(2)M、N 主机测试与远程主机 RS6 的连通性,如图 4-11 所示。

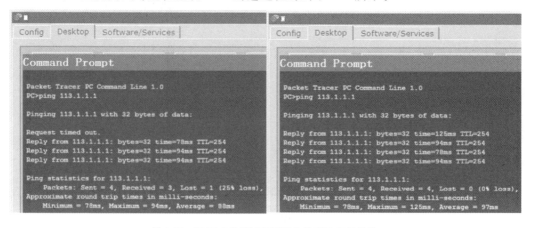

图 4-11 M、N 主机测试与远程主机 RS6 的连通性

(3)在 R3 上验证 NAT 的配置,如图 4-12 所示。

(4)在 RS6 上 ping M 主机会发现 ping 不通。

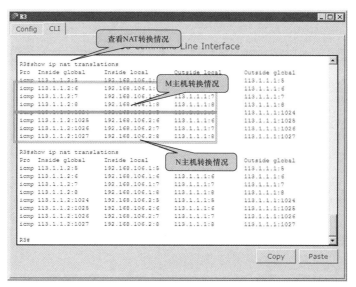

图 4-12 验证 NAT 的配置

子任务 4-1-6 OSPF 安全验证

A 企业整体网络 PT 结构如图 3-10 所示,在 A 企业长春总部网络中企业出口处有一台防火墙和一台路由器,且两设备间启用了 OSPF协议。出于安全方面的考虑,采取怎样的措施才能确保接入路由器的身份合法? 可以在防火墙和路由器上启用身份验证功能,通过对邻居路由器进行身份验证,可避免路由器收到伪造的路由更新信息。通过配置 OSPF 邻居身份验证,从而实现路由器间互相通告路由信息。以 A 企业长春总部网络为例,如图 4-13 所示。

OSPF 安全验证

图 4-13 OSPF 安全验证组网

1.S3-2 上的配置(结合本任务,只需完成接口基本配置)

switch＞ena

switch＃conf t

switch(config)＃hostname S3-2

S3-2(config)＃int fa 0/1

switch(config-if)＃no switchport

switch(config-if)＃ip add 192.168.9.1 255.255.255.252

switch(config-if)＃no shut

2.RFW 上的配置

(1)基本配置

router＞ena

router＃conf t

router(config)♯hostname RFW

RFW(config)♯int fa 0/1

RFW(config-if)♯ip add 192.168.9.2 255.255.255.252

RFW(config-if)♯no shut

RFW(config-if)♯int fa 0/0

RFW(config-if)♯ip add 192.168.10.1 255.255.255.252

RFW(config-if)♯no shut

（2）OSPF 配置

RFW(config)♯router ospf 1

RFW(config-router)♯network 192.168.9.0 0.0.0.3 area 0

RFW(config-router)♯net 192.168.10.0 0.0.0.3 area 0

//配置 OSPF 路由

RFW(config-router)♯int fa 0/0

RFW(config-if)♯ip ospf authentication message-digest

RFW(config-if)♯ip ospf message-digest-key 1 md5 cisco

//配置 OSPF MD5 身份验证

3.R1 上的配置

（1）基本配置

router＞ena

router♯conf t

router(config)♯host R1

R1(config)♯int fa 0/0

R1(config-if)♯ip add 192.168.10.2 255.255.255.252

R1(config-if)♯no shut

R1(config-if)♯int fa 0/1

R1(config-if)♯ip add 111.1.1.1 255.255.255.252

R1(config-if)♯no shut

（2）OSPF 配置

R1(config)♯router ospf 1

R1(config-router)♯network 192.168.10.0 0.0.0.3 area 0

R1(config-router)♯net 111.1.1.0 0.0.0.3 area 0

R1(config-router)♯int fa 0/0

R1(config-if)♯ip ospf authentication message-digest

R1(config-if)♯ip ospf message-digest-key 1 md5 cisco

4.RS3 上的配置(结合本任务,只需完成接口基本配置)

router＞ena

router♯conf t

router(config)♯host RS3

RS3(config)♯int fa 0/1

RS3(config-if)♯ip add 111.1.1.2 255.255.255.252

RS3(config-if)♯no shut

5.任务测试

如图 4-14 所示,在路由器 R1 上使用 show ip ospf neighbor 和 show ip route 命令检查 MD5 身份验证。

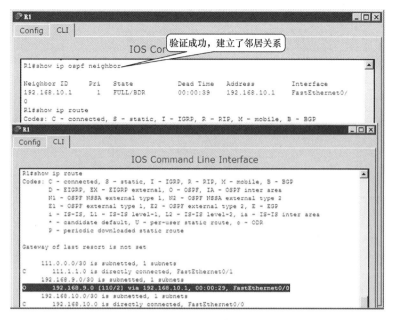

图 4-14　检查 MD5 身份验证

任务 4-2　使用 GNS3 软件加固含路由器的网络

子任务 4-2-1　记录路由器活动

为了实现对设备安全的管理，A 企业处于三地的网络管理人员均有同样的想法：记录设备所使用的帐号、登录时间和所做的命令操作等信息，为发现潜在攻击者的不良行为提供有力依据。可通过配置路由器日志实现，首先要确保网络设备开启日志功能，若设备没有足够的空间，需要将日志传送到日志服务器上进行保存。

路由器加固网络-记录路由器活动

对于本任务的要求，在 Packet Tracer 模拟器上只能实现基本的日志服务功能，故本任务通过 GNS3 软件来实现。以 A 企业北京办事处网络为例，GNS3 结构如图 4-15 所示。

1.R3 上的配置

R3(config)♯logging on

//开启日志功能

R3(config)♯logging 192.168.106.1

//设置日志服务器地址

R3(config)♯logging trap notifications

//设置日志记录级别，可用"？"查看详细内容

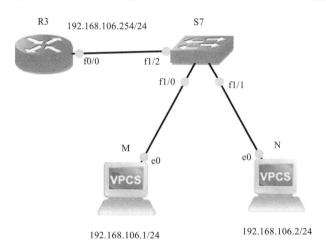

图 4-15　A 企业北京办事处网络 GNS3 结构

R3（config）♯ logging source-interface fa 0/0

//日志发出所用的源 IP 地址

R3（config）♯ service timestamps log datetime localtime

//日志记录的时间戳配置，可根据实际需要具体配置

2.M 主机上的配置

M 主机上的配置如图 4-16 所示。

```
PC1> ip 192.168.106.1 24 192.168.106.254
Checking for duplicate address...
PC1 : 192.168.106.1 255.255.255.0 gateway 192.168.106.254
```

图 4-16　M 主机上的配置

3.任务测试

使用 show logging 命令来查看当前的日志信息，如图 4-17 所示。

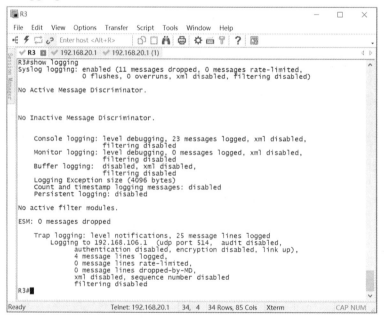

图 4-17　查看日志信息

子任务 4-2-2　禁止员工上班时间访问 Internet

为了保证企业内网数据的安全性，A 企业处于三地的领导准备对内部员工上网进行控制。要求员工上班时间（8：00～17：00）禁止访问 Internet。对于这种情况，仅仅通过发布通知、规定是不能杜绝员工使用的，网络管理人员该如何做呢？

通过基于时间的访问控制列表可以根据一天中的不同时间，或者根据一个星期中的不同日期，或者二者相结合来控制网络数据包的转发，从而满足用户对网络的灵活需求。这样，网络管理人员可以对周末或工作日中的不同时间段定义不同的安全策略。要满足这种需求，就必须使用基于时间的访问控制列表。

由于 Packet Tracer 模拟器不支持基于时间的访问控制列表，故本任务采用 GNS3 软件来实现。以 A 企业北京办事处网络为例，如图 4-18 所示。

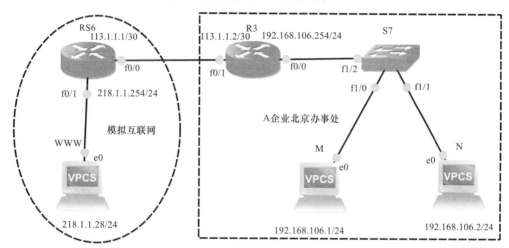

图 4-18　任务组网图

基于时间的访问控制列表由两部分组成，第一部分是定义时间段，第二部分是用扩展访问控制列表定义规则。这里主要介绍定义时间段，具体配置方法及命令如下：

1.用 absolute 命令定义绝对时间范围

命令格式：

router(config-time-range)♯ absolute [start start-time start-date] [end end-time end-date]

date 表示日期，格式为"日月年"。

示例：要使一个访问控制列表从 2013 年 12 月 1 日早 5 点开始起作用，直到 2013 年 12 月 31 日晚 24 点停止作用，语句如下：

router(config-time-range)♯ absolute start 5：00 1 December 2013 end 24：00 31 December 2013

2.定义周期、重复使用的时间范围

用 periodic 命令来定义周期、重复使用的时间范围。命令格式如下：

router(config-time-range) ♯ periodic days-of-the week hh：mm to [days-of-the week] hh：mm

periodic 是主要以星期为参数来定义时间范围的一个命令。它可以使用许多参数，其范围可以是一个星期中的某一天、某几天的组合，或者使用关键字 daily（每天）、weekday（周一到周五)或者 weekend(周末)。

示例 1:表示周一到周五的早 9 点到晚 10 点半可以用。

router(config-time-range) # periodic weekday 9:00 to 22:30

示例 2:表示周一早 7 点到周二的晚 8 点可以用。

router(config-time-range) # periodic Monday 7:00 to Tuesday 20:00

3.R3 上基于访问控制列表的配置

R3(config) # time-range time_online

//定义允许上网的时间段

R3(config-time-range) # periodic weekday 11:30 to 13:00

//周一到周五 11:30~13:00

R3(config-time-range) # periodic weekday 17:00 to 23:59

//周一到周五 17:00~23:59

R3(config-time-range) # periodic weekday 00:00 to 08:00

//周一到周五 00:00~08:00

R3(config-time-range) # periodic weekend 00:00 to 23:59

//周末全天

R3(config-time-range) # exit

R3(config) # ip access-list extended time_acl

//定义一个基于名称的扩展访问控制列表,表名为 time_acl

R3(config-ext-nacl) # permit ip any any time-range time_online

//允许内网任意地址在允许上网的时间段内访问外网

R3(config-ext-nacl) # exit

R3(config) # int f 0/0

R3(config-if) # ip access-group time_acl in

//将 ACL 应用到要控制上网的内网端口

4.任务测试

在 R3 上通过使用 show running-config 命令可以看到上面的配置,配置情况如下:

!

interface FastEthernet 0/0

ip address 192.168.106.254 255.255.255.0

ip access-group time_acl in

!

time-range time_online

periodic weekday 11:30 to 13:00

periodic weekday 17:00 to 23:59

periodic weekday 0:00 to 8:00

periodic weekend 0:00 to 23:59

!

任务 4-3 使用 Packet Tracer 软件部署无线网络

A 企业上海分公司由于业务需要新增一个会议室,要求架设无线 AP 并接入三层设备,使得会议室内接入的 PC 均能自动获得 IP 地址并能连接互联网。出于安全方面的考虑,请设置三层交换机及无线 AP 安全口令来隔离不同部门间的互访。根据以上描述,可以通过在三层交换机上配置 VLAN 并分配 DHCP 地址,在无线 AP 上设置口令使 PC 实现认证后自动获取地址上网,无线网络任务组网如图 4-19 所示。

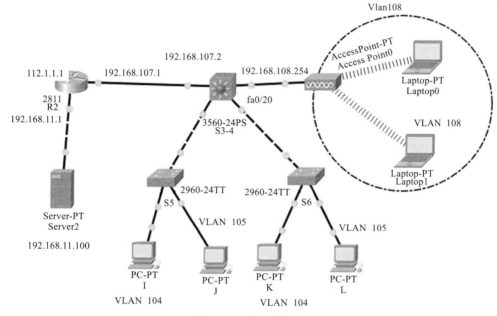

图 4-19 无线网络任务组网

1.三层交换机相关配置

（1）接口 VLAN 网络配置

interface FastEthernet 0/20

switchport access vlan 108

（2）接口 VLAN 地址配置

interface vlan 108

ip address 192.168.108.254 255.255.255.0

（3）DHCP 配置

ip dhcp pool 108

network 192.168.108.0 255.255.255.0

default-router 192.168.108.254

dns-server 200.1.1.100

2.无线 AP 配置

将无线 AP 接口连接至三层交换机，配置无线 AP 如图 4-20 所示，在"SSID"文本框中输入"WX"，选择"WEP"方式认证，"WEP Key"设为 0123456789。

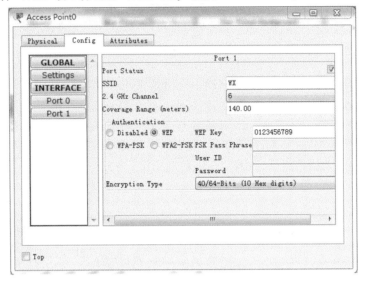

图 4-20　无线 AP 配置

3.无线 PC 配置

在 Packet Tracer 软件中添加笔记本电脑并关闭其电源，将 Linksys-WPC300N 无线网卡添加至笔记本电脑中，再启动电源，双击笔记本电脑图标。如图 4-21 所示，在"SSID"文本框中输入"WX"，选择"WEP"方式认证，"WEP Key"设为"0123456789"，"IP Configuration"选择"DHCP"。

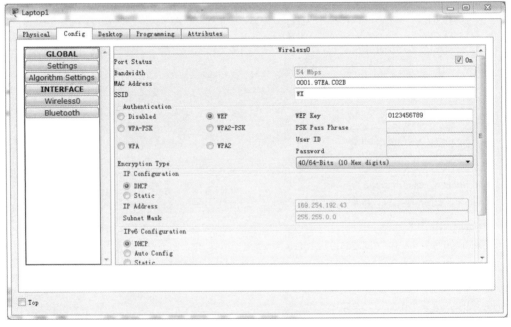

图 4-21　无线 PC 配置

任务 4-4　使用 Packet Tracer 软件部署 VPN

两台路由器通过串口连接,模拟 Internet 网。路由器 R1 通过交换机连接至两台 PC,路由器 R2 通过以太口连接到终端计算机 PC3。由于分公司与总公司之间传输的数据都是机密性文件,所以要求建立严格的验证功能,并能对数据进行加密和完整性验证。通过 IPSec VPN 技术实现总公司和分公司之间的安全通信,由于总公司和分公司并不知道模拟 Internet 的具体连接情况,需要配置默认路由连接到模拟公网之上。拓扑图如图 4-22 所示。注意,不是所有的路由器都能支持 VPN 服务的架设,故此在这里一定要选择 2811 款的路由器。具体内容扫描二维码获取。

使用 Packet Tracer 软件部署 VPN 文本

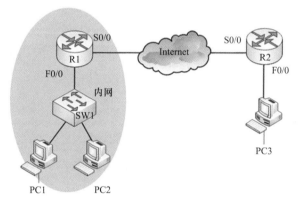

图 4-22　IPSec VPN 配置网络拓扑

4.4　项目习作

1.包过滤是有选择地让数据包在内部与外部主机之间进行交换,根据安全规则有选择地路由某些数据包。下面不能进行包过滤的设备是(　　)。

A.交换机　　　　　　B. 一台独立的主机　　　　C. 路由器　　　　　　D. 网桥

2.以下不是 HSRP(热备份路由器协议)的特点的是(　　)。

A. 能够保护第一跳路由器不出故障

B. 主动路由器出现故障将激活备份路由器取代主动路由器

C. 负责转发数据包的路由器称之为主动路由器

D. HSRP 运行在 UDP 上,采用端口号 2085

3.一台 MSR 路由器通过 S1/0 接口连接 Internet,GE0/0 接口连接局域网主机,局域网主机所在网段为 10.0.0.0/8,在 Internet 上有一台 IP 地址为 202.102.2.1 的 FTP 服务器。

通过在路由器上配置 IP 地址和路由,目前局域网内的主机可以正常访问 Internet(包括公网 FTP 服务器),如今在路由器上增加如下配置:

```
firewall enable
acl number 3000
rule 0 deny tcp source 10.1.1.1 0 source-port eq ftp destination 202.102.2.1 0
```

然后将此 ACL 应用在 GE0/0 接口的 inbound 和 outbound 方向,那么这条 ACL 能实现下列哪个意图(   )?

A. 禁止源地址为 10.1.1.1 的主机向目的主机 202.102.2.1 发起 FTP 连接

B. 只禁止源地址为 10.1.1.1 的主机到目的主机 202.102.2.1 的端口为 TCP 21 的 FTP 控制连接

C. 只禁止源地址为 10.1.1.1 的主机到目的主机 202.102.2.1 的端口为 TCP 20 的 FTP 数据连接

D. 对从 10.1.1.1 向 202.102.2.1 发起的 FTP 连接没有任何限制作用

4.客户的一台 MSR 路由器通过广域网接口 S1/0 连接 Internet,通过局域网接口 GE0/0 连接办公网络,目前办公网络用户可以正常访问 Internet。在路由器上增加如下的 ACL 配置:

```
firewall enable
firewall default deny
#
acl number 3003
rule 0 deny icmp
rule 5 permit tcp destination-port eq 20
#
interface GigabitEthernet0/0
firewall packet-filter 3000 inbound
firewall packet-filter 3000 outbound
```

那么(   )。(选择一项或多项)

A. 办公网用户发起的到 Internet 的 ICMP 报文被该路由器禁止通过

B. 办公网用户发起的到达该路由器的 FTP 流量可以正常通过

C. 办公网用户发起的到达该路由器 GE0/0 的 Telnet 报文可以正常通过

D. 办公网用户发起的到 Internet 的 FTP 流量被允许通过该路由器,其他所有报文都被禁止通过该路由器

5.在 MSR 路由器上可以为 Telnet 用户配置不同的优先级,关于此优先级的说法错误的是(   )。(选择一项或多项)

A. 0 为访问级　　　　B. 1 为监控级　　　　C. 2 为设备级　　　　D. 3 为管理级

E. 数值越小,用户的优先级越高　　　　　　　　F. 数值越小,用户的优先级越低

6.在路由器上做好 Telnet 服务的相关配置后,从 PC 能够 ping 通路由器,但是 Telnet 路由器失败,PC 一直显示正在连接到 x.x.x.x,可能的原因是(   )。(选择一项或多项)

A. 中间网络路由配置不对

B. Telnet 密码设置不正确

C. 路由器 Telnet 服务没有启动

D. 中间网络阻止了 PC 对路由器的 TCP 端口 23 发起连接

7.某网络连接如下：

HostA——GE0/0—MSR-1—S1/0——S1/0—MSR-2—GE0/0——HostB

两台 MSR 路由器 MSR-1、MSR-2 通过各自的 S1/0 接口背靠背互连,各自的 GE0/0 接口分别连接客户端主机 HostA 和 HostB。其中 HostA 的 IP 地址为 192.168.0.2/24, MSR-2 的 S0/0 接口地址为 1.1.1.2/30,通过配置其他相关的 IP 地址和路由,目前网络中 HostA 可以和 HostB 实现互通。如今客户要求不允许 HostA 通过地址 1.1.1.2 Telnet 登录到 MSR-2。那么如下哪些配置可以满足此需求（ ）?

A. 在 MSR-1 上配置如下 ACL 并将其应用在 MSR-1 的 GE0/0 的 inbound 方向：

［MSR-1］firewall enable

［MSR-1］acl number 3000

［MSR-1-acl-adv-3000］rule 0 deny tcp source 192.168.0.1 0.0.0.255 destination 1.1.1.2 0.0.0.3 destination-port eq telnet

B. 在 MSR-1 上配置如下 ACL 并将其应用在 MSR-1 的 GE0/0 的 outbound 方向：

［MSR-1］firewall enable

［MSR-1］acl number 3000

［MSR-1-acl-adv-3000］rule 0 deny tcp source 192.168.0.2 0 destination 1.1.1.2 0 destination-port eq telnet

C. 在 MSR-1 上配置如下 ACL 并将其应用在 MSR-1 的 S1/0 的 inbound 方向：

［MSR-1］firewall enable

［MSR-1］acl number 3000

［MSR-1-acl-adv-3000］rule 0 deny tcp source 192.168.0.1 0.0.0.255 destination 1.1.1.2 0 destination-port eq telnet

D. 在 MSR-1 上配置如下 ACL 并将其应用在 MSR-1 的 S1/0 的 outbound 方向：

［MSR-1］firewall enable

［MSR-1］acl number 3000

［MSR-1-acl-adv-3000］rule 0 deny tcp source 192.168.0.2 0 destination 1.1.1.2 0.0.0.3 destination-port eq telnet

8.某网络连接如下：

HostA——GE0/0—MSR-1—S1/0——S1/0—MSR-2—GE0/0——HostB

两台 MSR 路由器 MSR1、MSR2 通过各自的 S1/0 接口背靠背互连,各自的 GigabitEthernet0/0 接口分别连接客户端主机 HostA 和 HostB。通过配置 IP 地址和路由, 目前网络中 HostA 可以和 HostB 实现互通。

如今在 MSR-2 上增加了如下配置：

firewall enable

acl number 3000

rule 0 deny tcp destination-port eq telnet

interface Serial1/0

link-protocol ppp

ip address 1.1.1.2 255.255.255.252

firewall packet-filter 3000 inbound

firewall packet-filter 3000 outbound

interface GigabitEthernet0/0

ip address 10.1.1.1 255.255.255.0

那么如下哪些说法是正确的(　　)?

A. 后配置的 firewall packet-filter 3000 outbound 会取代 firewall packet-filter 3000 inbound 命令

B. 在 HostB 上无法成功 Telnet 到 MSR-1 上

C. 在 HostB 上可以成功 Telnet 到 MSR-1 上

D. 最后配置的 firewall packet-filter 3000 outbound 不会取代 firewall packet-filter 3000 inbound 命令

9. 在无线网络中,当无法从物理上控制访问者的来源时,为安全考虑可选择下列哪些安全手段(　　)?

A. 在 AP 上禁止 ESSID 广播　　　　　　B. 配置 MAC 过滤

C. 对接入用户进行 802.1x 身份认证　　　D. 使用加密无线信道

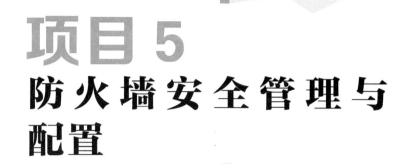

项目 5
防火墙安全管理与配置

随着信息技术的迅猛发展和广泛应用,社会信息化进程不断加快,信息网络的基础性、全局性作用日益增强。社会对信息化的依赖越来越强,信息网络的安全问题也愈加重要。

5.1 项目背景

A 企业是一个跨地区的大型企业(图 2-1),它由 A 企业长春总部、A 企业上海分公司、A 企业北京办事处组成,A 企业的三个部分处于不同城市,具有各自的内部网络,并且都已经连接到互联网中。小杨作为某处的网络管理人员,已经工作一段时间了,他时常会听到领导、员工的责问:"网管,怎么上网速度这么慢啊?!"同时,内网文件服务器偶尔会出现死机和内容被篡改的现象,内网还会受到来自外网的攻击。请从防火墙技术的角度来分析一下,产生上述情况的原因及解决措施。

5.2 项目知识准备

小杨通过分析网络结构,发现其存在安全性方面的漏洞。防火墙作为维护网络安全的关键设备,在当今网络安全防范体系架构中发挥着极其重要的作用。而目前的网络中没有防火墙设备,需要进行部署。

5.2.1 防火墙简介

1.防火墙的概念

在古代构筑木质结构房屋的时候,为防止火灾的发生和蔓延,人们将坚固的石块堆砌在房屋周围作为屏障,这种防护构筑物就被称为"防火墙"。我们通常所说的网络防火墙是借鉴了古代真正用于防火的防火墙的喻义,它指的是在本地网络与外界网络之间的防御系统。防火墙可以使企业内部局域网(LAN)与 Internet 之间或者与其他外部网络互相隔离,限制网络互访,用来保护内部网络。

通常,内部网络被认为是安全和可信的,而外部网络被认为是不安全和不可信的。如

图 5-1 所示,防火墙是建立在内外网络边界上的,用来防止不希望的、未经授权的通信进出被保护的内部网络。防火墙是在两个网络之间执行控制策略的系统,可以是软件,也可以是硬件,或者是两者的结合。防火墙一般具有以下功能:强化网络安全策略,集中化的网络安全管理;记录和统计网络访问活动;限制暴露用户点,控制对特殊站点的访问;网络安全策略检查。

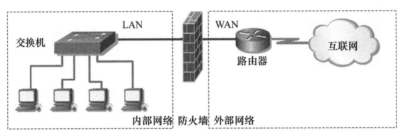

图 5-1　防火墙在网络中的位置

典型的防火墙具有以下三个方面的基本特性:

(1)内部网络和外部网络之间的所有网络数据流都必须经过防火墙。

(2)只有符合安全策略的数据流才能通过防火墙。

(3)防火墙自身应具有非常强的抗攻击免疫力。

2.防火墙的技术分类

(1)包过滤防火墙

①静态包过滤

这种类型的防火墙其工作原理是根据定义好的过滤规则审查每个数据包,以便确定其是否与某一条包过滤规则匹配。包过滤规则基于数据包的报头信息制定。报头信息包括 IP 源地址、IP 目标地址、传输协议(TCP、UDP 等)、TCP/UDP 源端口、目标端口等。

一般来说,静态包过滤规则不保持前后信息连接,是否过滤是根据当前数据包的内容决定的。管理人员可以设计一个可接收机器和服务的列表以及一个不可接收机器和服务的列表。在主机和网络一级,利用包过滤器很容易实现允许或禁止访问。

例如,允许主机 A 和 B 之间的任何 IP 访问,或者禁止除主机 A 以外的任何机器访问主机 B。

②动态包过滤

这种类型的防火墙采用动态设置包过滤规则的方法,避免了静态包过滤所存在的问题。这种技术后来发展成包状态监测(Stateful Inspection)技术。

采用这种技术的防火墙对通过其的每一个连接都进行跟踪,提取相关的通信和状态信息,并在动态连接表中进行状态及上下文信息的存储和更新。这些表被持续更新,为下一个通信检查积累数据。这种类型的防火墙能够为基于无连接的协议的应用和基于端口动态分配的协议的应用提供安全支持,减少了端口的开放时间,提供了几乎对所有服务的支持,但它允许外部客户和内部主机直接连接,不提供用户鉴别功能。

一般来说包过滤防火墙具有以下优点:性能优于其他类型的防火墙,因执行计算较少,容易硬件实现;不需对客户端计算机进行专门配置;通过 NAT,可以对外部屏蔽内部 IP。包过滤防火墙的缺点:无法识别应用层协议;处理包内信息的能力有限;安全性较差,存在安全隐患。

（2）应用层网关防火墙

应用层网关（Application Gateway）防火墙通过一种代理（Proxy）技术参与一个 TCP 连接的全过程。应用层网关通常被配置为双宿主网关，具有两个网络接口卡，跨接内部网络和外部网络，网关可以与两个网络通信，因此是安装传递数据软件的理想位置。这种软件被称为代理，通常是为其所提供的服务定制的。

当代理服务器收到一个客户的连接意图时，它将核实客户请求，并经过特定的安全化的 Proxy 应用程序处理连接请求，将处理后的请求传递到真实的服务器上，然后接收服务器应答，做进一步处理后，将答复交给发出请求的客户。代理服务器在外部网络向内部网络申请服务时起到了中间转接的作用。代理服务器不允许直接连接，而是强制检查和过滤所有的网络数据包，用户的默认网关指向代理服务器，用户并不直接与真正的服务器通信，而是与代理服务器通信。

应用层网关防火墙最突出的优点是安全。由于每一个内外网络之间的连接都要通过 Proxy 的介入和转换，通过专门为特定服务（如 HTTP）编写的安全化应用程序进行处理，然后由防火墙本身提交请求和应答，没有给内外网络的计算机任何直接会话的机会，从而避免了入侵者使用数据驱动类型的攻击方式入侵内部网络。包过滤防火墙很难彻底避免这一漏洞。应用层网关防火墙的最大缺点是速度相对较慢，当用户对内外网络网关的吞吐量要求比较高时（比如要求达到 75～100 Mbps 时），应用层网关防火墙就会成为内外网络之间数据传输的瓶颈。所幸的是，目前用户接入 Internet 的速度一般都远低于这个数值。

（3）电路级网关防火墙

电路级网关防火墙是一个通用的代理服务器。与应用层网关防火墙相比，其优点是不需要对不同的应用设置不同的代理模块，但需要对客户端做适当修改；缺点是资源占用多，速度慢。

电路级网关防火墙的实现典型是 SOCKS，支持多种认证协议。SOCKS 的协议框架就是为了让使用 TCP 和 UDP 的客户端/服务器中的应用程序更方便安全地使用网络防火墙所提供的服务而设计的。SOCKS 从概念上来讲介于应用层和传输层之间的"中介层"（shim-layer），因而不提供由网络层网关所提供的服务（如传递 ICMP 信息）。

SOCKS v4 为 Telnet、FTP、HTTP、WAIS 和 GOPHER 等基于 TCP 协议的客户端/服务器程序提供了一个不安全的防火墙。而 SOCKS v5 协议扩展了 SOCKS v4，以使其支持 UDP 框架规定的安全认证方案、地址解析方案（Addressing Scheme）中所规定的域名和 IPv6。为了实现这个 SOCKS 协议，通常需要重新编译或者重新链接基于 TCP 的客户端应用程序以使用 SOCKS 库中相应的加密函数。下文中，除非特别注明，否则所有出现在数据包格式中的十进制数字均以字节表示相应域的长度。如果某域需要给定一个字节的值，用 X′hh′ 来表示。如果某域中用到单词 Variable，表示该域的长度是可变的，且该长度定义在一个和这个域相关联（1～2 个字节）的域中或一个数据类型域中。下面介绍 SOCKS v5 的结构。

①基于 TCP 协议的客户端

当一个基于 TCP 协议的客户端希望与一个只能通过防火墙到达的目标建立连接时，它必须先与 SOCKS 服务器上的 SOCKS 端口建立一个 TCP 连接。通常这个端口是 1 080。当连接建立后，客户端进入协议的协商（negotiation）过程：根据选中的方式进行认证，然后发送转发的要求。SOCKS 服务器检查这个要求，根据结果，或建立合适的连接，或拒绝连接。客户端连到服务器后，发送请求来协商版本和认证方法。在 SOCKS v5 协议中，VER 字段被设置成 X′05′。NMETHODS 字段包含了在 METHODS 字段中出现的方法标识的数目（以字节为单位）。服务器从这些给定的方法中选择一个并将这个方法选中的消息发送回客户端。如果选中的消息是 X′FF′，表示客户端所列出的方法列表中没有一个方法被选中，客户端必须关闭连接。当前定义的方法有：X′00′，则不需要认证；X′01′，GSSAPI；X′02′，用户名/密码；X′03′～X′7F′，由 IANA 分配；X′80′～X′FE′，为私人方法所保留的；X′FF′，没有可以接收的方法。然后客户端和服务器进入由选定的认证方法所决定的子协商过程（subnegotiation）。各种不同方法的子协商过程的描述请参考各自的备忘录。SOCKS v5 一般支持 GSSAPI，并且支持用户名/密码认证方式。一旦请求子协商过程结束后，客户端就发送详细的请求信息。如果协商的方法中有以完整性检查或安全性为目的的封装，这些请求必须按照该方法所定义的方式进行封装。SOCKS 服务器会根据源地址和目的地址来分析请求，然后根据请求类型返回一个或多个应答。地址 ATYP 字段中描述了地址字段（DST.ADDR，BND.ADDR）所包含的地址类型。一旦建立了一个到 SOCKS 服务器的连接，并且完成了认证方式的协商过程，客户端就会发送一个 SOCKS 请求信息给服务器。服务器将根据请求，以 VER、REP、RSV、ATYP、BND.ADDR、BND.PORT 等格式返回。其中 BND.ADDR 服务器绑定的地址和 BND.PORT 以网络字节顺序表示的服务器绑定的端口标识为 RSV 的字段必须设为 X′00′。

在对一个 Connect 命令的应答中，BND.PORT 包含了服务器分配的用来连接到目标主机的端口号，BND.ADDR 则是相应的 IP 地址。由于 SOCKS 服务器通常有多个 IP，应答中的 BND.ADDR 常和客户端连到 SOCKS 服务器的那个 IP 不同。SOCKS 服务器可以利用 DST.ADDR 和 DST.PORT 以及客户端源地址和端口来对每一个 Connect 请求进行分析。

Bind 请求通常被用在那些要求客户端接收来自服务器的连接的协议上。FTP 是一个典型的例子。它建立一个从客户端到服务器的连接来执行命令以及接收状态的报告，使用另一个从服务器到客户端的连接来接收传输数据的要求（如 LS、GET、PUT）。建议在一个应用协议的客户端只有在使用 Connect 命令建立主连接后才使用 Bind 命令建立第二个连接。在一个 Bind 请求的操作过程中，SOCKS 服务器要发送两个应答给客户端。当服务器建立并绑定一个新的套接口时发送第一个应答。BND.PORT 字段包含 SOCKS 服务器用来监听进入连接的端口号，BND.ADDR 字段包含了对应的 IP 地址。客户端通常使用这些信息来告诉应用服务器连接的汇接点。第二个应答仅发生在连接成功或失败之后。在第二个应答中，BND.PORT 和 BND.ADDR 字段包含了连接上的主机的 IP 地址和端口号。

UDP Associate 请求通常是要求建立一个 UDP 转发进程来控制到来的 UDP 数据报。DST.ADDR 和 DST.PORT 字段包含客户端用来发送 UDP 数据报的 IP 地址和端口号。服务器可以使用这个信息来限制进入的连接。如果客户端在发送这个请求时没有地址和端口信息，客户端必须全用 0 来填充。当 UDP 相应的 TCP 连接中断时，该 UDP 连接也必须中断。应答 UDP Associate 请求时，BND.PORT 和 BND.ADDR 字段指明了客户端发送 UDP 消息至服务器的端口号和 IP 地址。

当一个应答（REP 值不等于 00）指明出错时，SOCKS 服务器必须在发送完应答消息后一小段时间内终止 TCP 连接。这段时间应该在发现错误后的 10 秒之内。如果一个应答

(REP 值等于 00)指明成功,并且请求是一个 Bind 或 Connect 时,客户端就可以开始发送数据。如果协商的认证方法中有以完整性检查或安全性为目的的封装,这些请求必须按照该方法所定义的方式进行封装。类似地,当以客户端为目的地的数据到达 SOCKS 服务器时,SOCKS 服务器必须用正在使用的方法对这些数据进行封装。

②基于 UDP 协议的客户端

在 UDP Associate 应答中由 BND.PORT 指明了服务器所使用的 UDP 端口,一个基于 UDP 协议的客户端必须发送数据报至 UDP 转发服务器的端口上。如果协商的认证方法中有以完整性检查或安全性为目的的封装,这些数据报必须按照该方法所定义的方式进行封装。每个 UDP 数据报的首部都有一个 UDP 请求头。

当一个 UDP 转发服务器转发一个 UDP 数据报时,不会发送任何通知给客户端。同样,它也将丢弃任何不能发送至远端主机的数据报。当 UDP 转发服务器从远端服务器收到一个应答的数据报时,必须加上 UDP 请求头,并对数据报进行封装。UDP 转发服务器必须从 SOCKS 服务器得到期望的客户端 IP 地址,并将数据报发送到 UDP Associate 应答中给定的端口号。如果数据报从未知 IP 地址到来,而该 IP 地址与该特定连接中指定的 IP 地址不同,那么该数据报将会被丢弃。FRAG 字段指明数据报是否是一些分片中的一片。如果 SOCKS 服务器要实现这个功能,X′00′指明数据报必须是独立的,其值越大则越接近数据报的尾端。1 和 127 之间的值说明该分片在分片序列里的位置,每个接收者都为这些分片提供一个重组队列和一个重组计时器。这个重组队列必须在重组计时器超时后重新初始化,并丢弃相应的数据报。或者当一个新到达的数据报中有一个 FRAG 值比当前在处理的数据报序列中最大的 FRAG 值小时,也必须重新初始化重组队列。重组计时器必须小于 5 秒。如果有可能,应用程序最好不要使用分片。分片的实现是可选的,如果实现不支持分片,所有 FRAG 字段不为 0 的数据报都必须被丢弃。一个 SOCKS 服务器的 UDP 编程界面(The Programming Interface for a SOCKS-aware UDP)必须报告当前可用 UDP 数据报缓存空间小于操作系统提供的实际空间。

SOCKS 是一个用来透过 IP 网络防火墙的应用层协议。这种传输的安全性在很大程度上依赖于实现特定所拥有的以及在 SOCKS 客户端与 SOCKS 服务器之间经协商所选定的特殊的认证和封装方式。系统管理员需要对用户认证方式的选择进行仔细考虑。

3.防火墙的主要技术参数

(1)功能指标

网络接口:防火墙所能保护的网络类型,如以太网、快速以太网、千兆以太网等。协议支持:一般支持 IP、IPX、Appletalk 等协议。加密算法:DES、3DES、AES、IDEA 等。认证支持:RADIUS 认证、证书、口令方式认证。访问控制:包过滤、时间等。安全功能:病毒扫描、内容过滤等。管理功能:远程管理、本地管理等。审计和报表:审计分析的能力。

(2)性能指标

最大吞吐量:在只有一条默认允许规则和不丢包的情况下能达到的最大吞吐率。转送速率:在安全规则发生作用的情况下,能以多快的速度转送正常的网络通信量。最大规则数:在添加大量规则的情况下,显示防火墙性能的变化情况。并发连接数:单位时间内能建立起的最大 TCP 连接数,即每秒的连接数。

（3）安全指标

防火墙的安全指标包括入侵实时警告、实时入侵防范、抗攻击性要求和防火墙所采用操作系统的安全性。

4.防火墙的基本体系结构

（1）双宿/多宿主机模式

用一台装有两个或多个网络适配器的主机做防火墙，如图 5-2 所示。双宿主机用两个网络适配器分别连接两个网络，又称堡垒主机。

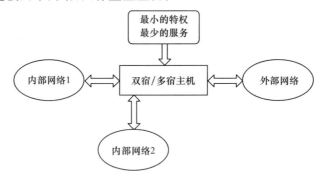

图 5-2　双宿/多宿主机模式

堡垒主机上运行的防火墙（通常是代理服务器），可以转发应用程序、提供服务等。双宿主机网关有一个致命弱点，一旦入侵者侵入堡垒主机并使该主机只具有路由器功能，防火墙就会失去作用，任何网上用户均可以随便访问有保护的内部网络。

（2）屏蔽子网模式

这种方法是在外部网络和内部网络之间建立一个被隔离的子网，用两个包过滤路由器将这一子网分别与外部网络和内部网络分开，如图 5-3 所示。两个包过滤路由器放在子网的两端，外部网络和内部网络均可访问屏蔽子网，但禁止它们穿过屏蔽子网通信。可根据需要在屏蔽子网中安装堡垒主机，为外部网络和内部网络的互相访问提供代理服务，但是来自两个网络的访问必须经过两个包过滤路由器的检查。对于向外部网络公开的服务器，像 WWW、FTP、电子邮件等 Internet 服务器也可安装在屏蔽子网内。这样无论是外部用户，还是内部用户，都可访问。这种结构的防火墙安全性能高，具有很强的抗攻击能力，但需要的设备多，造价高。

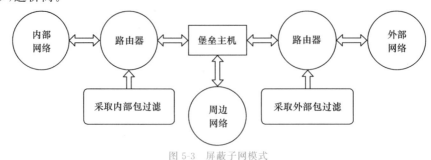

图 5-3　屏蔽子网模式

（3）屏蔽主机模式

屏蔽主机模式由包过滤路由器和堡垒主机组成，如图 5-4 所示。它又分为单宿堡垒主机和双宿堡垒主机两种类型。单宿堡垒主机类型由一个包过滤路由器连接外部网络，同时一个堡垒主机安装在内部网络上。堡垒主机只有一个网卡,与内部网络连接。通常在路由器上设立过滤规则,并使这个单宿堡垒主机成为外部网络唯一可以访问的主机,确保了内部网络不受未被授权的外部攻击。而内部网络的客户机,可以受控制地通过屏蔽主机和路由器访问 Internet。

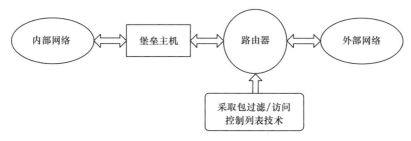

图 5-4　屏蔽主机模式

双宿堡垒主机与单宿堡垒主机的区别是,双宿堡垒主机有两块网卡,一块连接内部网络,一块连接包过滤路由器。双宿堡垒主机在应用层提供代理服务,与单宿堡垒主机相比更加安全。

5.硬件防火墙产品简介

在大中型企业网络的实际应用中,防火墙设备几乎是必选的,因为这会为管理者和网络的使用者减少由各种网络攻击带来的麻烦。防火墙从形式上可分为软件防火墙和硬件防火墙。对于一个企业来说如果内部上网节点数超过 200,建议考虑使用硬件防火墙设备,当然这不是根据节点数就可以确定的,要综合考虑安全性的需求及性能要求等多方面因素,来决定是否使用硬件防火墙。

目前市场上可见的硬件防火墙产品不下百余种,如 Cisco(思科)、华为赛门铁克(华赛)、H3C(华三通信)、Juniper、天融信(TOPSEC)、联想网御、启明星辰、CHECKPOINT、瑞星(RISING)、安氏领信、紫光(UNIS)、东方龙马(OLM)等。目前国内企事业单位的选择以国产为主,如天融信、启明星辰、联想网御、华赛、安氏领信等厂商。

硬件防火墙一般是部署于内部网络、DMZ 区域和外部网络之间对数据进行检查控制的高级设备。它又分为一般硬件级别防火墙和专用芯片硬件防火墙两种。一般硬件级别防火墙多是针对通用平台进行设计的,如基于 X86 体系,与 PC 的主要区别是操作系统在设计上多采用专用操作系统进行设计,这类产品在性能上介于软件防火墙与专用芯片硬件防火墙之间。专用芯片硬件防火墙,是指在专门设计的硬件平台中搭建的防火墙,软件也是专门开发的,并非流行的操作系统,因此拥有较好的安全性能保障。通俗地讲,专用芯片硬件防火墙是指把防火墙程序做到芯片里面,由硬件执行这些功能,可以减少 CPU 负担的防火墙。硬件防火墙是保障内部网络安全的一道重要屏障,它的安全和稳定直接关系到整个内部网络的安全。

6.Cisco 防火墙简介

(1)Cisco IOS 路由器防火墙

Cisco IOS 路由器防火墙大体分三类,分别为包过滤防火墙、代理防火墙和状态监测包过滤防火墙。凡是使用 IOS 的路由器大体可以实现第一种和第三种防火墙,包过滤防火墙就是传统意义上的 ACL;状态监测包过滤防火墙就是 IOS 的 CBAC 防火墙或者 ZONE 防火墙。ACL 有一个功能叫作 Established，可理解为记忆通过的数据包，自动放行回来的流量。Linux 的 Iptables 也有相应的功能，属于包过滤防火墙的延伸，这个功能是路由器自动把返回的流量放行，是一个方便用户的方式，不用用户再考虑返回的流量。但这并不是真正意义上的状态监测包过滤技术。状态监测包过滤技术是指监测四层或更高层的工作过程，因为有些协议会动态地协商出新的端口，这种端口是无法让 ACL 感知到的。

Cisco IOS 路由器防火墙（CBAC 功能）提供了基于接口的流量保护，可以在任意的接口上针对流量进行保护。所有穿过这个接口的流量受到相同审查策略的保护。这样就降低了防火墙策略实施的颗粒度，但给合理地实施防火墙策略造成了困难。

ZPF（区域策略防火墙）技术对原有的 CBAC 功能进行了增强，改变了老式的基于接口的配置模式，并且提供了更容易理解和更灵活的配置方法。接口需要加入区域，针对流量的审查策略在区域内部生效。区域内部策略提供了更灵活和更细致的流量审查，不同的审查策略可以应用在与路由器相同接口相连的多个组上。

（2）Cisco 硬件防火墙

Cisco 公司的硬件防火墙主要有 PIX 系列，如 501、506E、515E、525、535 等，以及防火墙服务模块。

PIX 系列中不同型号产品应用于不同网络范围。

PIX 501 防火墙用于小型办公室，设计小型办公室 SOHO，支持 3 500 个并发连接、10 Mbps 纯文本吞吐量，有 133 MHz 处理器、16 MB RAM，提供了一个 10BaseT Ethernet 外部接口和五个 10 Mbps/100 Mbps 交换接口，支持 3 Mbps 的 3DES 加密数据吞吐量，支持思科的统一客户端协议，支持 5 个 VPN 连接等。PIX 501 防火墙产品外观前面板有 LINK/ACT（连通/工作）、POWER（电源）、VPN TUNNEL（隧道）、100 MBPS（速度）等指示灯，如图 5-5 所示。后面板主要有 4-port 10 Mbps/100 Mbps switch（RJ-45）接口、配置用 Console port（RJ-45）接口、10BaseT（RJ-45）接口、电源接口、安全锁插槽，如图 5-6 所示。

图 5-5　PIX 501 防火墙前面板

图 5-6　PIX 501 防火墙后面板

Cisco PIX 是一种专用的硬件防火墙。所有版本的 Cisco PIX 都有 500 系列的产品号码。最常见的家用和小型网络使用的产品是 PIX 501；而许多中型企业则使用 PIX 515 作为企业防火墙。PIX 防火墙使用 PIX 操作系统。虽然 PIX 操作系统和 IOS 看起来非常相似，但 PIX 系列的防火墙使用 PDM（PIX Device Manager，PIX 设备管理器）作为图形接口。

该图形界面系统是一个通过网页浏览器下载的 Java 程序。一般情况下，一台 PIX 防火墙有一个外向接口，用来连接一台 Internet 路由器，这台路由器再连到 Internet 上。同时，PIX 也有一个内向接口，用来连接一台局域网交换机，该交换机连入内部网络。

2005 年 5 月，Cisco 推出适应性安全产品（Adaptive Security Appliance，ASA）。ASA 是 Cisco 系列防火墙和反恶意软件安全用具。ASA 产品都是 5500 系列。Cisco ASA 5500 系列包括 5505、5510、5520、5540 和 5550 自适应安全设备，这些定制的高性能安全解决方案充分利用了思科公司在开发业界领先、屡获大奖的安全和 VPN 解决方案方面的丰富经验。该系列集成了 Cisco PIX 500 系列安全设备、Cisco IPS 4200 系列传感器和 Cisco VPN 3000 系列集中器技术。通过结合上述技术，Cisco ASA 5500 系列提供了一个优秀的解决方案，能防御范围广泛的威胁，为企业提供灵活、安全的连接选项。作为思科自防御网络的核心组件，Cisco ASA 5500 系列提供了主动的威胁防御，能够在攻击蔓延到整个网络之前进行阻止，控制网络活动和应用流量，并提供灵活的 VPN 连接。这些功能的结合不但能为中小型企业（SMB）、大型企业和电信运营商网络提供广泛深入的安全保护，还降低了所涉及的部署和运营成本以及复杂性。Cisco ASA 5500 系列包含全面的服务，通过为中小型企业和大型企业定制产品版本，能满足各种部署环境的特定需求。这些版本为各地提供了相应的服务，从而得到出色的保护效果。每个版本都综合了一套 Cisco ASA 5500 系列的重点服务（如防火墙、IPSec 和 SSL VPN、IPS，以及 Anti-X 服务），以符合企业网络中特定环境的需要。通过确保满足每个地点的安全需求，网络整体安全性也得到了提升。Cisco ASA 5500 系列部分性能见表 5-1。

表 5-1　　　　　　　　　　　　　Cisco ASA 5500 系列部分性能

名称	Cisco ASA 5505	Cisco ASA 5510	Cisco ASA 5520	Cisco ASA 5540	Cisco ASA 5550
实物					
用户/节点	10,50 或无限	无限	无限	无限	无限
防火墙吞吐速率	高达 150 Mbps	高达 300 Mbps	高达 450 Mbps	高达 650 Mbps	高达 1.2 Gbps
并发威胁防御吞吐速率（防火墙＋IPS 服务）	不提供	高达 150 Mbps，采用 AIP-SSM-10；高达 300 Mbps，采用 AIP-SSM-20	高达 225 Mbps，采用 AIP-SSM-10；高达 375 Mbps，采用 AIP-SSM-20	高达 450 Mbps，采用 AIP-SSM-20	不提供
3DES/AES VPN 吞吐速率	高达 100 Mbps	高达 170 Mbps	高达 225 Mbps	高达 225 Mbps	高达 425 Mbps
IPSec VPN 对	10;25	250	750	5 000	5 000
SSL VPN 对 *（内置/最大）	2/25	2/250	2/750	2/2 500	2/5 000
并发连接	10 000;25 000	50 000;130 000	280 000	400 000	650 000

企业版包括四种：Firewall、IPS、Anti-X 以及 VPN。对中小型企业来说，还有商业版本。总体来说，Cisco 一共有五种型号。Cisco PIX 和 ASA 在性能方面有很大的差异，即使

是 ASA 版本最低的型号,其所提供的性能也比基础的 PIX 高得多。和 PIX 类似,ASA 也提供诸如入侵防护系统(Intrusion Prevention System,IPS)以及 VPN 集中器。实际上,ASA 可以取代三种独立设备——Cisco PIX 防火墙、Cisco VPN 3000 系列集中器,以及 Cisco IPS 4000 系列传感器。

下面来对比两者。

虽然 PIX 是一款优秀的防火墙,但在安全方面仅仅使用一道静态数据包过滤防火墙对网络进行保护已远远不够。对网络而言,新的威胁层出不穷——包括病毒、蠕虫、多余软件(比如 P2P 软件、游戏、即时通信软件)、网络欺诈以及应用程序层面的攻击等。

如果一台设备可以应付多种威胁,我们就称其提供了 Anti-X 能力,或者说它提供了"多重威胁(Multi-Threat)"防护。而 PIX 恰恰无法提供这种层次的防护。

绝大多数公司不希望采用安装一台 PIX 进行静态防火墙过滤的同时再使用一些其他的工具来防护其他威胁的办法。他们更希望采用一台"集所有功能于一身"的设备,或者采用一台 UTM(United Threat Management,统一威胁管理)设备。

而 ASA 恰好针对这些不同类型的攻击提供了防护,它甚至比一台 UTM 设备功能更强。不过,要成为一台真正的 UTM,它还需要装一个 CSC-SSM(Content Security and Control Security Service Module,内容安全和控制安全服务模块)。该模块在 ASA 中提供 Anti-X 功能。如果没有 CSC-SSM,那么 ASA 在功能上看起来会更像一台 PIX。

那么,到底哪一个才更适合企业呢?要根据企业的需求而定。不过,还是倾向于优先选择 ASA,而后才是 PIX。首先,一台 ASA 的价格要比同样功能的 PIX 低。除去成本的原因,至少从逻辑上来说,选择 ASA 就意味着选择了更新更好的技术。对于那些已经在使用 PIX 的人来说,Cisco 已经提供了一个迁移指南,以解决如何从 PIX 迁移到 ASA 上的问题。

面对 Internet 上的不同威胁,对完整的防护措施而言,一个多重防护的方法必不可少。虽然 ASA 的确是很好的一个选择,但是这并不意味着它是唯一选项。

7.华为防火墙简介

USG 2000&5000 是为解决政府、企业、数据中心等机构的网络安全问题,而自主研发的统一安全网关,基于业界领先的软硬件体系架构,为用户提供强大、可扩展、持续的安全防护。

USG 2000 系列产品是华为公司面向中小型企业/分支机构设计的防火墙/UTM 设备。USG 2000 基于业界领先的软硬件体系架构,基于用户的安全策略融合了传统防火墙、VPN、入侵检测、预防病毒、URL 过滤、应用程序控制、邮件过滤等行业专业安全技术,可精细化管理 1 200 余种网络应用,全面支持 IPv6 协议,在政府、金融、电力、电信、石油、教育、工业制造等行业得到广泛应用。

USG 2000 系列产品包括:2130、2160、2210、2210E、2220、2220E、2230、2230E、2250、2250E 等十个型号产品。它们均为模块化设备,提供多个扩展槽,支持多种 I/O 模块选配。

SVN 2000/5000 系列安全接入网关产品是华为公司推出的,采用电信级的可靠硬件平台,安全的实时嵌入式操作系统,为大中型企业、政府、运营商提供了远程接入、移动办公、分支机构互联、云接入、多媒体隧道接入等安全解决方案。

随着网络业务的迅速发展,企业必须扩展其内网应用服务资源和数据资源的访问领域,以满足越来越多的远程接入需求,比如分支机构接入、合作伙伴接入、客户接入、出差员工接入、远程办公接入等。网络环境越来越复杂,使用的接入设备类型也越来越丰富,接入的场景更是千变万化。如何在保证内网安全的前提下,确保处于各种复杂的网络环境以及接入场景的合法用户能够安全接入内网,对现代企业网络提出了新的挑战。

在综合分析了多个市场上典型客户应用情况以及基于多年来在安全方面的专业经验后,华为推出了以 SVN 2000/5000 系列为代表的新一代安全接入网关,可支持七种 IOS 的移动终端,五种移动接入方式,方便用户随时随地进行安全办公,并满足各种严苛的国际认证规范。

5.2.2 防火墙基本配置

防火墙的配置不是千篇一律的,即使同一品牌的不同型号也不完全相同,下面仅对防火墙的配置方法做基本介绍。

1.防火墙配置的基本原则

默认情况下,所有的防火墙都是按以下两种情况配置的:

一种是拒绝所有的流量,需要在网络中特意指定能够进入和出去的一些流量类型。

另一种是允许所有的流量,在这种情况下需要特意指定要拒绝的流量类型。

部署防火墙时,要考虑以下几点:

(1)简单实用:对于防火墙环境设计来讲,首要的是越简单越好。越简单的实现方式,越容易理解和使用。而且设计越简单,越不容易出错,防火墙的安全功能越容易得到保证,管理也越可靠和简便。

(2)全面深入:单一的防御措施难以保障系统的安全,只有采用全面的、多层次的深层防御战略体系才能实现系统的真正安全。在防火墙配置中,应系统地看待整个网络的安全防护体系,尽量使各方面的配置相互加强,从深层次上防护整个系统。这体现在两个方面:一方面体现在防火墙系统的部署上,多层次的防火墙部署体系,即采用集互联网边界防火墙、部门边界防火墙和主机防火墙于一体的层次防御;另一方面体现在将入侵检测、网络加密、病毒查杀等多种安全措施结合在一起的多层安全体系。

(3)内外兼顾:防火墙的一个特点是防外不防内,其实在现实的网络环境中,80％以上的威胁都来自内部,所以要树立防内的观念,从根本上改变防外不防内的传统观念。对内部威胁可以采取其他安全措施,比如入侵检测、主机防护、漏洞扫描、病毒查杀。这体现在防火墙配置方面就是要引入全面防护的观念,最好能部署与上述内部防护手段联动的机制。

2.利用 CLI 配置 Cisco IOS 防火墙

利用 CLI 配置 Cisco IOS 防火墙需要五个步骤,分别为:

第一步:选择需要检查的接口和数据包方向。

第二步:为该接口配置 IP ACL。

第三步:定义检查规则。

第四步:为该接口应用检查规则和 ACL。

第五步:验证配置。

3.配置防火墙

各种防火墙的初始配置基本类似,仅以 Cisco ASA 防火墙为例进行介绍。

防火墙有四种管理访问模式,即非特权模式(Unprivileged Mode)、特权模式(Privileged Mode)、配置模式(Configuration Mode)和监控模式(Monitor Mode),进入这四种模式的命令与路由器类似。

在使用之前,防火墙也需要经过基本的初始配置。具体步骤如下:将防火墙的 Console 端口用一条防火墙自带的串行电缆连接到电脑的一个串口上。打开 ASA 防火墙电源,让系统加电初始化,然后开启与防火墙连接的主机。运行 Windows 系统中的超级终端(Hyper Terminal)程序,对超级终端的配置与交换机或路由器的配置一样。当 ASA 防火墙进入系统后即显示 ciscoasa>提示符,证明防火墙已启动成功,所进入的是非特权模式,可以进行进一步的配置。输入 enable 命令,进入特权模式,此时系统提示为:ciscoasa♯。输入 configure terminal 命令,进入配置模式,对系统进行初始化设置。

安全区域(Zone)是防火墙产品引入的一个安全概念,是防火墙产品区别于路由器的主要特征。一般防火墙上有四个安全区域:非信任区域、非军事化区域(DMZ)、信任区域、本地区域。DMZ 也叫停火区。对于防火墙 DMZ 端口所连接的部分,一般是服务器群或服务器区,防火墙可以进行策略的检查与控制,只允许特定服务端口访问进入,如只开放 Web 服务,则当内部服务访问的目的端口为 80 时才允许进入。

处于没有连接的状态(没有握手或握手不成功或数据包非法)时,任何数据包都无法穿过防火墙。内部发起的连接可以回包,通过 ACL 开放的服务器允许外部发起连接。内网可以访问任何外网和 DMZ。外网可以访问 DMZ。内网访问 DMZ 需要配合 Static(静态地址转换)。外网访问 DMZ 需要配合 ACL(访问控制列表)。

防火墙的操作系统有多个版本,但基本配置大体相同,都有如下一些配置命令:

(1)配置防火墙接口的名字,并指定安全级别(nameif)。在缺省配置中,以太网 0 被命名为外部接口(Outside),安全级别是 0;以太网 1 被命名为内部接口(Inside),安全级别是 100。安全级别取值范围为 0~100,数字越大安全级别越高,Inside 的默认级别是 100,其他接口的默认级别是 0。(Inbound 流量:从低安全级别接口到高安全级别接口的流量,这种流量默认是不允许的;Outbound 流量:从高安全级别接口到低安全级别接口的流量,这种流量默认是允许的。)

(2)配置以太网接口参数(interface),常见命令有:duplex、speed、shutdown。duplex:设置网卡双工模式;speed:设置网卡工作速率;shutdown:设置网卡接口关闭,否则为激活。

(3)配置内外网卡的 IP 地址(ip address)。

(4)指定外部地址范围(global)。global 命令把内网的 IP 地址翻译成外网的 IP 地址或一段地址范围。Pix525(config)♯global (outside) 1 61.144.51.42~61.144.51.48 表示内网的主机通过 ASA 防火墙访问外网时,PIX 防火墙将使用 61.144.51.42~61.144.51.48 这段 IP 地址为要访问外网的主机分配一个全局 IP 地址。

(5)指定要进行转换的内部地址(nat)。nat 命令的作用是将内网的私有 IP 转换为外网的公有 IP。nat 命令总是与 global 命令一起使用,这是因为 nat 命令可以指定一台主机或一定 IP 地址范围的主机访问外网,访问外网时需要利用 global 所指定的地址池进行对外访问。

(6)设置指向内网和外网的静态路由(route)。

(7)配置静态 IP 地址翻译(static)。如果从外网发起一个会话,会话的目的地址是一个内网的 IP 地址,static 就把内部地址翻译成一个指定的全局地址,允许这个会话建立。

(8)管道命令(conduit)。static 命令可以在一个本地 IP 地址和一个全局 IP 地址之间创建一个静态映射,但从外部到内部接口的连接仍然会被 ASA 防火墙的自适应安全算法(ASA)阻挡,conduit 命令用来允许数据流从较低安全级别的接口流向较高安全级别的接口,例如允许从外部到 DMZ 或内部接口的入方向的会话。对于跟内部接口的连接,static 和 conduit 命令一起使用,来指定会话的建立。

(9)配置 Fixup 协议。fixup 命令的作用是启用、禁止、改变一个服务或协议通过 ASA 防火墙,由 fixup 命令指定的端口是 ASA 防火墙要侦听的。

(10)ACL 命令。ASA 默认只对穿越的 TCP 和 UDP 流量维护状态化信息,可以设置标准的 ACL 和扩展的 ACL 放行一些流量,比如 ICMP 流量。

(11)设置 Telnet。可以在所有的接口上启用 Telnet 到 ASA 的访问。当从外部接口 Telnet 到 ASA 防火墙时,Telnet 数据流需要用 IPSec 提供保护,也就是说用户必须配置 ASA 来建立一条到另外一台 ASA、路由器或 VPN 客户端的 IPSec 隧道。另外就是在 ASA 上配置 SSH,然后用 SSH Client 从外部 Telnet 到 ASA 防火墙,ASA 支持 SSH1 和 SSH2,SSH1 是免费软件,SSH2 是商业软件。

5.2.3　防火墙安全管理

安全套接层(Secure Socket Layer,SSL)协议工作在传输层,独立于上层应用,为应用提供一个安全的点到点通信隧道。SSL 机制由协商过程和通信过程组成,协商过程用于确定加密机制、加密算法、交换会话密钥服务器认证以及可选的客户端认证,通信过程秘密传送上层数据。

为开发在网络层保护 IP 数据的方法,IETF 成立了 IP 安全协议工作组,定义了一系列在 IP 层对数据进行加密的协议,包括:验证头(Authentication Header,AH)协议、封装安全载荷(Encryption Service Payload,ESP)协议、Internet 密钥交换(Internet Key Exchange,IKE)协议。

1.网络层安全协议 IPSec

IPSec 是一个工业标准网络安全协议,为 IP 网络通信提供透明的安全服务,保护 TCP/IP 通信免遭窃听和篡改,可以有效抵御网络攻击。

IPSec 有两个基本目标:保护 IP 数据包安全;为抵御网络攻击提供防护措施。

IPSec 结合密码保护服务、安全协议组和动态密钥管理三者共同实现上述两个目标,它不仅能为局域网与拨号用户、域、网站、远程站点以及 Extranet 之间的通信提供有效且灵活的保护,而且能用来筛选特定数据流。

IPSec 提供三种不同的形式来保护通过公有或私有 IP 网络传送的私有数据。

(1)认证。通过认证可以确定所接收的数据与所发送的数据是否一致,同时可以确定申请发送者是真实的还是伪装的。

(2)数据完整性验证。通过验证,保证数据在从原发地到目的地的传送过程中没有发生任何无法检测的数据丢失与改变。

(3)保密。使相应的接收者能获取发送的真实内容,而无关的接收者无法获知数据的真实内容。

IPSec 通过使用两种通信安全协议：验证头协议、封装安全载荷协议，并使用 Internet 密钥交换协议等协议来共同实现安全性。

2.IPSec 安全传输技术

IPSec 既可以用来直接加密主机之间的网络通信（传输模式），又可以用来在两个子网之间建造"虚拟隧道"用于两个网络之间的安全通信（隧道模式）。后一种更多地被称为虚拟专用网（VPN）。

安全协议包括验证头和封装安全载荷。它们既可用来保护一个完整的 IP 载荷，又可用来保护某个 IP 载荷的上层协议。这两方面的保护分别是由 IPSec 两种不同的实现模式来提供的，如图 5-7 所示。

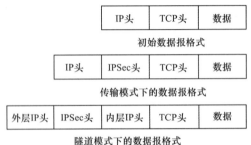

图 5-7　IPSec 的数据报格式

封装安全载荷：属于 IPSec 的一种安全协议，它可确保 IP 数据报的机密性、数据的完整性以及对数据源的身份验证。此外，它也能对重放攻击进行抵抗，如图 5-8 所示。

验证头：与封装安全载荷类似，也提供数据完整性、数据源身份验证以及抗重放攻击的能力，如图 5-9 所示。

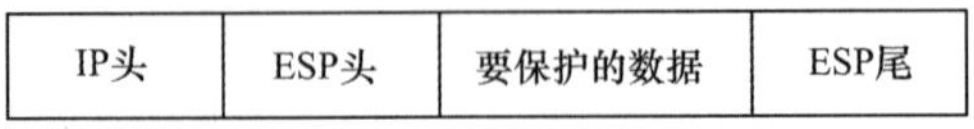

IP头	ESP头	要保护的数据	ESP尾

图 5-8　封装安全载荷

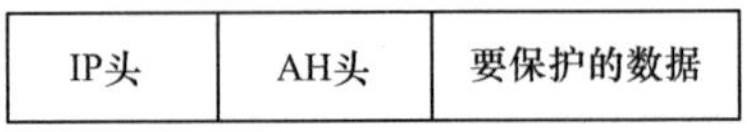

IP头	AH头	要保护的数据

图 5-9　验证头

密钥管理包括密钥确定和密钥分发两个方面，最多需要四个密钥：AH 和 ESP 各有两个发送和接收密钥。密钥本身是一个二进制字符串，通常用十六进制表示。

密钥管理包括手动和自动两种方式。手动管理方式是指管理员使用自己的密钥及其他系统的密钥手动设置每个系统，这种方法在小型网络环境中使用比较实际。自动管理方式能满足其他所有的应用要求，使用自动管理系统可以动态地确定和分发密钥，自动管理系统具有一个中央控制点，集中的密钥管理可以更加安全，最大限度地发挥 IPSec 的效用。

3.传输层安全协议

安全套接层（Secure Sockets Layer，SSL）协议是由 Netscape 公司开发的一套 Internet 数据安全协议，目前已广泛用于 Web 浏览器与服务器之间的身份认证和加密数据传输。SSL 协议位于 TCP/IP 与各种应用层协议之间，为数据通信提供安全支持。

SSL 协议被设计成使用 TCP 来提供一种可靠的端到端的安全服务。SSL 协议分为两层，其中握手协议、修改密文协议和告警协议位于上层，SSL 记录协议为不同的更高层协议提供了基本的安全服务，可以看到 HTTP 在 SSL 协议上运行。

SSL 协议中有两个重要概念，即 SSL 连接和 SSL 会话，SSL 协议体系结构如图 5-10 所示。

握手协议	修改密文协议	告警协议	HTTP
SSL 记录协议			
TCP			
IP			

图 5-10　SSL 协议体系结构

SSL 记录协议为 SSL 连接提供机密性和报文完整性两种服务。

修改密文协议由值为 1 的单个字节组成。这个报文的唯一目的就是使挂起状态被复制到当前状态，从而改变这个连接将要使用的密文簇。

告警协议用来将 SSL 协议有关的告警传送给对方实体。它由两个字节组成，第一个字节的值用来表明告警的严重级别，第二个字节表示特定告警的代码。

SSL 协议中最复杂的部分是握手协议。这个协议使服务器和客户能相互鉴别对方的身份、协商加密和 MAC 算法以及用来保护在 SSL 记录中发送数据的加密密钥。在传输任何应用数据前，都必须使用握手协议。

4.SSL 安全传输技术

SSL 目前所使用的加密方式是一种名为 Public Key 加密的方式，它的原理是使用两个 Key 值，一个为公开密钥（Public Key），另一个为私有密钥（Private Key），在整个加解密过程中，这两个 Key 值均会被用到。

使用这种加解密功能之前，必须构建一个认证中心 CA，这个认证中心专门存放每一位使用者的 Public Key 及 Private Key，并且每一位使用者必须自行建立资料于认证中心。

当 A 用户端要传送信息给 B 用户端，并且希望传送的过程加以保密时，A 用户端和 B 用户端都必须向认证中心申请一对加解密专用键值（Key），A 用户端在传送信息给 B 用户端时要先向认证中心索取 B 用户端的 Public Key 及 Private Key，然后利用加密算法将信息与 B 用户端的 Private Key 重新组合。

信息一旦送到 B 用户端，B 用户端会以同样的方式到认证中心取得自己的键值，然后利用解密算法将收到的资料与自己的 Private Key 重新组合，最后产生的就是 A 用户端传送过来的原始资料。

SSL 的实际运作过程：首先，使用者的网络浏览器必须使用 HTTP 通信方式连接到网站服务器。如果所进入的网页有安全上的控制管理，认证服务器会传送公开密钥给网络使用者。使用者收到这组密钥之后，会产生解码用的对称密钥，将公开密钥与对称密钥进行数学计算之后，原文件就变成充满乱码的文件。最后将充满乱码的文件传送回网站服务器。网站服务器利用服务器本身的私有密钥对浏览器传过来的文件进行解密动作，如此便可取得浏览器所产生的对称密钥。

自此以后，网站服务器与用户端浏览器之间所传送的任何信息或文件，均会以此对称密钥进行文件的加解密动作。

SSL VPN 控制功能强大，能方便公司实现更多远程用户在不同地点的远程接入，实现更多网络资源访问，且对客户端设备要求低，因而降低了配置和运行支撑成本。

SSL VPN 提供安全、可代理连接，只有经认证的用户才能对资源进行访问。SSL VPN 能对加密隧道进行细分，从而使终端用户能够同时接入 Internet 和访问内部企业网资源，也就是说它具备可控功能。

SSL VPN 通信基于标准 TCP/UDP 协议传输，因而能遍历所有 NAT 设备、代理防火墙和状态监测包过滤防火墙。这使得用户能够从任何地方接入，无论是处于其他公司网络中的代理防火墙之后，还是在宽带连接中。随着远程接入需求的不断增长，SSL VPN 是实现任意位置远程安全接入的理想选择。

 项目实施

任务 5-1　配置 Cisco 路由器的防火墙功能

回忆一下已经配置过的 A 企业整体网络 PT 结构，北京办事处和上海分公司都有路由器，但总受到一些攻击，导致网速很慢。合理配置路由器，使其能够保护网络免受攻击。

对于分支机构，配置路由器的防火墙功能是比较合理的选择，既节省经费，又在一定程度上提高了网络安全性。

配置 Cisco 路由器的防火墙功能

1.搭建实训任务网络拓扑

打开 Packet Tracer 软件，搭建实训任务网络拓扑，如图 5-11 所示。

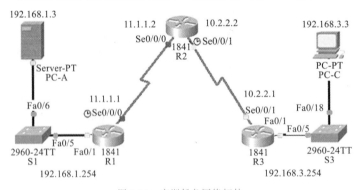

图 5-11　实训任务网络拓扑

由于 A 企业整体网络结构比较复杂，这里只完成与本实训任务相关的内容，搭建了一个小型网络拓扑。读者可以自行规划网络的 IP 地址和接口连接，这里仅做参考。

2.进行基本的网络连通性配置

从 PC-A 能 ping 通 PC-C(192.168.3.3)，如图 5-12 所示。

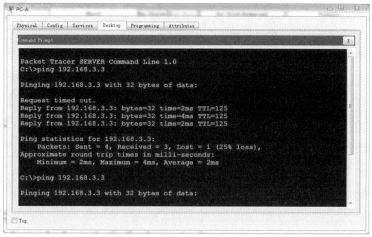

图 5-12　PC-A ping PC-C

从 PC-C 能 Telnet 到路由器 R2 的 Se0/0/1 口(10.2.2.2)，如图 5-13 所示。

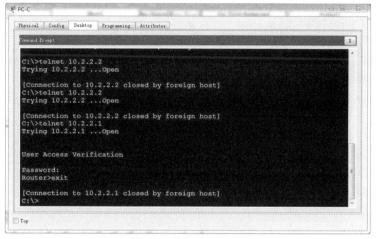

图 5-13　PC-C Telnet R2

在 PC-C 能通过浏览器打开 PC-A 这台服务器，如图 5-14 所示。

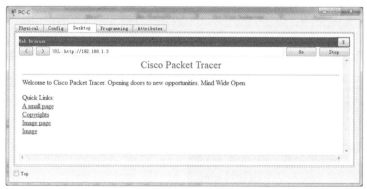

图 5-14　PC-C 通过浏览器打开 PC-A

3.在路由器 R3 上创建区域

命令参考如下：

R3(config)♯zone security IN-ZONE

R3(config-sec-zone)♯exit

R3(config)♯zone security OUT-ZONE

R3(config-sec-zone)♯exit

4.在路由器 R3 上配置类映射和访问控制列表

命令参考如下：

R3(config)♯access-list 101 permit ip 192.168.3.0 0.0.0.255 any

R3(config)♯class-map type inspect match-all IN-NET-CLASS-MAP

R3(config-cmap)♯match access-group 101

R3(config-cmap)♯exit

5.在路由器 R3 上配置防火墙策略

命令参考如下：

R3(config)♯policy-map type inspect IN-2-OUT-PMAP

R3(config-pmap)♯class type inspect IN-NET-CLASS-MAP

R3(config-pmap-c)♯inspect

R3(config-pmap-c)♯exit

R3(config-pmap)♯exit

6.在路由器 R3 上应用防火墙策略

命令参考如下：

R3(config)♯zone-pair security IN-2-OUT-ZPAIR source IN-ZONE destination OUT-ZONE

R3(config-sec-zone-pair)♯service-policy type inspect IN-2-OUT-PMAP

R3(config-sec-zone-pair)♯exit

R3(config)♯interface fa 0/1

R3(config-if)♯zone-member security IN-ZONE

R3(config-if)♯exit

R3(config)♯interface se 0/0/1

R3(config-if)♯zone-member security OUT-ZONE

R3(config-if)♯exit

7.任务测试

从 PC-C ping PC-A,从 PC-C Telnet 到路由器 R2 的 Se0/0/1 口,如图 5-15 所示。

在路由器 R3 上使用 show policy-map type inspect zone-pair sessions 命令查看,如图 5-16 所示。

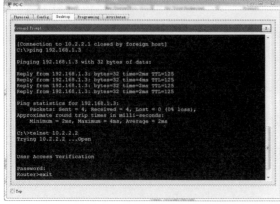

图 5-15　在 PC-C 上测试　　　　　　图 5-16　在 R3 上查看

从 PC-A ping PC-C,如图 5-17 所示。

从 R2 ping PC-C,如图 5-18 所示。

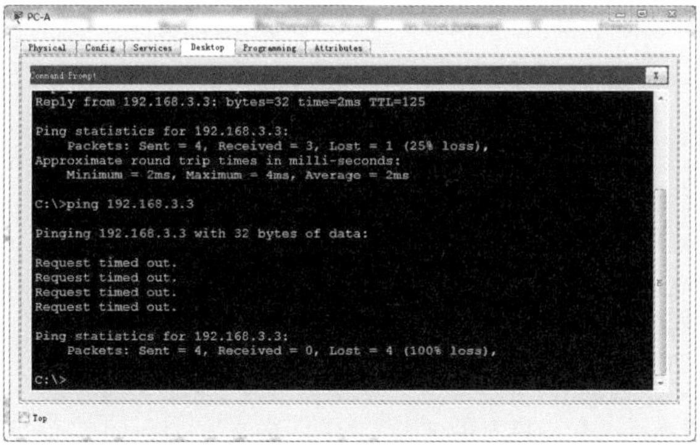

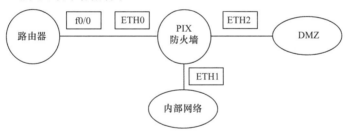

图 5-17　在 PC-A 上测试 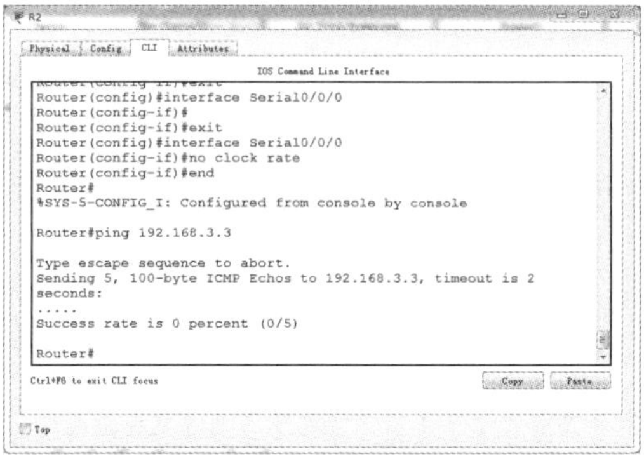　　　　　　　　图 5-18　在 R2 上测试

任务 5-2　使用防火墙的基本命令

防火墙的基本命令和交换机、路由器的不太一样,它有一些命令是交换机、路由器所没有的。要使用防火墙,首先要熟悉基本的配置命令。

如果在实训室有可供实训操作的 Cisco 硬件防火墙,就可以按照以下步骤来进行实训;如果没有,可以用仿真软件来代替真实设备进行实训。

搭建如图 5-19 所示的网络拓扑。

图 5-19　网络拓扑

1.硬件防火墙的初始操作

在实训室有可供实训操作的 Cisco 硬件防火墙,可将防火墙的 Console 端口用一条防火墙自带的串行电缆连接到电脑的一个串口上。

打开 ASA 防火墙电源,让系统加电初始化,然后开启与防火墙连接的主机。

运行电脑 Windows 系统中的超级终端(Hyper Terminal)程序。

当防火墙进入系统后即显示 ciscoasa>提示符,证明防火墙已启动成功,进入用户模式。

2.GNS3 软件对 ASA 防火墙的设置

如果在实训室没有可供实训操作的硬件防火墙,可以用仿真软件来代替真实设备进行实训。在本书中,均使用 GNS3 软件。安装 GNS3 软件以后,需要进行配置才能使用防火墙,方法和路由器类似。

ASA 有 2 种模式的编译文件,分别为单模式和多模式,可选择使用。本任务使用的是单模式。于是直接使用已经编译好的 asa802-k8-sing.gz 和 asa802-k8-muti.gz 文件,虽然需要进行初始化等一些操作,但可以使用 CRT 按钮功能来弥补。现将文件存放到 GNS3 文件夹下,路径分别为:

C:\Users\26248\GNS3\images\QEMU\asa802-k8-sing.gz

C:\Users\26248\GNS3\images\QEMU\asa802-k8-muti.gz

C:\Users\26248\GNS3\images\QEMU\vmlinuz

第 1 步:打开 GNS3 软件,依次单击"Edit"→"Preferences"→"QEMU"→"Qemu VMs"。内容按提示输入。

输入完毕后保存,会出现在列表中,然后单击"Apply"或"OK"按钮,配置完成,如图5-20所示。

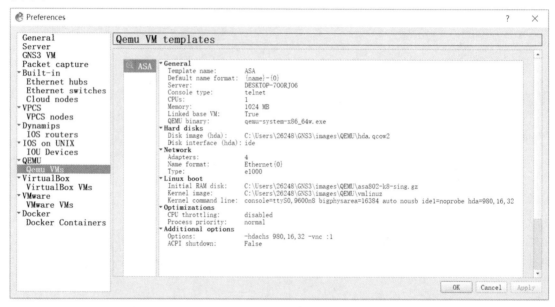

图 5-20　ASA 防火墙的设置

第 2 步:单模式初始化,打开 GNS3 软件,从左侧拖出 ASAfirewall;运行 ASAfirewall-1,用 SecureCRT 登录;加载结束,按回车键,如图 5-21 所示。

在 Console 中输入下面这段话:

＃cp /asa/bin/lina /mnt/disk0/lina

＃cp /asa/bin/lina_monitor /mnt/disk0/lina_monitor

＃cd /mnt/disk0

＃/mnt/disk0/lina_monitor

也可以使用 CRT 按钮功能,按钮代码如下:

cp /asa/bin/lina /mnt/disk0/lina \r

cp /asa/bin/lina_monitor /mnt/disk0/lina_monitor\r

cd /mnt/disk0\r

/mnt/disk0/lina_monitor\r

图 5-21 单模式初始化

重启进入非特权模式。

第 3 步:解决 wr 报错问题,配置模式下输入以下命令。执行过程中的报错可不必理会,直接按回车键。

copy running-config disk0:/.private/startup-config

boot config disk0:/.private/startup-config

也可以使用 CRT 按钮功能,按钮代码如下:

conf t\r

copy running-config disk0:/.private/startup-config\r\r\r\r\p\p\r

boot config disk0:/.private/startup-config\r\r

end\r

执行完毕后,就不会再出现 wr 报错问题了。

防火墙出厂的时候自带一些基本的功能,可以使用 show version 命令查看目前防火墙所拥有的功能列表,如图 5-22 所示。

3.ASA 防火墙基本命令的使用

(1)简单命令练习

enable:从非特权模式进入特权模式时的命令。

hostname newname:为防火墙配置名称。

write terminal:保存当前配置,存储于 RAM 中。

write erase:清除 Flash 中的启动配置文件。

write memory:对 ASA 防火墙的任意修改都会立即生效,并将配置保存于 Flash 中,且不影响防火墙的处理工作。

write standby:将当前处于活跃状态的防火墙的配置保存在备份防火墙的 RAM 中,一般使用故障切换功能的防火墙会自动定期将配置写入备份单元。

configure memory:将当前配置文件与启动配置文件合并,存储于 Flash 中。

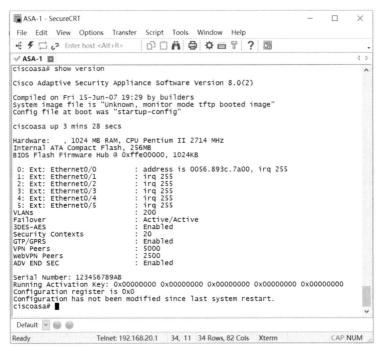

图 5-22　使用 show version 命令查看功能列表

show config：用于显示存储在 Flash 中的启动配置文件。

show running-config：显示防火墙 RAM 中当前的配置文件。

show history：显示以前的输入命令。也可以按上下箭头逐个检查以前输入的命令。

show interface：查看接口的信息。在显示结果中，line protocol up/down 表示物理连接正常/不正常；network interface type 表示接口类型；no buffer 表示内存不足，流量过大导致速度降低；overruns 表示网络接口淹没，不能缓存接收到的信息；underruns 表示防火墙被淹没，不能让数据快速到达网络接口；babbles 表示发送器在接口上的时间过长；defered 表示链路上有数据活动，导致发送之前被延迟的帧。

show memory：显示存储器中当前可用的存储信息。

show version：显示防火墙操作系统版本以及硬件类型、存储器类型、处理器类型、Flash 类型、许可证特性、序列号码、激活密钥等。

show xlate：显示地址转换列表。其中 global 表示全局地址；local 表示本地地址；static 表示静态地址翻译；nconns 表示本地与全局地址对连接数量；econns 表示未完成连接（半打开）数量。

show telnet：显示被授权的 Telnet 访问 IP 地址信息。

ping IP：测试连通性。

telnet IP：通过 Telnet 方式访问该 IP 地址设备。

（2）命令实际应用

流量示意图如图 5-23 所示，ASA 防火墙的基本配置如下：

ciscoasa＞en

Password：

ciscoasa ＃conf t

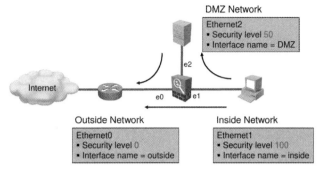

图 5-23 流量示意图

ciscoasa（config）# hostname ASA

ASA（config）# interface e0

ASA（config-if）# nameif outside   //将 E0 口配置为外口

ASA（config-if）# security-level 0   //将 E0 口安全级别设置为 0

ASA（config-if）# ip address 220.171.1.1 255.255.255.0

ASA（config-if）# no shutdown

ASA（config-if）# exit

ASA（config）# interface e1

ASA（config-if）# nameif inside   //将 E1 口配置为内口

ASA（config-if）# security-level 100   //将 E1 口安全级别设置为 100

ASA（config-if）# ip address 10.0.1.1 255.255.255.0

ASA（config-if）# no shutdown

ASA（config-if）# exit

ASA（config）# interface e2

ASA（config-if）# nameif dmz   //将 E2 口配置为 DMZ

ASA（config-if）# security-level 50   //将 E2 口安全级别设置为 50

ASA（config-if）# ip address 172.16.1.1 255.255.255.0

ASA（config-if）# no shutdown

ASA（config-if）# exit

ASA（config）# show run

ASA（config）# ping 172.16.1.1

任务 5-3 配置防火墙的透明模式

企业总部的网络已经投入使用一段时间，但考虑到安全性方面的需求，现增加防火墙一台。

搭建如图 5-24 所示的网络拓扑。在 192.168.2.1 和 192.168.3.1 之间使用防火墙增强安全性，但必须使两端路由器能通过 OSPF 协议学习到对端的路由，192.168.2.1 和 192.168.3.

1 之间可以通过 ICMP 协议来测试连通性。

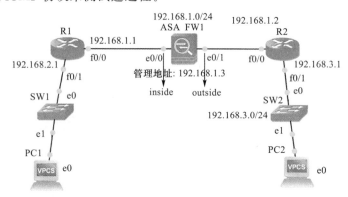

图 5-24　防火墙透明模式实训拓扑

ASA 防火墙从 7.0 版本开始支持第二层透明模式防火墙功能。在透明模式下,防火墙等效于一条网线,它不干涉网络结构,从拓扑看来,它似乎是不存在的,因此称为透明模式防火墙,但是它同样具备数据包过滤的功能。透明模式防火墙只需要一个起管理作用的 IP 地址,这样能节约有限的 IP 地址空间。同时由于防火墙不再负责 NAT 地址转换的工作,在性能上相对于路由模式更加优越。ASA 防火墙从 8.0 版本开始支持动态路由协议和 NAT 配置。

启动设备后,准备开始配置防火墙为第二层透明模式。在路由器上,需要配置接口地址,启用 OSPF 协议,发布相应的网段。具体配置命令请读者自行完成。

在 ASA 防火墙上,需要配置透明模式、接口、管理 IP、访问控制列表、MAC 地址表及 ARP 缓存表。

具体配置命令如下:

```
ciscoasa＞en
Password：
ciscoasa ＃conf t
ciscoasa（config）＃hostname ASA
ASA（config）＃firewall transparent        //进入透明模式
ASA（config）＃interface Ethernet0/0
ASA（config-if）＃nameif inside
ASA（config-if）＃no shutdown
ASA（config-if）＃exit
ASA（config）＃interface e0/1
ASA（config-if）＃nameif outside
ASA（config-if）＃no shutdown
ASA（config-if）＃exit
ASA（config）＃ip address 192.168.1.3 255.255.255.0        //配置管理 IP
ASA（config）＃access-list permitlist extended permit ospf any any
//配置访问控制列表允许通过 OSPF 协议
ASA（config）＃access-list permitlist extended permit icmp any any
//配置访问控制列表允许通过 ICMP 协议
```

ASA（config）# access-group permitlist in interface inside

//在 Inside 接口上放行 permitlist 指定的流量

ASA（config）# access-group permitlist in interface outside

//在 Outside 接口上放行 permitlist 指定的流量

ASA（config）# exit

ASA# show mac-address-table

//查看 MAC 地址表

interface	mac address	type	Age(min)
outside	cc01.23a8.0001	dynamic	3
inside	cc00.23a8.0000	dynamic	5

ASA# conf t

ASA（config）# mac-address-table aging-time 5

ASA（config）# mac-address-table static inside cc00.23a8.0000

//在接口上静态绑定 MAC 地址

ASA（config）# mac-address-table static outside cc01.23a8.0001

ASA（config）# mac-learn inside disable

ASA（config）# mac-learn outside disable

ASA（config）# arp inside 192.168.1.1 cc00.23a8.0000

//在接口上静态绑定 ARP 缓存表

ASA（config）# arp outside 192.168.1.2 cc01.23a8.0001

ASA（config）# arp-inspection inside enable

//在接口上启动 ARP 检测

ASA（config）# arp-inspection outside enable

在配置中,配置的安全性比较高,在接口上静态绑定 MAC 地址、关闭接口 MAC 地址学习功能、在接口上静态绑定 ARP 缓存表、在接口上启动 ARP 检测,这几项功能可根据实际需要来选择是否进行配置。

配置完成后,在 R1 和 R2 上分别进行测试,如图 5-25 和图 5-26 所示。两端路由器通过 OSPF 协议能学习到对端的路由,192.168.2.1 和 192.168.3.1 之间可以通过 ICMP 协议来测试连通性。

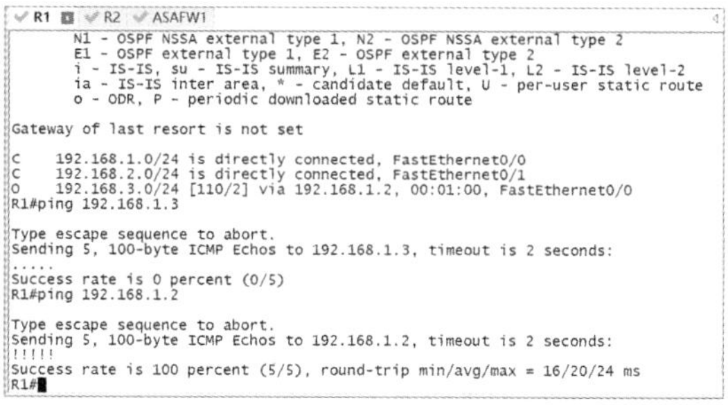

图 5-25　在 R1 上进行测试

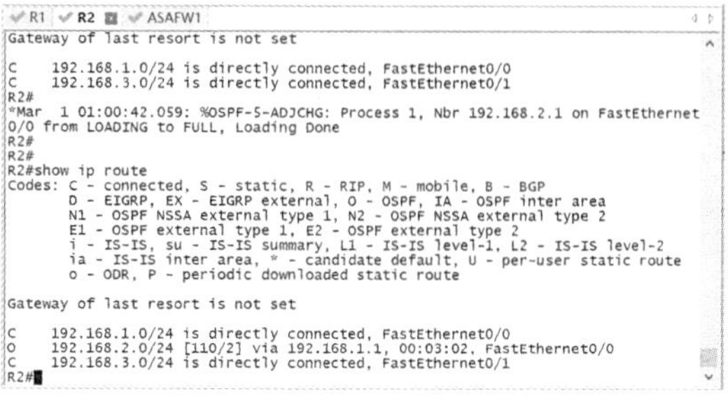

图 5-26　在 R2 上进行测试

任务 5-4　配置防火墙的典型案例

　　配置防火墙,使其能实现内网访问外网、外网访问 DMZ 的 Web 服务器,限制上网速率。

　　经过分析可知:防火墙划分内网、外网、DMZ;防火墙配置静态路由;防火墙上配置 NAT,实现内网访问外网;配置防火墙的反向 NAT,实现外网访问 DMZ 的 Web 服务器;防火墙配置流量限制。

　　在实训室没有可供实训操作的 Cisco 硬件防火墙,可以用仿真软件 GNS3 进行实训,搭建如图 5-27 所示的网络拓扑。

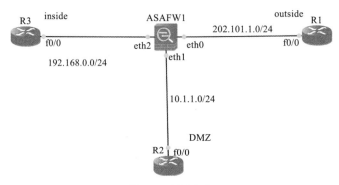

图 5-27　网络拓扑

ASA 防火墙配置命令参考如下:

ASA#conf t

ASA(config)#int e0

ASA(config-if)#nameif outside

ASA(config-if)#security-level 0

ASA(config-if)#ip address 202.101.1.1 255.255.255.0

ASA(config-if)#no shut

ASA(config)#int e1

ASA(config-if)#nameif dmz

ASA(config-if)#security-level 50

ASA(config-if)#ip add 10.1.1.1 255.255.255.0

ASA(config-if)#no shut

ASA(config)#int e2

ASA(config-if)#nameif inside

ASA(config-if)#security-level 100

ASA(config-if)#ip address 192.168.0.1 255.255.255.0

ASA(config-if)#no shut

ASA(config)#access-list dmz permit icmp any any

ASA(config)#access-group dmz in interface dmz

ASA(config)#access-list outside permit icmp any any echo-reply

ASA(config)#access-group outside in interface outside

ASA(config)#route dmz 2.2.2.0 255.255.255.0 10.1.1.2 1

ASA(config)#nat (inside) 1 0 0

ASA(config)#global (outside) 1 interface

ASA(config)#access-list 100 permit tcp any host 202.101.1.1 eq 80

ASA(config)#access-group 100 in interface outside

ASA(config)#static (inside,outside) tcp interface www 10.1.1.2 www network 255.255.255.255

ASA(config)#priority-queue outside

ASA(config-priority-queue)#queue-limit 512

5.4 项目习作

一、填空题

1.按照防火墙在网络协议进行过滤的层次不同,防火墙的主要类型有_____、_____、_____。

2.防火墙的实现方式有_____和_____两种。

3.防火墙是位于两个网络之间,一端是_____,另一端是_____。

4.防火墙系统的体系结构分为_____、_____、_____。

5.防火墙的技术包括四大类:_____、_____、_____、_____。

6.第一代防火墙技术使用的是在 IP 层实现的_____。

7.DMZ 一般被称为_____,对于防火墙的 DMZ 口所连接的部分,一般被称为服务器群或服务器区,防火墙也可以进行策略的检查与控制,只允许对特定的服务端口的访问进入,如只开放 Web 服务则仅对内部服务访问的目的端口为_____时才允许。

8.网络防火墙的工作任务主要是设置一个检查站,_____、_____和_____所有流经的协议数据,并对其执行相应的安全策略,如阻止协议数据通过或禁止非法访问,能有效地过滤攻击流量。

9.网络层防火墙通过对流经的协议数据包的头部信息,如_____、_____、_____、_____和_____等信息进行规定策略的控制,也可以获取协议数据包头的一段数据。而应用层防火墙可以对协议数据流进行全部的检查与分析,以确定其需执行策略的控制。

10.不同公司的防火墙产品的缺省策略有所不同,有的公司的产品默认拒绝,没有被允许的流量都要_____;也有公司的产品是默认允许,没有被拒绝的流量都可以_____。例如 H3C 的路由器的防火墙功能是默认允许,而思科的路由器的包过滤技术就是默认拒绝。

11.选择硬件防火墙产品的前提是要考虑企业网络的现有条件、环境及需求,当然性能指标是要首先考虑的,主要的衡量指标包括_____、转发率、延迟、缓冲能力和丢包率等。

一般网络在选择防火墙时多是从以下几个方面考虑：_____、高效性、配置便利性与_____等。

二、选择题

1.以下设备中不可以作为 VPN 服务器的是（　　）。

A. 路由器　　　　　　B. 防火墙　　　　　　C. PC　　　　　　D. 交换机

2.以下关于防火墙的设计原则说法正确的是（　　）。

A. 不单单要提供防火墙的功能，还要尽量使用较大的组件

B. 保持设计的简单性

C. 保留尽可能多的服务和守护进程，从而能提供更多的网络服务

D. 一套防火墙就可以保护全部的网络

3.包过滤是有选择地让数据包在内部与外部主机之间进行交换，根据安全规则有选择地路由某些数据包。下面不能进行包过滤的设备是（　　）。

A. 交换机　　　　　　B. 一台独立的主机　　C. 路由器　　　　D. 网桥

4.防火墙中地址翻译 NAT 的主要作用是（　　）。

A. 提供代理服务　　　　　　　　　　B. 进行入侵检测

C. 隐藏内部网络地址　　　　　　　　D. 防止病毒入侵

5.可以通过（　　）安全产品划分网络结构，管理和控制内部和外部通信。

A. CA 中心　　　　　　B. 防火墙　　　　　　C. 加密机　　　　D. 防病毒产品

6.包过滤工作在 OSI 模型的哪一层？（　　）

A. 表示层　　　　　　B. 传输层　　　　　　C. 数据链路层　　D. 网络层

7.为控制企业内部对外的访问以及抵御外部对内部网的攻击，最好的选择是（　　）。

A. IDS　　　　　　　　B. 杀毒软件　　　　　C. 防火墙　　　　D. 路由器

项目 6
IPS 安全管理与配置

随着网络的飞速发展，以蠕虫、木马、间谍软件、DoS 攻击、带宽滥用为代表的应用层攻击层出不穷。传统的基于网络层的防护只能针对报文头进行检查和规则匹配，但目前大量应用层攻击都隐藏在正常报文中，甚至是跨越几个报文，因此仅仅分析单个报文头意义不大。IPS(Intrusion Prevention System，入侵防护系统)正是通过对报文进行深度检测，对应用层威胁进行实时防御的安全产品。

6.1　项目背景

小杨作为某企业的网络管理人员，部署好防火墙后，认为万事大吉。但随着网络蠕虫等自动攻击的泛滥，一种漏洞会被多种病毒所利用。因此在规则库中光检测到一种漏洞已经远远不能满足用户的需求，用户需要看到是哪种蠕虫或后门木马。这就需要在规则库的更新和维护上投入更多的资源，不光是跟踪官方公布的漏洞和最常见的攻击程序等，还要对网络上流行的种种病毒、木马等程序做分析。规则库的条数要达到几万条，更新速度要达到每天更新。在层出不穷的攻击手段面前，小杨感到现有的网络安全保护措施已经难以应对。

6.2　项目知识准备

人们认为防火墙可以保护处于它身后的网络不受外界的侵袭和干扰。但随着网络技术的发展，网络结构日趋复杂，传统防火墙在使用的过程中暴露出以下不足和弱点：入侵者可以伪造数据绕过防火墙或者找到防火墙中可能敞开的"后门"；防火墙不能防止来自网络内部的袭击，通过调查发现，将近 65% 的攻击都来自网络内部，对于那些对企业心怀不满或卧底的员工来说，防火墙形同虚设；传统防火墙不具备对应用层协议的检查过滤功能，无法对 Web 攻击、FTP 攻击等做出响应，防火墙对于病毒蠕虫的侵袭也是束手无策。

6.2.1　IPS 简介

1.网络安全监测概述

网络安全监测工具是防范网络入侵的有力手段,它帮助系统管理员发现系统的漏洞,监视系统异常的行为以及追查安全事件。网络安全监测系统的基本功能包括检测出正在发生的攻击活动;发现攻击活动的范围和后果;诊断并发现攻击者的入侵方式和入侵地点,并给出解决建议以及收集并记录入侵的活动证据。入侵检测系统(Intrusion Detection System,IDS)是一种网络监测系统,当有敌人或者恶意用户试图通过 Internet 进入网络甚至计算机系统时,IDS 能够检测出来并进行报警,通知网络采取措施进行响应。

2.入侵检测系统

(1)基本概念

入侵检测,顾名思义是对入侵行为的发觉。它通过对计算机网络或计算机系统中的若干关键点收集信息并对其进行分析,从中发现网络或系统中是否有违反安全策略的行为和被攻击的迹象。进行入侵检测的软件与硬件的组合便是入侵检测系统。与其他安全产品不同的是,入侵检测系统需要更多的智能,它必须将得到的数据进行分析并得出有用的结果。一个合格的入侵检测系统能大大简化管理员的工作,保证网络安全运行。

具体说来,入侵检测系统的主要功能有:

①监测并分析用户和系统的活动。

②核查系统配置和漏洞。

③评估系统关键资源和数据文件的完整性。

④识别已知的攻击行为。

⑤统计分析异常行为。

⑥操作系统日志管理,并识别违反安全策略的用户活动。

(2)入侵检测系统的类型

根据入侵检测的信息来源不同,可以将入侵检测系统分为两类,基于主机的入侵检测系统和基于网络的入侵检测系统。

基于主机的入侵检测系统,如图 6-1 所示,主要用于保护运行关键应用的服务器。它通过监视与分析主机端的审计记录和日志文件来检测入侵。日志中包含发生在系统上的不寻常和不期望活动的证据,这些证据可以指出有人正在入侵或已成功入侵系统。通过查看日志文件,能够发现成功的入侵或入侵企图,并很快地启动相应的应急响应程序。

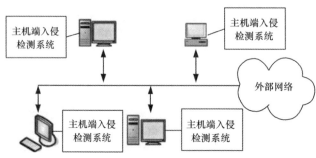

图 6-1　基于主机的入侵检测系统

基于网络的入侵检测系统,如图 6-2 所示,主要用于实时监控网络关键路径的信息,它通过监听网络上的所有分组来采集数据,分析可疑现象。

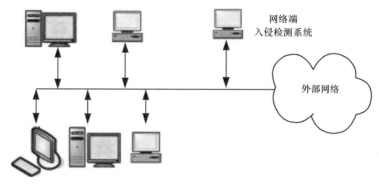

图 6-2　基于网络的入侵检测系统

（3）入侵检测技术

对各种事件进行分析,从中发现违反安全策略的行为是入侵检测系统的核心功能。从技术上,入侵检测技术分为两种:一种是基于标志（Signature-based）的检测技术,另一种是基于异常情况（Anomaly-based）的检测技术。

基于标志的检测技术也称为特征检测技术,对于基于标志的检测技术来说,首先要定义违背安全策略的事件的特征,如网络数据包的某些头信息,主要判别这类特征是否在所收集到的数据中出现。此方法类似杀毒软件。

基于异常情况的检测技术则是先定义一组系统"正常"情况的数值,如 CPU 利用率、内存利用率、文件检验和等（这类数据可以人为定义,也可以通过观察系统并用统计的办法得出）,然后将系统运行时的数值与所定义的"正常"情况比较,得出是否有被攻击的迹象。这种检测方式的核心在于如何定义所谓的"正常"情况。

两种检测技术所得出的结论有非常大的差异。基于标志的检测技术的核心是维护一个知识库。对于已知的攻击,它可以详细、准确地报告出攻击类型,但是对于未知攻击效果却有限,而且知识库必须不断更新。基于异常情况的检测技术无法准确判别攻击的手法,但它可以（至少在理论上）判别更广泛、甚至未发觉的攻击。

（4）入侵检测的步骤

入侵检测系统的作用是实时地监控计算机系统的活动,发现可疑的攻击行为,以避免攻击的发生,或者减少攻击造成的危害。由此划分了入侵检测的三个基本步骤:信息收集、数据分析和响应。

①信息收集

入侵检测的第一步就是信息收集,收集的内容包括整个计算机网络中系统、网络、数据及用户活动的状态和行为。入侵检测很大程度上依赖于收集信息的可靠性和正确性,因此,很有必要利用所知道的、真实的和精确的软件来报告这些信息。因为黑客经常替换软件以混淆和移走这些信息,例如替换被程序调用的子程序、记录文件和其他工具。黑客对系统的修改可能使系统功能失常,但看起来却跟正常的一样。例如 UNIX 系统的 PS 指令可以被替换为一个不显示侵入过程的指令,或者编辑器被替换成一个不读取指定文件的文件（黑客隐藏了初始文件并用另一版本代替）。这需要保证用来检测网络系统软件的完整性,特别是入侵检测系统软件本身应具有相当强的坚固性,防止被篡改而收集到错误的信息。入侵检测利用的信息一般来自以下三个方面(这里不包括物理形式的入侵信息):

系统和网络日志文件:黑客经常在系统日志文件中留下他们的踪迹,因此,可以充分利用系统和网络日志文件信息。日志中包含发生在系统和网络上的不寻常和不期望活动的证据,这些证据可以指出有人正在入侵或已成功入侵系统。通过查看日志文件,能够发现成功的入侵或入侵企图,并很快地启动相应的应急响应程序。日志文件中记录了各种行为类型,每种类型又包含不同的信息,例如记录"用户活动"类型的日志,就包含登录、用户 ID 改变、用户对文件的访问、授权和认证信息等内容。很显然,对用户活动来讲,不正常的或不期望的行为就是重复登录失败、登录到不期望的位置以及非授权的企图访问重要文件等。

目录和文件改变:网络环境中的文件系统包含很多软件和数据文件,它们经常是黑客修改或破坏的目标。目录和文件中非正常改变(包括修改、创建和删除),特别是那些正常情况下限制访问的,很可能就是一种入侵产生的指示和信号。黑客经常替换、修改和破坏获得访问权的系统上的文件,同时为了隐藏系统中的表现及活动痕迹,会尽力去替换系统程序或修改系统日志文件。

程序执行:网络系统上的程序执行一般包括操作系统、网络服务、用户启动的程序和特定目的的应用,例如 Web 服务器。每个在系统上执行的程序由一到多个进程来实现。一个进程的执行行为由它运行时执行的操作来表现,操作执行的方式不同,它利用的系统资源也就不同。操作包括计算、文件传输、设备和其他进程以及与网络间其他进程的通信。一个进程出现了不期望的行为可能表明黑客正在入侵系统。黑客可能会将程序或服务的运行分解,从而导致其失败,或者是以非用户或管理员意图的方式进行操作。

②数据分析

数据分析(Analysis Schemes)是入侵检测系统的核心,它的效率直接决定了整个入侵检测系统的性能。一般通过三种技术手段进行分析:模式匹配、统计分析和完整性分析。其中前两种方法用于实时入侵检测,而完整性分析则用于事后分析。具体的技术形式如下所述:

• 模式匹配,将收集到的信息与已知的网络入侵和系统误用模式数据库进行比较,从而发现违反安全策略的行为。该过程可以很简单(如通过字符串匹配以寻找一个简单的条目或指令),也可以很复杂(如利用正规的数学表达式来表示安全状态的变化)。一般来讲,一种进攻模式可以用一个过程(如执行一条指令)或一个输出(如获得权限)来表示。该方法的一大优点是只需收集相关的数据集合,显著减少系统负担,且技术已相当成熟。它与防火墙采用的方法一样,检测准确率和效率都相当高。但是,该方法存在的弱点是需要不断升级以应对不断出现的黑客攻击手段,不能检测到从未出现过的黑客攻击手段。

• 统计分析,首先给信息对象(如用户、连接、文件、目录和设备等)创建一个统计描述,统计正常使用时的一些测量属性(如访问次数、操作失败次数和延时等)。测量属性的平均值将被用来与网络、系统的行为进行比较,观察值在正常偏差之外,就认为有入侵发生。例如统计分析可能标记一个不正常行为,因为它发现一个在晚八点至早六点不登录的帐户却在深夜两点试图登录。其优点是可检测到未知的入侵和更为复杂的入侵,缺点是误报、漏报率高,且不适应用户正常行为的突然改变。

• 完整性分析,主要关注某个文件或对象是否被更改,包括文件和目录的内容及属性,在发现被更改的、被安装木马的应用程序方面特别有效。完整性分析利用强有力的加密机制,称为消息摘要函数(例如 MD5),能识别极其微小的变化。其优点是不管模式匹配方法和统计分析方法能否发现入侵,只要是成功的攻击导致文件或其他对象的任何改变,它都能够发现。缺点是一般以批处理方式实现,不用于实时响应。这种方式主要应用于基于主机的入侵检测系统。

③响应

数据分析发现入侵迹象后,入侵检测系统的下一步工作就是响应。而响应并不局限于对可疑的攻击者。目前的入侵检测系统一般采取下列响应:

- 将分析结果记录在日志文件中,并产生相应的报告。
- 触发警报,如在系统管理员的桌面上产生一个警告标志,向系统管理员发送电子邮件等。
- 修改入侵检测系统或目标系统,如终止进程、切断攻击者的网络连接,或者更改防火墙配置等。

3.入侵防护系统

入侵检测系统具有较高的漏报率和误报率,以被动的方式工作,只能检测攻击而不能做到真正实时地阻止攻击,这些都是它所面临的主要问题。因此应加强现有的防火墙和入侵检测系统等保护功能,同时还要对经过的数据包采取更为严格的检查措施。

随着网络入侵事件的不断增加和黑客攻击水平的不断提高,一方面,企业网络感染病毒、遭受攻击的速度日益加快;另一方面,企业网络受到攻击做出响应的时间却越来越滞后。解决这一矛盾,传统的防火墙或入侵检测技术显得力不从心,这就需要引入一种全新的技术——入侵防护系统(IPS)。

(1)IPS 原理

防火墙是实施访问控制策略的系统,对流经的网络流量进行检查,拦截不符合安全策略的数据包。IDS 通过监视网络或系统资源,寻找违反安全策略的行为或攻击迹象,并发出警报。传统的防火墙旨在拒绝那些明显可疑的网络流量,但仍然允许某些流量通过,因此防火墙对于很多入侵攻击仍然无计可施。绝大多数 IDS 系统都是被动的,也就是说,在攻击实际发生之前,它们往往无法预先发出警报。而 IPS 则倾向于提供主动防护,其设计宗旨是预先对入侵活动和攻击性网络流量进行拦截,避免其造成损失,而不是简单地在恶意流量传送时或传送后才发出警报。IPS 是通过直接嵌入网络流量中来实现这一功能的,即通过一个网络端口接收来自外部系统的流量,经过检查确认其中不包含异常活动或可疑内容后,再通过另外一个端口将它传送到内部系统中。这样一来,有问题的数据包,以及所有来自同一数据流的后续数据包,都能在 IPS 设备中被清除掉。

IPS 实现实时检查和阻止入侵的原理在于 IPS 拥有数目众多的过滤器,能够防止各种攻击。当新的攻击手段被发现之后,IPS 就会创建一个新的过滤器。IPS 数据包处理引擎是专业化定制的集成电路,可以深层检查数据包的内容。如果有攻击者利用二层至七层的漏洞发起攻击,IPS 能够从数据流中检查出这些攻击并加以阻止。传统的防火墙只能对三层或四层进行检查,不能检查应用层的内容。防火墙的包过滤技术不会针对每一字节进行检查,因而也就无法发现攻击活动,而 IPS 可以做到逐一字节地检查数据包。所有流经 IPS 的数据包都被分类,分类的依据是数据包中的报头信息,如源 IP 地址和目的 IP 地址、端口号和应用域。每种过滤器负责分析相对应的数据包。通过检查的数据包可以继续前进,包含恶意内容的数据包就会被丢弃,被怀疑的数据包需要接受进一步的检查。

针对不同的攻击行为,IPS 需要不同的过滤器。每种过滤器都设有相应的过滤规则,为了确保准确性,这些规则的定义非常广泛。在对传输内容进行分类时,过滤引擎还需要参照数据包的信息参数,并将其解析至一个有意义的域中进行上下文分析,以提高过滤准确性。

过滤器引擎集合了流水和大规模并行处理硬件,能够同时执行数千次数据包过滤检查。并行过滤处理可以确保数据包不间断地快速通过系统,不会对速度造成影响。这种硬件加速技术对于 IPS 具有重要意义,因为传统的软件解决方案必须串行进行过滤检查,会导致系统性能大打折扣。

(2)IPS 技术

一个攻击在网络中发动,但该网络部署了 IPS 模式(在线模式),并使用了一个传感器。IPS 传感器分析所有经过 IPS 传感器接口的数据包,把恶意流量与特征文件(签名)比对,攻击立即停止。IPS 传感器也能发送警报给管理器控制登录或实现其他的管理意图。违反策略的流量将被 IPS 传感器丢弃,如图 6-3 所示。

IDS 和 IPS 两种技术都部署了传感器,都使用特征文件(签名)作为网络中不正常流量的检测方式,都能检测原子特征样本(单包)和复合特征样本(多包)。

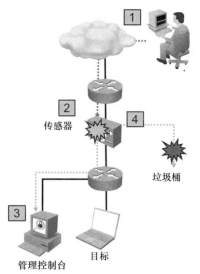

混杂模式 IDS 的优点是不会影响网络性能(延迟、抖动等);如果传感器失效,不会影响网络功能;如果传感器溢出,也不会影响网络功能。其缺点是响应行为不能停止触发数据包;正确的调试需要响应行为;用户部署 IDS 传感器响应行为必须具有成熟的安全策略;对网络逃避技术很脆弱。

图 6-3　IPS 技术

在线模式 IPS 的优点是可以停止触发数据包;可以使用流标准化技术(可降低网络逃避行为)。其缺点是传感器出问题可能会影响网络流量;传感器溢出会影响网络性能;用户部署 IPS 传感器响应行为必须具有成熟的安全策略;对网络性能会有影响(延迟、抖动等)。

对于部署在数据转发路径上的 IPS,可以根据预先设定的安全策略,对流经的每个报文进行深度检测(协议分析跟踪、特征匹配、流量统计分析、事件关联分析等),一旦发现隐藏于其中的网络攻击,就可以根据该攻击的威胁级别立即采取抵御措施,这些措施包括(按照处理力度):向管理中心告警;丢弃该报文;切断此次应用会话;切断此次 TCP 连接。

同 IDS 一样,IPS 也分为基于主机和基于网络两种类型。

基于主机的 IPS 依靠在被保护的系统中所直接安装的代理。它与操作系统内核和服务紧密地捆绑在一起,监视并截取对内核或 API 的系统调用,以便达到阻止并记录攻击的作用。它也可以监视数据流和特定应用的环境(如网页服务器的文件位置和注册条目),以便能够保护该应用程序,使之免受那些还不存在签名的、普通的攻击。

基于网络的 IPS 综合了标准 IDS 的功能,IPS 是 IDS 与防火墙的混合体,可被称为嵌入式 IDS 或网关 IDS(GIDS)。基于网络的 IPS 设备只能阻止通过该设备的恶意信息流。为了提高 IPS 设备的使用效率,必须采用强迫信息流通过该设备的方式。更为具体地说,受保护的信息流必须代表着向联网计算机系统发出的数据,或者从中发出的数据,并且:

①指定的网络领域需要高度的安全保护。

②该网络领域中存在极可能发生的内部爆发。

③配置地址能够有效地将网络划分成最小的保护区域,并能够提供最大范围的有效覆盖。

(3)Cisco IOS IPS

Cisco IOS IPS 使用底层的路由基础架构来提供额外的安全层。通过禁止双向恶意流量进出网络的方式,可以有效地消除攻击。结合其他 Cisco 解决方案,可以在网络所有的进入点提供威胁保护,也可以通过简单、有效的管理工具来支持。它提供无处不在的入侵防御解决方案,顺利地在网络基础架构中整合,可以预保护重要的资源。Cisco IOS IPS 设备使用相同的特征数据库,支持大约 2 000 个攻击特征。

目前 IPS/IDS 产品线主要包含设备类型如下:

①模块化产品:ASA 上的 AIP IPS 模块、C6K 上的 IDSM 模块、路由器上的 NMCIDS 模块。

②Appliance 产品:IPS 42XX 系列。

③集成式产品:路由器 IOS 集成 IPS 功能、ASA/PIX 集成 IPS 功能。

④主机 IPS/IDS 产品:CSA。

6.2.2 IPS 基本安全管理与配置

采用入侵防护系统,不仅是在网络路径中创建潜在的瓶颈和失败点,也是在增加设备,而这个设备可以有意地中断网络流量。入侵防护系统设备正在迅速成为很多公司安全架构的主要部分。

1.在企业中配置 IPS 的最佳实践

在"监控"模式下运行 IPS,直到系统已经做了适当的调整。这样的配置行为更像是入侵检测系统,识别潜在问题,但是不阻止网络流量。

把"阻止"模式的规则数量限制在最小量,做些细微的调整,减少假阳性阻止的可能性。

考虑使用不能打开(Fail-open)的设备,限制网络设备故障的影响。在 IPS 的失误事件中,就会允许所有的流量继续而不受中断,虽然配置的安全性降低,但是可以保持网络的正常状态和正常运行。

2.Cisco IOS IPS 解决方案

Cisco IOS IPS 解决方案包括本地管理解决方案和中央管理解决方案。

本地管理解决方案有 Cisco 路由器和安全设备管理器——Cisco Router and Security Device Manager（SDM）和 Cisco IPS 设备管理器——Cisco IPS Device Manager（IDM）。

中央管理解决方案有 Cisco IDS 事件查看器——Cisco IDS Event Viewer（IEV）、Cisco 安全管理器——Cisco Security Manager（CSM）和 Cisco 安全监控分析和响应系统——Cisco Security Monitoring，Analysis，and Response System（MARS）。

SDM 通过监测已知威胁特征文件的流量来监控和阻止入侵,当一个威胁被检测到时,阻塞该数据流,让管理员控制 Cisco IOS IPS 在接口、输入的应用,编辑在 Cisco.com 上的特征定义文件(SDF),配置在 Cisco IOS IPS 上的行为。

IDM 是基于 Web 的配置工具,使用 IPS 传感器软件不会额外增加成本,能让管理员配置和管理传感器。Web 服务器位于传感器,能使用 Web 浏览器来访问。

IEV 能查看和管理多达五个传感器的警报,可以实时或在导入的日志文件中连接和查看警报,配置过滤器和视图以管理警报,为后来的分析导入和导出事件数据。

CSM 为 Cisco 防火墙、VPNs 和 IPS 设备配置及安全策略的各方面集中提供强大的、便于使用的解决方案,支持 IPS 传感器和 Cisco IOS IPS,能够自动地在基于策略的 IPS 传感器软件和特征文件基础上进行升级。CSM 有特征文件升级指南。

MARS 是一个基于设备的、包含一切的解决方案,该方案允许网络和安全管理员监控、识别、隔离和抵御安全威胁。促使组织机构能更有效地使用网络和安全资源,可以和 Cisco CSM 协同工作。

3. 监控特征文件的最佳实践

需要为传感器升级最新的特征包,但是要平衡瞬间停机时间,因为在此期间网络容易受到攻击。

当部署大量的传感器时,自动升级特征包要好于对每个传感器进行手动升级。

当一个新的特征包可用,将其下载到管理网络的安全服务器上时,要使用其他 IPS 来保护这台服务器,以防被外界攻击。

放置特征包到管理网络内的专用 FTP 服务器上。若一个特征升级不可用,则定制的特征可以建立检测和消除特殊的攻击。

设置 FTP 服务器对特征包存放的目录只允许只读访问。

配置传感器周期性地针对新特征包检查 FTP 服务器,比如每个星期的某一天,一天内根据错开每个传感器的时间来针对新特征包检查服务器,可防止传感器同时请求同一个文件,使 FTP 服务器过载。

保持管理控制台上支持的特征级别和传感器上的特征同步。

4. 使用 CLI 配置 Cisco IOS IPS

总体步骤是:下载 Cisco IOS IPS 特征包文件以及公钥,在 Flash 上创建一个 Cisco IOS IPS 配置目录,配置 Cisco IOS IPS 密钥,启用 Cisco IOS IPS,装载 Cisco IOS IPS 特征包到路由器。

(1)下载 Cisco IOS IPS 特征包文件以及公钥。

(2)创建 Cisco IOS IPS 配置目录如下:

```
R1# mkdir ips
Create directory filename [ips]?
Created dir flash:ips
R1#
R1# dir flash:
Directory of flash:/
```

5 -rw-51054864 Jan 10 2009 15:46:14-08:00

c2800nm-advipservicesk9-mz.124-20.T1.bin

6 drw-0 Jan 15 2009 11:36:36-08:00 ips

64016384 bytes total (12693504 bytes free)

R1#

//重命名一个目录

R1#rename ips ips_new

Destination filename [ips_new]?

R1#

(3)配置 Cisco IOS IPS 密钥。

先打开包含了公钥的文本文件,复制文件的内容。在粘贴前,先使用 no ip domain-lookup 命令。粘贴到全局配置提示符下,使用 show run 命令确认密钥。

(4)启用 Cisco IOS IPS。

R1(config)#ip ips name iosips

R1(config)#ip ips name ips list ?

<1-199> Numbered access list

WORD Named access list

R1(config)#ip ips config location flash:ips

R1(config)#ip http server

R1(config)#ip ips notify sdee

R1(config)#ip ips notify log

R1(config)#ip ips signature-category

R1(config-ips-category)#category all

R1(config-ips-category-action)#retired true

R1(config-ips-category-action)#exit

R1(config-ips-category)#category ios_ips basic

R1(config-ips-category-action)#retired false

R1(config-ips-category-action)#exit

R1(config-ips-category)#exit

Do you want to accept these changes? [confirm] y

R1(config)#interface GigabitEthernet 0/1

R1(config-if)#ip ips iosips in

R1(config-if)#exit

R1(config)#interface GigabitEthernet 0/1

R1(config-if)#ip ips iosips in

R1(config-if)#ip ips iosips out

R1(config-if)#exit

(5)装载 Cisco IOS IPS 特征包到路由器。

R1#copy ftp://cisco:cisco@10.1.1.1/IOS-S376-CLI.pkg idconf

R1#show ip ips signature count

6.3　项目实施

任务 6-1　配置 Cisco 路由器的 IPS 功能

　　回忆一下已经配置过的 A 企业整体网络 PT 结构,北京办事处和上海分公司都有路由器,也配置了防火墙功能,但内网还是时常被黑客入侵。合理配置路由器,使其能够更安全可靠地保证网络不被黑客入侵。

配置 Cisco 路由器
的 IPS 功能

　　对于分支机构,配置路由器的入侵防御功能是比较合理的选择,既节省经费,又能提高网络安全性。

　　本任务将基于新的网络拓扑完成任务,所有设备的网络连通性已经配置完成。

　　本任务是配置路由器 R1 的 IPS,实现对进入内网 192.168.1.0 的流量进行扫描检测。内网中一台服务器作为日志服务器(Syslog Server)用于记录 IPS 日志消息。要配置路由器 R1 识别到日志服务器以便其接收日志消息。当用日志功能来监控网络时,需要查看日志消息中的时间和日期是否正确。可以为路由器的日志功能设置 CLOCK 并配置时间戳服务。最后开启 IPS 来生成一个在线 ICMP 的 ECHO 应答包的 ALERT 和 DROP 动作。

1.搭建实训任务的网络拓扑

　　打开 Packet Tracer 软件,搭建实训任务的网络拓扑,如图 6-4 所示。

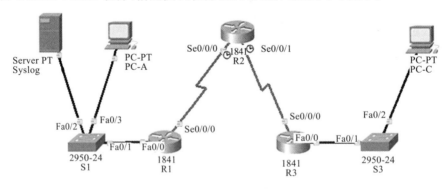

图 6-4　实训任务的网络拓扑

　　由于 A 企业整体网络结构比较复杂,这里只把与本实训任务相关的内容完成,搭建一个小型网络拓扑。读者可以自行规划网络的 IP 地址和接口连接,这里仅做参考。各设备的 IP 地址见表 6-1,请读者自行配置 IP 地址及路由表,在未配置 IPS 之前 PC-A 是能 ping 通 PC-C 的。

表 6-1　　　　　　　　　　　　各设备 IP 地址

设备	接口	IP 地址	子网掩码	默认网关
R1	Fa0/0	192.168.1.1	255.255.255.0	N/A
	Se0/0/0	10.1.1.1	255.255.255.0	N/A
R2	Se0/0/0(DCE)	10.1.1.2	255.255.255.0	N/A
	Se0/0/1(DCE)	10.2.2.1	255.255.255.0	N/A
R3	Fa0/0	192.168.3.1	255.255.255.0	N/A
	Se0/0/0	10.2.2.2	255.255.255.0	N/A
Syslog Server	NIC	192.168.1.50	255.255.255.0	192.168.1.1
PC-A	NIC	192.168.1.2	255.255.255.0	192.168.1.1
PC-C	NIC	192.168.3.2	255.255.255.0	192.168.3.1

2.进行基本的网络连通性配置

> **注意**　　在 Packet Tracer 软件中,路由器已经把 signature 文件导入到位了,默认存入 Flash 的 XML 文件中。所以,这里不需要再配置公钥和手动导入 signature 文件了(如果在真实设备中没有此文件,可以通过 TFTP 等方式上传)。

从 PC-C 能 ping 通 PC-A(192.168.1.2),如图 6-5 所示。

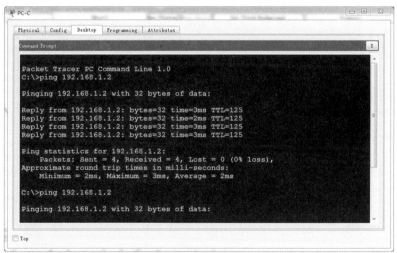

图 6-5　PC-C ping PC-A

从 PC-A 能 ping 通 PC-C(192.168.3.2),如图 6-6 所示。

3.在路由器 R1 上启用 IOS 的 IPS 功能

第一步:在 Flash 中创建一个 IOS 的 IPS 配置目录

在 R1 上用 mkdir 命令在 Flash 内创建目录,目录名为"ipsdir":

R1♯mkdir ipsdir

Create directory filename [ipsdir]? <Enter>

Created dir flash:ipsdir

第二步:配置 IPS 的 Signature 存放位置

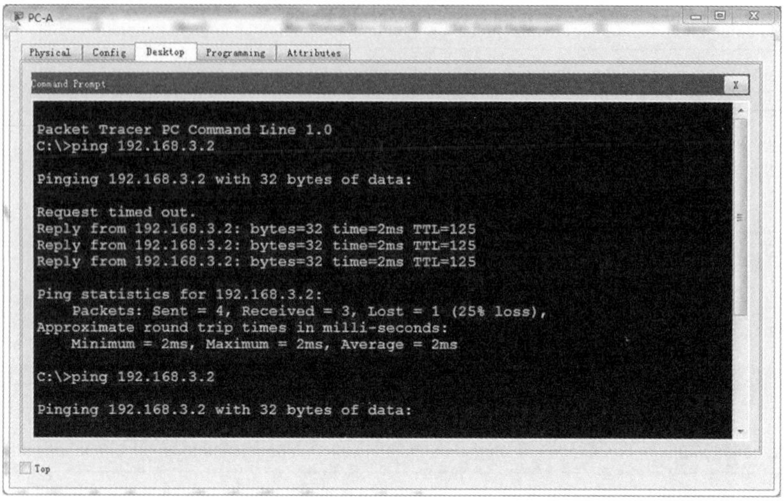

图 6-6　PC-A ping PC-C

在 R1 上,配置 IPS 的 Signature 存放位置为上一步创建的目录:

R1(config)♯ip ips config location flash:ipsdir

第三步:建立一条 IPS rule,即 IPS 的检测规则

在 R1 上,配置 IPS rule 为在配置模式下执行 ip ips name iosips 命令。其中 IPS 的规则名为 iosips:

R1(config)♯ ip ips name iosips

第四步:开启日志功能

IOS 的 IPS 支持 Syslog 来发送事件通知,日志通知功能默认为开启状态,如果 logging console 是使能状态,可以看到 IPS 的 Syslog 消息。

如果日志 Syslog 没有开启,可以将其开启。

R1(config)♯ ip ips notify log

根据需要,在特权模式下用 clock set 命令设置时间等信息。

R1♯ clock set 01:20:00 6 january 2017

检查路由器对于日志的 timestamp service 是否已经开启,可以用 show run 命令查看,如果该时间戳服务没有开启,就将其开启。

R1(config)♯ service timestamps log datetime msec

发送日志消息到日志服务器,其 IP 地址为 192.168.1.50。

R1(config)♯ logging host 192.168.1.50

第五步:配置 IOS 的 IPS 所使用的 Signature 类别

使用 retired true 命令退订所有签名类(在 Signature 库中的所有 Signatures 将被释放)。使用 retired false 命令引用 ios_ips 的基本 Signatures。

R1(config)♯ ip ips signature-category

R1(config-ips-category)♯ category all

R1(config-ips-category-action)♯ retired true

R1(config-ips-category-action)♯ exit

R1(config-ips-category)♯ category ios_ips basic

R1(config-ips-category-action)♯ retired false

R1(config-ips-category-action)♯ exit

R1(config-ips-category)♯ exit

Do you want to accept these changes? [confirm] <Enter>

第六步:应用 IPS 规则到接口

应用 IPS 规则到接口是在接口模式下执行 ip ips name direction 命令。本任务中应用规则在路由器 R1 的 Fa0/0 出站 Outbound 方向上。在开启 IPS 后,一些日志消息会被发送到命令行的控制台上,表明 IPS 引擎被初始化完成。

> **注意** 方向如果是 IN,那么表示 IPS 只检查进入此接口的流量。同样,方向如果是 OUT,那么表示 IPS 只检查从此接口流出的数据流量。

R1(config)♯ interface fa 0/0

R1(config-if)♯ ip ips iosips out

命令参考如下:

R1♯ mkdir ipsdir

Create directory filename [ipsdir]? //按回车键

Created dir flash:ipsdir

R1♯ conf t

R1(config)♯ ip ips config location flash:ipsdir

R1(config)♯ ip ips name iosips

R1(config)♯ ip ips notify log

R1(config)♯ exit

R1♯ clock set 13:46:40 9 january 2014

R1♯ conf t

R1(config)♯ service timestamps log datetime msec

R1(config)♯ logging host 192.168.1.50

　* ?? 09,13:47:52.4747:SYS-6-LOGGINGHOST_STARTSTOP:Logging to host 192.168.1.50 port 514 started-CLI initiated

R1(config)♯ ip ips signature-category

R1(config-ips-category)♯ category all

R1(config-ips-category-action)♯ retired true

R1(config-ips-category-action)♯ exit

R1(config-ips-category)♯ category ios_ips basic

R1(config-ips-category-action)♯ retired false

R1(config-ips-category-action)♯ exit

R1(config-ips-category)♯ exit

Do you want to accept these changes? [confirm] //按回车键

%IPS-6-ENGINE_BUILDING:atomic-ip-288 signatures-6 of 13 engines

%IPS-6-ENGINE_READY:atomic-ip-build time 30 ms-packets for this engine will be scanned

R1(config)♯ interface fa 0/0

R1(config-if)♯ ip ips iosips out

4.在路由器 R1 上修改签名

第一步:改变特征 Signature 的事件动作 event-action

选定 echo request signature(signature 2004,subsig ID 0),使用此特征并改变 signature 动作为 alert 和 drop。

R1(config)＃ ip ips signature-definition

R1(config-sigdef)＃ signature 2004 0

R1(config-sigdef-sig)＃ status

R1(config-sigdef-sig-status)＃ retired false

R1(config-sigdef-sig-status)＃ enabled true

R1(config-sigdef-sig-status)＃ exit

R1(config-sigdef-sig)＃ engine

R1(config-sigdef-sig-engine)＃ event-action produce-alert

R1(config-sigdef-sig-engine)＃ event-action deny-packet-inline

R1(config-sigdef-sig-engine)＃ exit

R1(config-sigdef-sig)＃ exit

R1(config-sigdef)＃ exit

Do you want to accept these changes? ［confirm］＜Enter＞

第二步:使用 show 命令检查 IPS

使用 show 命令(show ip ips all)查看 IPS 配置状态的摘要信息。

在哪个接口的哪个方向上应用了 iosips 名称 IPS 规则?(Fa0/0,Outbound)

命令参考如下:

R1(config)＃ip ips signature-definition

R1(config-sigdef)＃ signature 2004 0

R1(config-sigdef-sig)＃ status

R1(config-sigdef-sig-status)＃ retired false

R1(config-sigdef-sig-status)＃ enabled true

R1(config-sigdef-sig-status)＃ exit

R1(config-sigdef-sig)＃ engine

R1(config-sigdef-sig-engine)＃ event-action produce-alert

R1(config-sigdef-sig-engine)＃ event-action deny-packet-inline

R1(config-sigdef-sig-engine)＃ exit

R1(config-sigdef-sig)＃ exit

R1(config-sigdef)＃ exit

Do you want to accept these changes? ［confirm］ //按回车键

％IPS-6-ENGINE_BUILDS_STARTED:

％IPS-6-ENGINE_BUILDING:atomic-ip-303 signatures-3 of 13 engines

％IPS-6-ENGINE_READY:atomic-ip-build time 480 ms-packets for this engine will be scanned

％IPS-6-ALL_ENGINE_BUILDS_COMPLETE:elapsed time 648 ms

R1(config)＃ exit

R1＃ show ip ips all

IPS Signature File Configuration Status

Configured Config Locations:flash:ipsdir

Last signature default load time:

Last signature delta load time:

Last event action (SEAP) load time：-none-

General SEAP Config：

Global Deny Timeout：3600 seconds

Global Overrides Status：Enabled

Global Filters Status：Enabled

IPS Auto Update is not currently configured

IPS Syslog and SDEE Notification Status

Event notification through syslog is enabled

Event notification through SDEE is enabled

IPS Signature Status

Total Active Signatures：1

Total Inactive Signatures：0

IPS Packet Scanning and Interface Status

IPS Rule Configuration

IPS name iosips

IPS fail closed is disabled

IPS deny-action ips-interface is false

Fastpath ips is enabled

Quick run mode is enabled

Interface Configuration

Interface FastEthernet 0/0

Inbound IPS rule is not set

Outgoing IPS rule is iosips

IPS Category CLI Configuration：

Category all

Retire：True

Category ios_ips basic

Retire：False

5.任务测试

测试 IPS 是否正常工作：

从 PC-C ping PC-A 是否能够 ping 通，为什么通或为什么不通？（应该是不通的，因为 IPS 规则将 echo request 的事件动作设置为"deny-packet-inline"，即在线拒绝。）

从 PC-A ping PC-C 是否能够 ping 通，为什么通或为什么不通？（应该是通的，因为 IPS 规则中没有包括针对 echo reply 的事件动作。）

测试 PC-C ping PC-A 如图 6-7 所示。

测试 PC-A ping PC-C 如图 6-8 所示。

测试 IPS 功能。在日志服务器上查看日志，打开 Services 选项卡，在左侧的导航菜单中选择"SYSLOG"来查看日志。如图 6-9 所示。

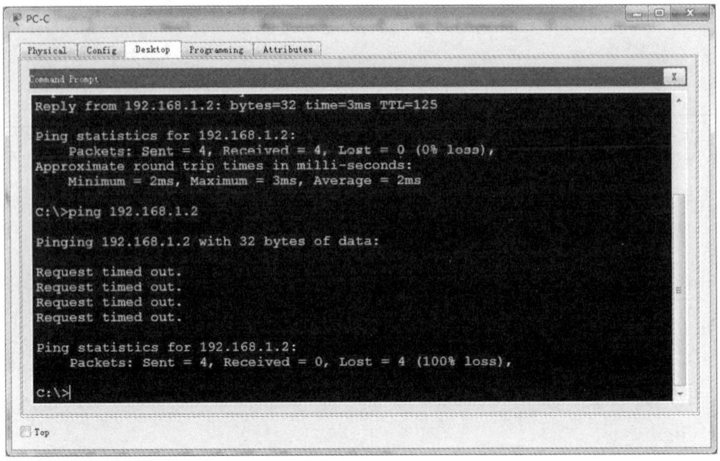

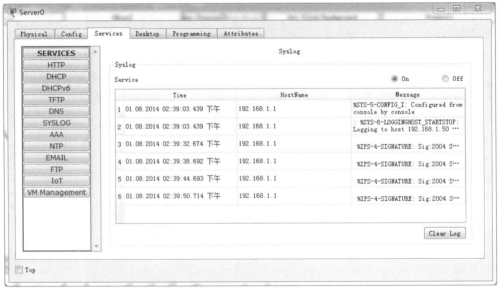

图 6-7　测试 PC-C ping PC-A

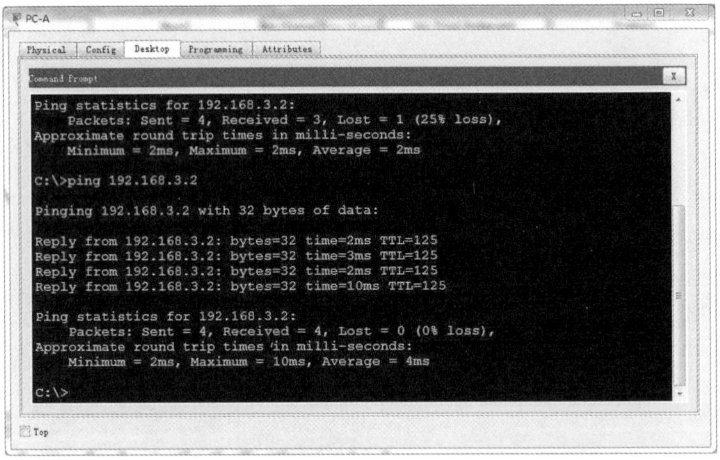

图 6-8　测试 PC-A ping PC-C

图 6-9　在日志服务器上查看日志

任务 6-2　使用 GNS3 软件部署 IPS

　　路由器 IOS 集成了 IPS 功能, ASA/PIX 防火墙也集成了 IPS 功能, 路由器 IOS 集成的 IPS 功能的使用类似于在 Packet Tracer 软件中的使用, 本任务将介绍 ASA 防火墙中 IPS 的部署。

　　ASA/PIX 防火墙软件版本内嵌了一定数量的 IPS Signatures, IOS 6.0 以上版本都支持。如果在实训室没有可供实训操作的硬件 IPS, 可以用仿真软件来代替真实设备进行实训。

1.搭建网络拓扑

　　打开 Packet Tracer 软件, 搭建网络拓扑, 如图 6-10 所示。

图 6-10　网络拓扑

2.GNS 软件中 ASA 防火墙的设置

　　使用在 GNS3 软件中已经配置好的 ASA 防火墙实例, 如图 6-11 所示。

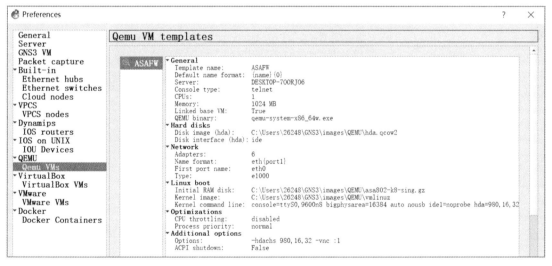

图 6-11　ASA 防火墙实例

3.配置 ASA 防火墙, 启用 IPS 功能

参考配置命令如下:

ciscoasa(config)♯interface e0/0

ciscoasa(config-if)♯nameif outside

ciscoasa(config-if)♯security-level 0

ciscoasa(config-if)♯no shutdown

ciscoasa(config)♯interface e0/1

ciscoasa(config-if)♯nameif inside

ciscoasa(config-if)♯security-level 100

ciscoasa(config-if)♯no shutdown

ciscoasa(config)♯ip audit name ciscoatt attack action alarm drop reset

//配置 IPS 模板名称,指定检测到攻击行为时设备的执行策略,可以指定多个策略同时工作

ciscoasa(config)♯ip audit name cisco info action alarm

//配置 IPS 模板名称,指定检测到告警时设备的执行策略,可以指定多个策略同时工作

ciscoasa(config)♯ip audit interface outside cisco

ciscoasa(config)♯ip audit interface outside ciscoatt

//配置 ASA 防火墙在相应的接口启用模板

ciscoasa(config)♯ip audit attack action alarm drop reset

//配置 ASA 防火墙检测到攻击行为时执行的策略,多个策略可以同时生效

ciscoasa(config)♯ip audit signature 2000 disable

ciscoasa(config)♯ip audit signature 2004 disable

//配置 ASA 防火墙,为了避免误报,可以根据需要关闭一些 IPS Signatures 检测

4.任务测试

由于本实训环境中没有真实的网络攻击情况,所以只给出命令。在实际的网络环境中可以用 show 命令来查看 IP Signatures,如图 6-12 所示。

ciscoasa♯show ip audit count

图 6-12　查看 IPS Signatures

6.4 项目习作

一、填空题

1.在入侵检测系统中,不管使用什么操作系统,普遍利用对系统的各种事件、活动进行截获分析的是_____。

2.入侵检测系统一般由_____和_____共同组成。

3. IDS 的物理实现不同,按检测的监控位置划分,入侵检测系统可分为基于_____、基于_____和分布式入侵检测系统。

4.入侵检测系统需要解决两个问题,一是如何充分并可靠地提取描述行为特征的数据,二是如何根据特征数据,高效并准确地判定_____。

5.根据任务属性的不同,入侵检测系统功能结构可分为两部分:_____和代理服务器。

6.入侵检测系统包括三个功能部件:_____、_____、_____。

7.对收集到的信息的分析方法主要有:模式匹配、_____、完整性分析_____。

8.入侵检测性能关键参数有:_____、_____。

9.入侵检测系统按照数据来源可分为_____型和_____型。

10.按照分析方法,_____入侵检测系统可分为异常检测模型和(误用)检测模型。

11.要实现对网络中的数据包的抓取或入侵检测中收集信息,就要把网卡设置为混杂模式,一般要在 Windows 系统中安装_____,安装后网卡即可捕获目的 MAC 不是自己的数据帧了。

二、选择题

1.以下哪一项不属于入侵检测系统的功能:(　　　)。

A. 监视网络上的通信数据流　　　　　B. 捕捉可疑的网络活动

C. 提供安全审计报告　　　　　　　　D. 过滤非法的数据包

2.入侵检测系统的第一步是:(　　　)。

A. 信号分析　　　B. 信息收集　　　C. 数据包过滤　　　D. 数据包检查

3.入侵检测系统在进行信号分析时,一般通过三种常用的技术手段,以下哪一种不属于通常的三种技术手段:(　　　)。

A. 模式匹配　　　B. 统计分析　　　C. 密文分析　　　D. 完整性分析

4.以下哪一种方式是入侵检测系统所通常采用的:(　　　)。

A. 基于网络的入侵检测　　　　　　　B. 基于 IP 的入侵检测

C. 基于服务的入侵检测　　　　　　　D. 基于域名的入侵检测

5.以下哪一项属于基于主机的入侵检测方式的优势:(　　　)。

A. 监视整个网段的通信

B. 适应交换和加密

C. 不要求在大量的主机上安装和管理软件

D. 具有更好的实时性

6.能够在网络通信中寻找符合网络入侵模式的数据包而发现攻击特征的入侵检测方式是（　　）。

A. 基于文件的入侵检测方式 　　　　　B. 基于网络的入侵检测方式

C. 基于主机的入侵检测方式 　　　　　D. 基于系统的入侵检测方式

学习情境 3
主机安全管理与配置

　　网络设备的互联互通实现了网络的正常通信,而网络设备安全策略的设置能够保证内网主机通信相对安全,如阻止冲击波、振荡波等对网络主机的感染,过滤大多数端口,阻止网络对目标端口的攻击。

　　而主机主要提供网络端口服务,如 HTTP 的主要应用端口为 80、DNS 的主要应用端口为 53,Microsoft SQL Server 数据库的主要应用端口为 1433 等。这些针对主机应用服务的端口一般都较为固定,这就为黑客提供了特定的目标端口进行攻击。单纯通过网络设备进行防护也不能解决主机的全部安全问题,这只是被动的防护。本情境通过操作系统进行主动防护来加强自身防御,结合前面网络设备安全配置进行全面安全提升。

项目 7
Windows 系统安全管理理与配置

网络建设的主要目的是为广大用户提供宽松、开放、易用的网络环境,而对于一个企业来说,网站、OA 系统、E-mail、FTP、BBS 等 Internet 服务是必不可少的,而这些网络服务应用可以架设在不同操作系统的服务器上。Windows 服务器在企业内部的总体设计上具有简单、方便、易设计等特点,本项目将就企业网站安全特点进行安全审计与评估,保障网站高可靠良好运行。

7.1 项目背景

A 企业长春总部园区网络要求有一个外网服务器提供 WWW 服务,一个内网服务器提供 OA 办公,便于企业分支进行 VPN 访问。网络服务器要求采用 Windows 服务器架设,请从网络安全角度来分析采用 Windows 服务器的可行性,且按项目要求采用虚拟化服务器架设并对其进行安全评估。

7.2 项目知识准备

本项目主要部署 A 企业长春总部及分公司的服务器区域,从网络安全角度来看,服务器区域是部署在出口路由器及防火墙后面的。根据前面网络设备的安全策略知识,我们可以在路由器上部署 NAT,实现 IP 与端口的一对一转换,在防火墙上对进出访问网络行为进行安全设置并开放相应访问行为。同时部署 IPS 对服务器区域进行网站保护。

依据服务器部署要求,采用虚拟化服务器架设 Windows 服务器并进行测试。虚拟化中利用虚拟机进行实验测试。常见的虚拟机有 VMware、Virtual PC 和 VirtualBox。

VMware 虚拟机软件,是全球桌面到数据中心虚拟化解决方案的主流软件。全球不同规模的客户依靠 VMware 来降低成本和运营费用,确保业务持续性,加强安全性并走向绿色运营。VMware 在虚拟化和云计算基础架构领域中处于全球领先地位,所提供的经客户验证的解决方案可通过降低复杂性以及更灵活、更敏捷的交付服务来提高 IT 效率。

VMware 在一台机器上可以同时运行两个或更多的 Windows、DOS、Linux 系统。VMware 中每个操作系统都可以进行虚拟的分区、配置,而不影响真实硬盘的数据,可以通过网卡将几台虚拟机连接为一个局域网。系统安装在 VMware 操作系统上时,性能比直接安装在硬盘低不少,因此,比较适合学习和测试。

Virtual PC 可以同时模拟多台计算机,虚拟的计算机与真实的计算机一样,可以进行 BIOS 设定,可以将它的硬盘分区、格式化,可以安装 DOS、Windows 95、Windows 98、Windows ME、Windows 2000、Windows XP、Windows Server 2012、Windows 7、Windows Server 2012、UNIX、Linux 等操作系统。

VirtualBox 全名为 Oracle VM VirtualBox。作为免费开源虚拟机软件,其性能优异、简单易用,可虚拟的系统包括 Windows(从 Windows 3.1 开始)、Mac OS X(32 位和 64 位都支持)、Linux、OpenBSD、Solaris、IBM OS2 甚至 Android 4.0 系统等。

由于 VWware 与前面项目中的 GNS3 兼容较好,所以本项目采用 VMware 进行整体虚拟化实验。

7.2.1　Windows 系统简介

Microsoft Windows 是微软公司推出的一系列操作系统。针对个人用户的操作系统主要有 Windows 95、Windows 98、Windows 2000、Windows Me、Windows XP、Windows Vista、Windows 7、Windows 8、Windows 10 等各种版本。针对服务器的操作系统主要有 Windows NT、Windows Server 2012 等各种版本。针对操作系统维护维修的系统有 Windows PE。针对手机操作系统的主要有 Windows Mobile、Windows Phone 等。

Windows 系统采用了 GUI 图形化操作模式,操作简单,使用方便,应用软件众多,拥有大量的用户。但随着电脑硬件和软件系统的不断升级,微软公司的 Windows 操作系统也在不断升级,从 16 位、32 位到 64 位操作系统。高版本的系统对 CPU 及内存都有较高要求,在实验中则需要高配置性能的硬件支持,本项目采用 Windows 10 与 Windows Server 2012 进行虚拟化模拟实验。

7.2.2　Windows 系统安全

对于 Windows 服务器操作系统来说,最重要的一点是能提供高性能、高可靠性的网络服务,同时要时刻注意网络安全,防止被攻击,在路由器、防火墙、IPS 网络设备进行安全加固配置的同时还要对 Windows 服务器进行防护。

Windows 服务器系统本身的漏洞日益暴露在用户面前,应保持有选择且稳定地升级系统补丁,尽可能装最少的应用软件及关闭无用的系统服务。

维护人员对 Windows 服务器的设置权限较低,如目录及文件权限较低,弱口令帐号权限开启并设置最大化等,访问用户能对文件进行拷贝、移动、删除等,这些对于 Windows 服务器来说都是致命的。

为提高 Windows 服务器的安全性,应做好系统及应用软件补丁升级和修补安全漏洞,删除已经不再使用的帐户,为用户组策略设置相应权限,经常检查系统帐户密码的复杂度,做好应用软件备份,定期检查网络开放端口,提供需要提供的端口,打开审核策略(如尝试用户密码,改变帐户策略,未经许可的文件访问等操作)。

7.3 项目实施

本项目将在一台机器上安装 VMware,利用 VMware 安装一台 Windows Server 2012 服务器,配置相应服务,再安装一台 Windows 10,作为客户端对 Windows Server 2012 服务器进行安全测试。网络环境可以直接桥接至外网中,也可以结合前面学过的 GNS3 软件设计网络环境。

任务 7-1　安装 VMware Workstation 软件

1.打开 VMware 官方网站(由于官网上 VMware 软件版本时常更新,以实际版本为准),如图 7-1 所示,单击下载菜单下的 Workstation Pro,在弹出的页面中选择相应的版本单击"转至下载",下载保存在本地硬盘中。

图 7-1　VMware 官方网站

2.运行下载保存在本地硬盘中的 VMware-workstation-full-14.1.3-9474260.exe 文件,单击"运行"按钮。

3.启动 VMware-workstation-full-14.1.3-9474260.exe 安装向导,如图 7-2 所示,单击"下一步"按钮。

4.在 VMware Workstation Pro 安装对话框中选择"我接受许可协议中的条款",如图 7-3 所示,单击"下一步"按钮。

图 7-2　启动 VMware Workstation Pro 安装向导　　　　　图 7-3　接受许可协议

5.在自定义安装对话框中根据实际情况选择安装位置,如图 7-4 所示,单击"下一步"按钮。

6.选中相应内容设置用户体验设置,如图 7-5 所示,单击"下一步"按钮。

图 7-4　选择安装路径　　　　　图 7-5　用户体验设置

7.安装 VMware Workstation Pro 相应的组件,如图 7-6 所示,安装完成后单击"下一步"按钮。

8.完成 VMware Workstation Pro 安装,如图 7-7 所示,单击"完成"按钮。

图 7-6　准备安装 VMware Workstation Pro　　　　　图 7-7　完成 VMware Workstation Pro 安装

任务 7-2 安装 Windows Server 2012 R2

Windows Server 2012 包括 Windows Server 2012 Web 版、Windows Server 2012 标准版、Windows Server 2012 企业版、Windows Server 2012 数据中心版四个版本。本任务选择 Windows Server 2012 企业版。

安装 Windows Server 2012 R2

1.依次单击"开始"→"程序"→"VMware Workstation"菜单,启动 VMware Workstation 管理器,如图 7-8 所示。

2.在"VMware workstation 管理器"窗口中,单击工具栏中的"文件"按钮,弹出"新建虚拟机向导"对话框,如图 7-9 所示。采用默认的典型配置,单击"下一步"按钮。

图 7-8 VMware Workstation 管理器

图 7-9 "新建虚拟机向导"对话框

3.在安装来源处选择"安装程序光盘映像文件",找到该系统的安装光盘文件所在地,单击"下一步"按钮。如图 7-10 所示。输入产品密钥及相关信息。单击"下一步"按钮,设置虚拟机名称及安装位置。

4.在"指定磁盘容量"对话框中采用默认的设置,如图 7-11 所示,单击"下一步"按钮,最后单击"完成"按钮。

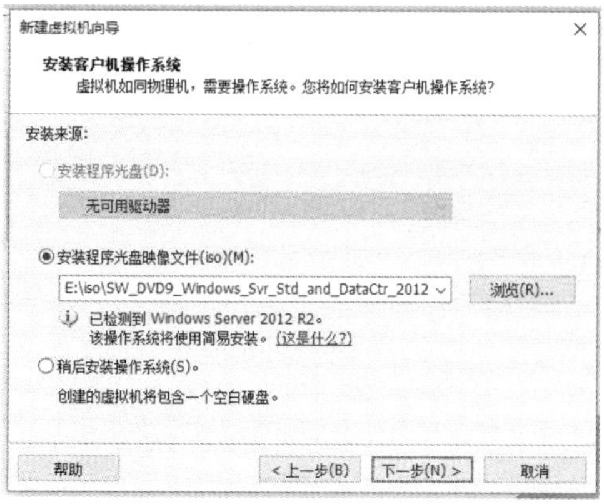

图 7-10 安装来源处插入安装程序的光盘映像文件

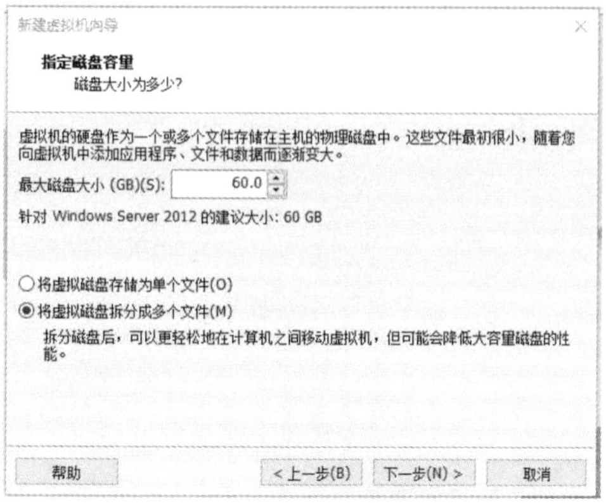

图 7-11 指定磁盘容量

5.接下来就会自动启动安装,启动安装过程以后,显示如图 7-12 所示的"Windows 安装程序"窗口,首先需要选择安装语言及输入法设置。

6.单击"下一步"按钮,出现询问是否立即安装 Windows Server 2012 R2 的窗口,如图 7-13 所示。

图 7-12 "Windows 安装程序"窗口

图 7-13 询问界面

7.单击"现在安装"按钮,显示如图 7-14 所示的"选择要安装的操作系统"对话框。"操作系统"列表框中列出了可以安装的操作系统。这里选择"Windows Server 2012 R2 Standard(带有 GUI 的服务器)",安装 Windows Server 2012 R2 标准版。

8.单击"下一步"按钮,选择"我接受许可条款"接受许可协议,单击"下一步"按钮,出现图 7-15 所示的"您想进行何种类型的安装?"对话框。其中"升级"用于从 Windows Server 2012 系列升级到 Windows Server 2012 R2,且如果当前计算机没有安装操作系统,则该项不可用;"自定义(高级)"用于全新安装。

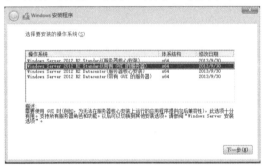

图 7-14 "选择要安装的操作系统"对话框

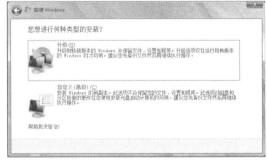

图 7-15 "您想进行何种类型的安装?"对话框

9.单击"自定义(高级)",显示图 7-16 所示的"您想将 Windows 安装在哪里?"对话框,显示当前计算机硬盘上的分区信息。如果服务器安装有多块硬盘,则会依次显示为磁盘 0、磁盘 1、磁盘 2……

图 7-16 "您想将 Windows 安装在哪里?"对话框

10.对硬盘进行分区,单击"新建"按钮,在"大小"文本框中输入分区大小,比如 55 000 MB。单击"应用"按钮,弹出如图 7-17 所示的创建额外分区的提示。单击"确定"按钮,完成系统分区(第 1 个分区)和主分区(第 2 个分区)的建立。其他分区建立参照此操作。

图 7-17　创建额外分区的提示信息

11.完成分区后的窗口如图 7-18 所示。

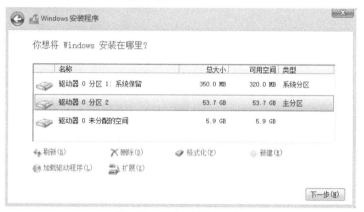

图 7-18　完成分区后的窗口

12.选择第 2 个分区来安装操作系统,单击"下一步"按钮,显示图 7-19 所示的"正在安装 Windows"对话框,开始复制文件并安装 Windows。

13.在安装过程中,系统会根据需要自动重新启动。在安装完成之前,要求用户设置 Administrator 的密码,如图 7-20 所示。

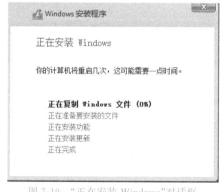
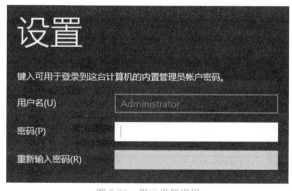

图 7-19　"正在安装 Windows"对话框　　　　　图 7-20　提示设置密码

14.按要求输入密码,按回车,即可完成 Windows Server 2012 R2 系统的安装。接着按 Alt+Ctrl+Del 组合键,输入管理员密码就可以正常登录 Windows Server 2012 R2 系统了。系统默认自动启动"初始配置任务"窗口,如图 7-21 所示。

图 7-21　"初始配置任务"窗口

15.激活 Windows Server 2012 R2。单击"开始"→"控制面板"→"系统和安全"→"系统"菜单,打开如图 7-22 所示的"系统"窗口。右下角显示 Windows 激活的状况,可以在此激活 Windows Server 2012 R2 网络操作系统和更改产品密钥。激活有助于验证 Windows 的副本是否为正版,以及在多台计算机上使用的 Windows 数量是否已超过 Microsoft 软件许可条款所允许的数量。激活的最终目的在于防止软件伪造。如果不激活,可以试用 60 天。

图 7-22　"系统"窗口

至此,Windows Server 2012 R2 安装完成,现在就可以使用了。

任务 7-3　基本配置 Windows Server 2012 R2

1.配置防火墙,放行 ping 命令

Windows Server 2012 R2 安装完成后,默认自动启用防火墙,而且 ping 命令默认被阻止,ICMP 协议包无法穿越防火墙。为了满足后面实训的要求及实际需要,应该设置防火墙,允许 ping 命令通过。若要放行 ping 命令,有 2 种方法。

图 7-23　"显示"窗口

一是在防火墙设置中新建一条允许 ICMPv4 协议通过的规则,并启用;二是在防火墙设置中,在"入站规则"中启用"文件和打印共享(回显请求-ICMPv4-In)(默认不启用)"的预定义规则。下面介绍第 1 种方法的具体步骤。

(1)依次单击"开始"→"控制面板"→"系统和安全"→"Windows 防火墙"→"高级设置"命令。在打开的"高级安全 Windows 防火墙"窗口中,单击左侧目录树中的"入站规则",如图 7-24 所示。(第 2 种方法在此入站规则中设置即可,请读者自己思考。)

图 7-24　"高级安全 Windows 防火墙"窗口

（2）单击"操作"列的"新建规则"，出现"新建入站规则向导"的"规则类型"对话框，单击"自定义"单选按钮，如图 7-25 所示。

（3）单击"步骤"列的"协议和端口"，如图 7-26 所示。在"协议类型"下拉列表框中选择"ICMPv4"。

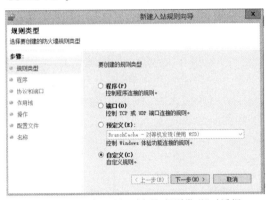 

图 7-25　"新建入站规则向导-规则类型"对话框　　图 7-26　"新建入站规则向导-协议和端口"对话框

（4）单击"下一步"按钮，在出现的对话框中选择应用于哪些本地 IP 地址和哪些远程 IP 地址。

（5）继续单击"下一步"按钮，选择允许连接。

（6）再次单击"下一步"按钮，选择何时应用本规则。

（7）最后单击"下一步"按钮，输入本规则的名称，如 ICMPv4 协议规则。单击"完成"按钮，使新规则生效。

2.查看系统信息

系统信息包括硬件资源、组件和软件环境等内容。依次单击"开始"→"管理工具"→"系统信息"命令，显示如图 7-27 所示的"系统信息"窗口。

图 7-27　"系统信息"窗口

3.设置自动更新

系统更新是 Windows 系统必不可少的功能，Windows Server 2012 R2 也是如此。为了增强系统功能，避免因漏洞而造成故障，必须及时安装更新程序，以保护系统的安全。

单击左下角"开始"菜单右侧的"服务器管理器"图标，打开"服务器管理器"窗口。选中左侧的"本地服务器"，在"属性"区域中，单击"Windows 更新"右侧的"未配置"超链接，显示如图 7-28 所示的"Windows 更新"窗口。

图 7-28　"Windows 更新"窗口

单击"更改设置"选项,显示如图 7-29 所示的"更改设置"窗口,选择一种更新方法即可。

图 7-29　"更改设置"窗口

单击"确定"按钮保存设置。Windows Server 2012 R2 就会根据所做配置,自动从 Windows Update 网站检测并下载更新。

任务 7-4　加强 Windows 系统安全配置

本任务通过 VMware Workstation Pro 虚拟一个 Windows Server 2012 系统,网络连接采用桥接方式并配置相同网段,在 Windows Server 2012 中通过工具软件修补漏洞并把网络服务最小化,保障网络服务器的相对安全性。

安全配置
Windows 系统

子任务 7-4-1　配置本地安全策略

在 Windows Server 2012 中,允许管理员对本地安全进行设置,从而达到提高系统安全性的目的。Windows Server 2012 对登录本地计算机的用户都定义了一些安全设置。所谓本地计算机是指用户登录执行 Windows Server 2012 的计算机,在没有活动目录集中管理的情况下,本地管理员必须为计算机进行本地安全设置,例如,限制用户如何设置密码、通过帐户策略设置帐户安全性、通过锁定帐户策略避免他人登录计算机、指派用户权限等。将这些安全设置分组管理,就组成了 Windows Server 2012 的本地安全策略。

系统管理员可以通过本地安全原则,确保执行的 Windows Server 2012 计算机的安全。例如,通过判断帐户的密码长度和复杂性是否符合要求,系统管理员可以设置允许哪些用户登录本地计算机,以及从网络访问这台计算机的资源,进而控制用户对本地计算机资源和共享资源的访问。

1.配置"帐户策略"

用户密码是保证计算机安全的第一道屏障,是计算机安全的基础。如果用户帐户,特别是管理员帐户没有设置密码,或者设置的密码非常简单,那么计算机将很容易被非授权用户登录,进而让其访问计算机资源或更改系统配置。目前互联网上的攻击很多都是因为密码设置过于简单或根本没设置密码造成的,因此应该设置合适的密码和密码原则,从而保证系统的安全。

Windows Server 2012 的密码原则主要包括以下 4 项:密码复杂性要求、密码长度最小值、密码使用期限和强制密码历史等。

(1)启用"密码复杂性要求"

对于工作组环境的 Windows 系统,默认密码没有设置复杂性要求,用户可以使用空密码或简单密码,如"123""abc"等,这样黑客很容易通过一些扫描工具得到系统管理员的密码。对于域环境的 Windows Server 2012,默认启用密码复杂性要求。要使本地计算机启用密码复杂性要求,只要在"本地安全策略"对话框中选择"密码策略"选项,双击右窗格中的"密码必须符合复杂性要求"图标,打开其属性对话框,选择"已启用"单选项即可,如图 7-30 所示。

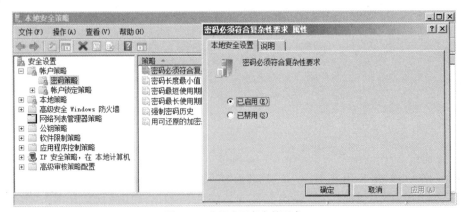

图 7-30　启用密码复杂性要求

启用密码复杂性要求后,所有用户设置的密码必须包含字母、数字和标点符号等才能符合要求。例如,密码"ab%&3D80"符合要求,而密码"asdfgh"不符合要求。

（2）设置"密码长度最小值"

默认密码长度最小值为 0 个字符。在启用密码复杂性要求之前,系统允许用户不设置密码。但为了系统的安全,最好设置最小密码长度为 6 位或更长的字符。在"本地安全策略"对话框中,选择"密码策略"选项,双击右边的"密码长度最小值",在打开的对话框中输入密码最小长度即可。

（3）设置"密码使用期限"

默认的密码最长有效期为 42 天,用户帐户的密码必须在 42 天之后修改,也就是说,密码会在 42 天之后过期。默认的密码最短有效期为 0 天,即用户帐户的密码可以立即修改。与前面类似,可以修改默认密码的最长有效期和最短有效期。

（4）设置"强制密码历史"

默认强制密码历史为 0 个。如果将强制密码历史改为 3 个,则系统会记住最后 3 个用户设置过的密码。当用户修改密码时,如果设为最后 3 个密码之一,系统将拒绝用户的要求,这样可以防止用户重复使用相同的字符来组成密码。与前面类似,可以修改强制密码历史设置。

2.配置"帐户锁定策略"

Windows Server 2012 在默认情况下,没有对帐户锁定进行设置。此时,对黑客的攻击没有任何限制,黑客可以通过自动登录工具和密码猜解字典进行攻击,甚至可以进行暴力模式的攻击。因此,为了保证系统的安全,最好设置帐户锁定策略。帐户锁定原则包括:帐户锁定阈值、帐户锁定时间和重设帐户锁定计算机的时间间隔。

帐户锁定阈值默认为"0 次无效登录",用户可以设置为 5 次或更多次数以确保系统安全,如图 7-31 所示。

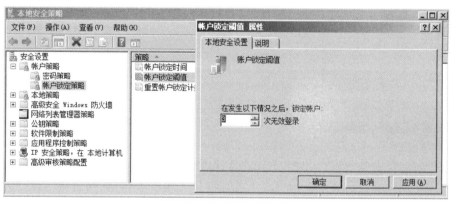

图 7-31　帐户锁定阈值设置

如果帐户锁定阈值设置为 0 次,则不可以设置帐户锁定时间。在修改帐户锁定阈值后,如果将帐户锁定时间设置为 30 分钟,那么当帐户被系统锁定 30 分钟之后会自动解锁。这个值的设置可以延迟帐户继续尝试登录系统。如果帐户锁定时间设定为 0 分钟,则表示帐户将被自动锁定,直到系统管理员解除锁定。

复位帐户锁定计数器设置在登录尝试失败计数器被复位为 0（0 次失败登录尝试）之前,尝试登录失败之后所需的分钟数。有效范围为 1～99 999 分钟。如果定义了帐户锁定阈值,则该复位时间必须小于或等于帐户锁定时间。

3.配置"本地策略"

(1)配置"用户权限分配"

Windows Server 2012 将计算机管理各项任务设置为默认的权限,例如,从本地登录系统、更改系统时间、从网络连接到该计算机、关闭系统等。系统管理员在新增用户帐户和组帐户后,如果需要指派这些帐户管理计算机的某项任务,可以将这些帐户加入内置组,但这种方式不够灵活。系统管理员可以单独为用户或组指派权限,这种方式提供了更好的灵活性。

用户权限的分配在"本地安全策略"对话框的"本地策略"下设置。下面举例来说明如何配置用户权限。

1)设置"从网络访问此计算机"

从网络访问这台计算机是指允许哪些用户及组通过网络连接到该计算机,默认为Administrators、BackupOperators、Users 和 Everyone 组,如图 7-32 所示。由于允许Everyone 组通过网络连接到此计算机,所以网络中的所有用户默认都可以访问这台计算机。从安全角度考虑,建议将 Everyone 组删除,这样当网络用户连接到这台计算机时,就需要输入用户名和密码,而不是直接连接访问。

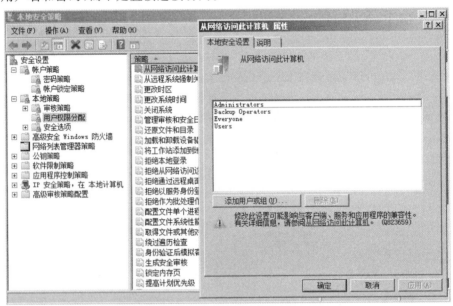

图 7-32　设置从网络访问此计算机

与该设置相反的是"拒绝从网络访问这台计算机",该安全设置决定哪些用户被明确禁止通过网络访问计算机。如果某用户帐户同时符合此项设置和"从网络访问此计算机",那么禁止访问优先于允许访问。

2)设置"允许本地登录"

允许本地登录是指允许哪些用户可以交互式地登录此计算机,默认为 Administrators、BackupOperators、Users。另一个安全设置是"拒绝本地登录",默认用户或组为空。同样,如果某用户既属于"允许本地登录",又属于"拒绝本地登录",那么该用户将无法在本地登录计算机。

3)设置"关闭系统"

关闭系统是指允许哪些本地登录计算机的用户可以关闭操作系统。默认能够关闭系统的是 Administrators、BackupOperators 和 Users。

　　默认 Users 组用户可以从本地登录计算机，但是不在"关闭系统"成员列表中，所以 Users 组用户能从本地登录计算机，但是登录后无法关闭计算机。这样可避免普通权限用户误操作导致关闭计算机而影响关键业务系统的正常运行。例如，属于 Users 组的用户 user1 在本地登录到系统，当用户执行"开始"→"关机"命令时，只能使用"注销"功能，而不能使用"关机"和"重新启动"等功能，也不可以执行 shutdown.exe 命令关闭计算机。

　　在"用户权限分配"树中，管理员还可以设置其他各种权限的分配。需要指出的是，这里讲的用户权限是指登录到系统的用户有权在系统上完成某些操作。如果用户没有相应的权限，则执行这些操作的尝试是被禁止的。权限适用于整个系统，它不同于针对对象（如文件、文件夹等）的权限，后者只适用于具体的对象。

　　(2)认识审核

　　审核提供了一种在 Windows Server 2012 中跟踪所有事件从而监视系统访问的方法。它是保证系统安全的一个重要工具。审核允许跟踪特定的事件，具体来说，审核允许跟踪特定事件的成败。例如，可以通过审核登录来跟踪谁登录成功以及谁（何时）登录失败；还可以审核对给定文件夹或文件对象的访问，跟踪是谁在使用这些文件夹和文件以及对它们进行了什么操作。这些事件都可以记录在安全日志中。

　　虽然可以审核每一个事件，但这样做并不实际，因为如果设置或使用不当，它会使服务器超载。不提倡打开所有的审核，也不建议完全关闭审核，而是要有选择地审核关键的用户、关键的文件、关键的事件和服务。

　　Windows Server 2012 允许设置的审核策略包括以下几项。

　　· 审核策略更改：跟踪用户权限或审核策略的改变。

　　· 审核登录事件：跟踪用户登录、注销任务或本地系统帐户的远程登录服务。

　　· 审核对象访问：跟踪对象何时被访问以及访问的类型。例如，跟踪对文件夹、文件、打印机等的使用。利用对象的属性（如文件夹或文件的"安全"选项卡）可配置对指定事件的审核。

　　· 审核过程跟踪：跟踪诸如程序启动、复制、进程退出等事件。

　　· 审核目录服务访问：跟踪对 Active Directory 对象的访问。

　　· 审核特权使用：跟踪用户何时使用了不应有的权限。

　　· 审核系统事件：跟踪重新启动、启动或关机等的系统事件，或影响系统安全或安全日志的事件。

　　· 审核帐户登录事件：跟踪用户帐户的登录和退出。

　　· 审核帐户管理：跟踪某个用户帐户或组是何时建立、修改和删除的，是何时改名、启用或禁止的，其密码是何时设置或修改的。

　　(3)配置"审核策略"

　　为了节省系统资源，默认情况下，Windows Server 2012 的独立服务器或成员服务器的本地审核策略并没有打开；而域控制器则打开了策略更改、登录事件、目录服务访问、系统事件、帐户登录事件和帐户管理的域控制器审核策略。

　　下面以独立服务器 WIN2012-3 审核策略的配置过程为例介绍其配置方法。

　　1)执行"开始"→"管理工具"→"本地安全策略"命令，依次选择"安全设置"→"本地策略"→"审核策略"，打开如图 7-33 所示的窗口。

图 7-33 "本地安全策略"窗口

2)在该窗口的右窗格中双击某个策略,可以显示出其设置。例如,双击"审核登录事件",将打开"审核登录事件属性"对话框。可以审核成功登录事件,也可以审核失败的登录事件,以便跟踪非授权使用系统的企图。

3)选择"成功"复选框或"失败"复选框或两者都选,然后单击"确定"按钮,完成配置。这样每次用户的登录或注销事件都能在事件查看器的"安全性"中看到审核的记录。

如果要审核对给定文件夹或文件对象的访问,可通过如下方法设置。

打开"Windows 资源管理器"对话框,右键单击文件夹(如"C:\Windows"文件夹)或文件,在弹出的快捷菜单中选择"属性"选项,打开其属性对话框。

选择"安全"选项卡,如图 7-34 所示,然后单击"高级"按钮,打开"高级安全设置"对话框。

图 7-34 "属性"对话框"安全"选项卡

选择"审核"选项卡,显示审核属性,如图 7-35 所示,然后单击"添加"按钮。

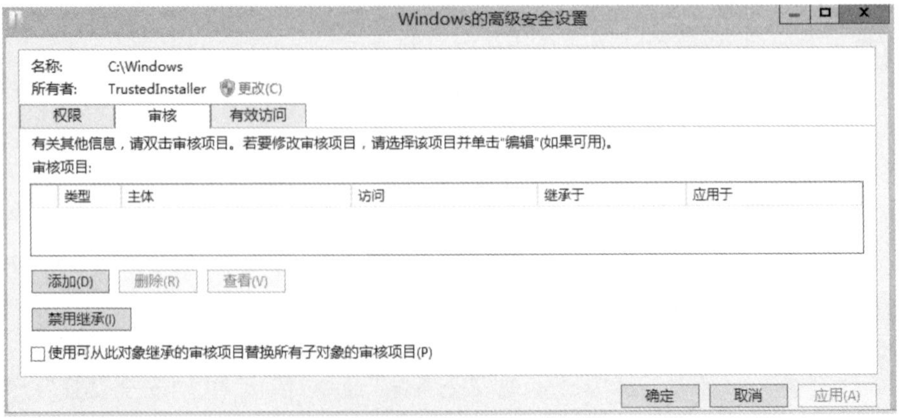

图 7-35 "Windows 的高级安全设置"对话框的"审核"选项卡

4）在"Windows 审核项目"界面中单击"选择主体"按钮,在弹出的对话框中,选择所要审核对象,输入要选择的对象名称,如"Administrator",如图 7-36 所示,单击"确定"按钮。

图 7-36　选择审核对象

5）系统打开"Windows 的审核项目"对话框,"高级权限"选项区域中列出了被选中对象的可审核的事件,包括"完全控制""读取属性""写入属性""删除"等 14 项事件,如图 7-37 所示。（也可单击"显示基本权限"更改权限范围。）

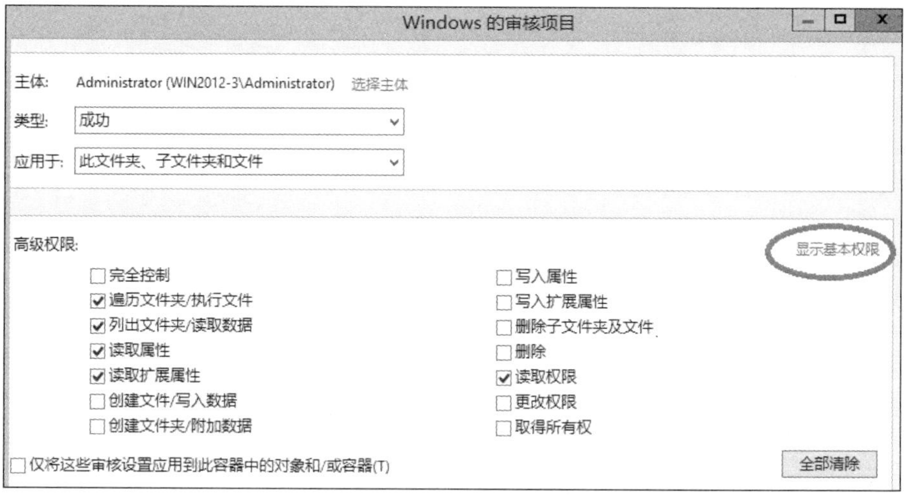

图 7-37　Windows 文件夹的审核项目

6）定义完对象的审核策略后,单击"确定"按钮,关闭对象的属性对话框,审核立即开始生效。

（4）查看安全记录

审核策略配置好后,相应的审核记录都将记录在安全日志文件中,日志文件名为 SecEvent.Evt,位于％Systemroot％\System32\config 目录下。用户可以设置安全日志文件的大小,方法是打开"事件查看器"窗口,在左窗格中右键单击"安全性"图标,在弹出的快捷菜单中选择"属性"选项,打开"安全性属性"对话框,在"日志大小"选项区域中进行调整。

在事件查看器中可以查看到很多事件日志,包括应用程序日志、安全日志、Setup 日志、系统日志、转发事件日志等。通过查看这些事件日志,管理员可以了解系统和网络的情况,也能跟踪安全事件。当系统出现故障问题时,管理员可以通过日志记录进行查错或恢复系统。

　　安全事件用于记录关于审核的结果。打开计算机的审核功能后,计算机或用户的行为会触发系统安全记录事件。例如,管理员删除域中的用户帐户,会触发系统写入目录服务访问策略事件记录;修改一个文件内容,会触发系统写入对象访问策略事件记录。

　　只要做了审核策略,被审核的事件都会被记录到安全记录中,可以通过事件查看器查到每一条安全记录。

　　执行"开始"→"程序"→"管理工具"→"事件查看器"命令,或者在命令行对话框中输入"eventvwr.msc",打开"事件查看器"窗口,即可查看安全记录,如图 7-38 所示。

图 7-38　"事件查看器"窗口

安全记录的内容包括以下几项。
- 类型:包括审核成功或失败。
- 日期:事件发生的日期。
- 时间:事件发生的时间。
- 来源:事件种类,安全事件为 Security。
- 分类:审核策略,例如登录/注销、目录服务访问、帐户登录等。
- 事件:指定事件标识符,标明事件 ID,为整数值。
- 用户:触发事件的用户名称。
- 计算机:指定事件发生的计算机名称,一般是本地计算机名称。

　　事件 ID 可以用来识别登录事件,系统使用的多为默认的事件 ID,一般值都小于1 024 B。常见的事件 ID 如表 7-1 所示。

表 7-1　　　　　　　　　　　　　　**常用的事件 ID 及描述**

事件 ID	描述
528	用户已成功登录计算机
529	登录失败。尝试以不明的用户名称，或已知用户名称与错误密码登录
530	登录失败。尝试在允许的时间之外登录
531	登录失败。尝试使用已禁用的帐户登录
532	登录失败。尝试使用过期的帐户登录
533	登录失败。不允许登录此计算机的用户尝试登录
534	登录失败。尝试以不允许的类型登录
535	登录失败。特定帐户的密码已经过期
536	登录失败。NetLogon 服务不在使用中
537	登录失败。登录尝试因为其他原因而失败
538	用户的注销程序已完成
539	登录失败。尝试登录时帐户已锁定
540	用户已成功登录网络
542	数据信道已终止
543	主要模式已终止
544	主要模式验证失败。因为对方并未提供有效的验证，或签章未经确认
545	主要模式验证失败。因为 Kerberos 失败或密码无效
548	登录失败。来自受信任域的安全标识符 SID 与客户端的帐户域 SID 不符合
549	登录失败。所有对应到不受信任的 SID 都会在跨树系的验证时被筛选掉
550	通知信息，指出可能遭拒绝服务的攻击事件
551	用户已启动注销程序
552	用户在认证成功登录计算机的同时，又使用不同的用户身份登录
682	用户重新连接到中断连接的终端服务器会话
683	用户没有注销，但中断与终端服务器会话的连接

子任务 7-4-2　使用安全模板

安全模板是一种可以定义安全策略的文件表示方式，它能够配置帐户策略、本地策略、事件日志、受限制的组、文件系统、注册表以及系统服务等项目的安全设置。安全模板都是以.inf 格式的文本文件存在的，用户可以方便地复制、粘贴、导入或导出安全模板。此外，安全模板并不引入新的安全参数，而只是将所有现有的安全属性组织到一个位置，以简化安全性管理，并且提供了一种快速批量修改安全选项的方法。

1.添加"安全配置"管理单元

在微软管理控制台（MMC）中添加"安全配置"管理单元，具体步骤如下。

（1）在 MMC 中，单击菜单栏中的"文件"→"添加/删除管理单元"，将打开"添加或删除管理单元"窗口。

（2）选择"可用的管理单元"列表中的"安全模板"，然后单击"添加"按钮，将其添加到"所选管理单元"列表中,如图 7-39 所示。最后单击"确定"按钮即可。

(3)返回如图 7-40 所示的控制台界面,可以看到控制台中已经添加了"安全模板"管理单元。

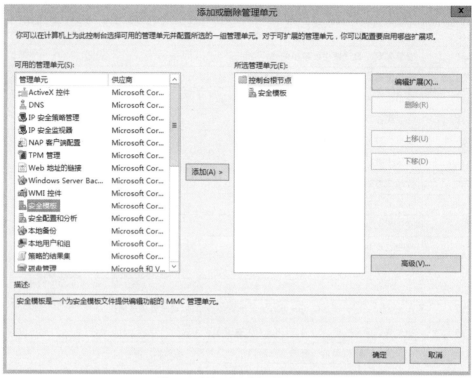

图 7-39 添加"安全模板"管理单元

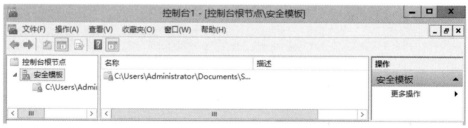

图 7-40 具有"安全模板"管理单元的控制台

2.创建和保存安全模板

在具有"安全模板"管理单元的控制台中创建安全模板"anquan",并将其保存,具体步骤如下。

(1)创建安全模板

1)在控制台中展开"安全模板"节点,右键单击准备创建安全模板的模板路径"C:\Users\Administrator\Documents\Security\Templates",在弹出的快捷菜单中选择"新加模板",打开如图 7-41 所示的对话框,输入模板的名称和描述,最后单击"确定"按钮即可完成安全模板的创建。

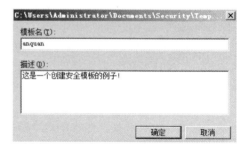

图 7-41 创建安全模板

2）返回如图 7-42 所示的控制台，可以看到已经存在安全模板"anquan"。

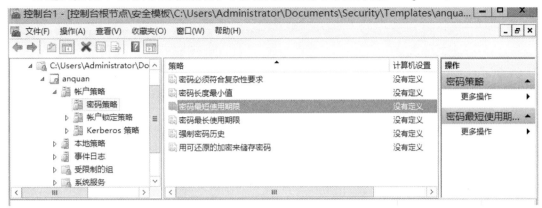

图 7-42　创建安全模板后的效果

3）修改"密码最短使用期限"为"30 天"，修改"密码最长使用期限"为"100 天"。

（2）保存包含安全模板的控制台

在关闭具有"安全模板"管理单元的控制台时，将出现如图 7-43 所示的"保存安全模板"对话框，选择相应的安全模板，然后单击"是"按钮即可保存该安全模板。

图 7-43　保存安全模板

3. 导出安全模板

将当前计算机所使用的安全模板导出来，并设置名称为"daochu"，具体步骤如下。

（1）单击"开始"→"管理工具"→"本地安全策略"，打开"本地安全策略"控制台，右键单击"安全设置"，在弹出的快捷菜单中选择"导出策略"，如图 7-44 所示。

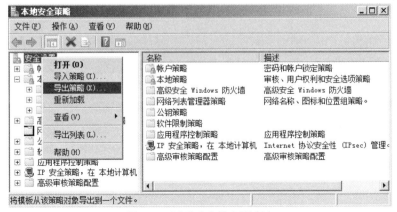

图 7-44　"本地安全策略"控制台

（2）打开"将策略导出到"对话框，指定安全模板将要导出的路径和文件名，如图 7-45 所示，最后单击"保存"按钮即可导出计算机当前安全模板。

图 7-45　导出安全模板

4.导入安全模板

将安全模板"anquan"导入当前计算机并使用，具体步骤如下。

（1）单击"开始"→"管理工具"→"本地安全策略"，打开"本地安全策略"控制台，右键单击"安全设置"，在弹出的快捷菜单中选择"导入策略"。

（2）打开"策略导入来源"对话框，指定要导入的安全模板路径和文件名，如图 7-46 所示。最后单击"打开"按钮即可导入安全模板。本例中将刚创建的"anquan.inf"安全模板导入，路径是"C:\Users\Administrator\Documents\Security\ Templates"。

图 7-46　导入安全模板

子任务 7-4-3　使用安全配置和分析

"安全配置和分析"具有分析和配置本地系统安全性的功能。该功能可以将一个安全模板的效果或一定数量安全模板的效果和本地计算机上当前定义的安全设置进行比较。

"安全配置和分析"允许管理员进行快速安全分析。在安全分析过程中,在当前系统设置旁边显示建议,用图标和注释突出显示当前设置与建议的安全级别不匹配的区域。"安全配置和分析"也提供了解决分析任何显示矛盾的功能。

还可以使用"安全配置和分析"功能配置本地系统安全,可以导入由具有"安全模板"管理单元的控制台创建的安全模板,并将这些模板应用于本地计算机或 GPO 中,这将立即使用模板中指定的级别配置系统安全。

1.添加"安全配置和分析"管理单元

在微软管理控制台(MMC)中添加"安全配置和分析"管理单元,具体步骤如下。

(1)在 MMC 中,单击菜单栏中的"文件"→"添加/删除管理单元",打开"添加或删除管理单元"对话框。选择"可用的管理单元"列表中的"安全配置和分析",然后单击"添加"按钮,将其添加到"所选管理单元"列表中,如图 7-47 所示。最后单击"确定"按钮即可。

图 7-47　添加"安全配置和分析"管理单元

(2)返回控制台界面,可以看到在控制台中已经添加了"安全配置和分析"管理单元。

2.执行安全分析和配置计算机

在当前计算机 WIN2012-2 中,使用安全模板"anquan"执行安全分析和配置,具体步骤如下。

(1)打开数据库

1)在具有"安全配置和分析"管理单元的控制台中,右键单击"安全配置和分析",在弹出的快捷菜单中选择"打开数据库",打开"打开数据库"对话框。在默认路径"C：\Users\Administrator\Documents\Security\Database"下创建新的数据库"anquanfenxi",如图 7-48 所示。

2)单击"打开"按钮,出现"导入模板"对话框,在此选择安全模板文件"anquan",如

图 7-49 所示。最后单击"打开"按钮导入模板。

图 7-48　打开数据库　　　　　　　　　　　　图 7-49　导入模板

（2）立即分析计算机

1）右键单击"安全配置和分析"，在弹出的快捷菜单中选择"立即分析计算机"，打开"进行分析"对话框，指定错误日志文件的保存位置，如图 7-50 所示。

2）单击"确定"按钮，开始分析系统的安全机制，如图 7-51 所示。其主要分析内容为用户权限分配、受限制的组、注册表、文件系统、系统服务以及安全策略。

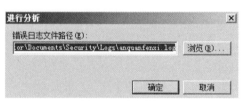

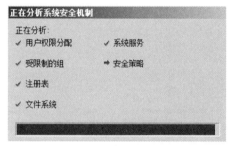

图 7-50　进行分析　　　　　　　　　　　　图 7-51　分析系统安全机制

（3）查看安全分析结果

分析完毕返回控制台，展开"安全配置和分析"节点，浏览控制台树中的安全设置，比较详细窗格中的"数据库设置"栏和"计算机设置"栏的差异，如图 7-52 所示。

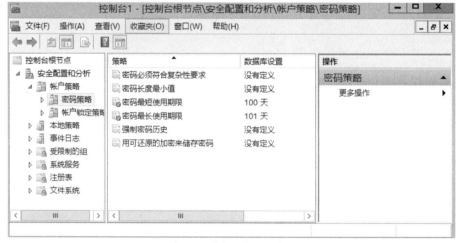

图 7-52　分析系统后的效果

（4）立即配置计算机

1）右键单击"安全配置和分析"，在弹出的快捷菜单中选择"立即配置计算机"，打开"配置系统"对话框，指定错误日志文件的保存位置，如图 7-53 所示。

2）单击"确定"按钮，开始按数据库设置配置系统安全，其主要配置内容为用户权限配置、受限制的组、注册表、文件系统、系统服务以及安全策略。

图 7-53　配置系统

子任务 7-4-4　强化 Windows Server 2012 安全的方法

Windows Server 2012 的安全性与 Windows 以前的任何版本相比都有很大的提高，但要保证系统的安全，需要对 Windows Server 2012 做正确的配置及安全强化（但是也还有一些不安全的因素需要强化），通过更为严格的安全控制来进一步加强 Windows Server 2012 的安全性。主要措施有以下几点。

1. 启用密码复杂性要求

提高密码的破解难度主要是通过提高密码复杂性、增加密码长度、提高更换频率等措施来实现。密码长度不宜太短，最好是字母、数字及特殊字符的组合，并且注意及时更换新密码。

2. 启用帐户锁定策略

为了方便用户登录，Windows Server 2012 系统在默认情况下并未启用密码锁定策略，此时很容易遭受黑客的攻击。帐户锁定策略就是指定该帐户无效登录的最大次数。例如，设置锁定登录最大次数为 5 次，这样只允许 5 次登录尝试。如果 5 次登录全部失败，就会锁定该帐户。

3. 删除共享

通过共享来入侵系统是最为方便的一种方法。如果防范不严，黑客就能够通过扫描到的 IP 和用户密码连接到共享，利用系统隐含的管理文件来入侵系统。因此，为了安全，最好关闭所有的共享，包括默认的管理共享。下面给出关闭系统默认共享的操作步骤。

（1）执行"开始"→"管理工具"→"计算机管理"命令，打开"计算机管理"对话框。

（2）展开"共享文件夹"目录树，选择"共享"选项，在右窗格中可以看到系统提供的默认共享，如图 7-54 所示。若要删除 C 盘的共享，可以在"C$"上右键单击，在弹出的快捷菜单中选择"停止共享"。

（3）使用同样的操作，可以将系统提供的默认共享全部删除，但是要注意 IPC$的共享由于被系统的远程 IPC 服务使用而不能被删除。

图 7-54　停止共享

4.防范网络嗅探

局域网采用广播的方式进行通信,因而信息很容易被窃听。网络嗅探就是通过侦听所在网络中传输的数据来获得有价值的信息。对于普通的网络嗅探,可以采用交换网络、加密会话等手段来防御。

5.禁用不必要的服务,提高安全性和系统效率

例如,只做 DNS 服务,就没必要打开 Web 或 FTP 服务等,做 Web 服务也没必要打开 FTP 服务或者其他服务。尽量做到只开放要用到的服务,禁用不必要的服务。

6.启用系统审核和日志监视机制

系统审核机制可以对系统中的各类事件进行跟踪记录并写入日志文件,以供管理员进行分析、查找系统中应用程序的故障和各类安全事件,以及发现攻击者的入侵和入侵后的行为。如果没有审核策略或者审核策略的项目太少,则在安全日志中就无从查起。

7.监视开放的端口和连接

对日志的监视可以发现已经发生的入侵事件,对正在进行的入侵和破坏行为则需要管理员掌握一些基本的实时监视技术。可采用一些专用的检测程序对端口和连接进行检测,以防破坏行为的发生。

任务 7-5　进行 Windows 安全扫描及漏洞检测

X-Scan 是国内著名的免费综合扫描器,界面支持中文和英文两种语言,包括图形界面和命令行方式。X-Scan 3.3-cn 采用多线程方式对指定 IP 地址段(或单机)进行安全漏洞检测,支持插件功能,提供了图形界面和命令行两种操作方式,扫描内容包括:远程操作系统类型及版本、标准端口状态及端口 BANNER 信息、CGI 漏洞、IIS 漏洞、RPC 漏洞、SQL-SERVER、FTP-SERVER、SMTP-SERVER、POP3-SERVER、

进行 Windows 安全扫描及漏洞检测文本

NT-SERVER 弱口令用户、NT 服务器、NETBIOS 信息等。扫描结果保存在/log/目录中，index_ * .htm 为扫描结果索引文件。

可以对 X-Scan 扫描结束后形成的报告进行分析，对扫描到的每个漏洞进行"风险等级"评估，并提供漏洞描述、漏洞溢出程序，方便网管测试、修补漏洞。

本任务通过 Oracle VM VirtualBox 虚拟两个操作系统，一个是 Windows 10，另一个是 Windows Server 2012 R2，两个系统网络连接采用桥接连接方式并配置相同网段，在 Windows 10 上安装 X-Scan 对 Windows Server 2012 R2 进行安全扫描分析。具体内容请扫描二维码获取。

任务 7-6　使用 Windows Server 2012 R2 的远程桌面连接

Windows Server 2012 R2 通过对远程桌面协议（Remote Desktop Protocol）的支持与远程桌面连接（Remote Desktop Connection）的技术，让用户坐在一台计算机前，就可以连接到位于不同地点的其他远程计算机。举例来说（如图 7-40 所示），当你要离开公司时，可以让你的办公室计算机中的程序继续运行（不要关机），回家后利用家中计算机通过 Internet 连接办公室计算机，此时你将接管办公室计算机的工作环境，也就是办公室计算机的桌面会显示在你的屏幕上，然后就可以继续办公室计算机上的工作，例如运行办公室计算机内的应用程序、使用网络资源等，就好像坐在这台办公室计算机前一样。

对系统管理员来说，可以利用远程桌面连接来连接远程计算机，然后通过此计算机来管理远程网络。除此之外，Windows Server 2012 R2 还支持远程桌面 Web 访问（Remote Desktop Web Access），它让用户可以通过浏览器与远程桌面 Web 连接（Remote Desktop Web Connection）连接远程计算机。

我们通过如图 7-41 所示的环境练习远程桌面连接，先将这两台计算机准备好，并设置好 TCP/IPv4 的值（采用 TCP/IPv4）。（远程计算机是非域控制器。）

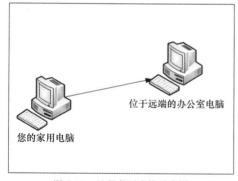

图 7-40　远程桌面连接示意图

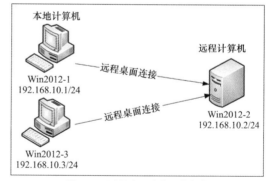

图 7-41　远程桌面连接网络拓扑

下面通过设置远程计算机、在本地计算机上利用远程桌面连接远程计算机、远程桌面连接的高级设置、设置远程桌面 Web 连接四个子任务介绍 Windows Server 2012 R2 的远程桌面连接，具体内容请扫描二维码获取！

子任务 7-6-1
设置远程计算机文本

子任务 7-6-2
在本地计算机上利用远程
桌面连接远程计算机文本

子任务 7-6-3
远程桌面连接的高级
设置文本

子任务 7-6-4
远程桌面 Web 连接文本

7.4 项目习作

一、选择题

1.以下正确的是( )。

A.只能在 Windows 系统的 PC 中使用磁盘阵列   B.磁盘阵列的容错性是有限的

C.小型企业不需要磁盘阵列技术   D.磁盘阵列的技术已经达到完美

2.Windows 主机推荐使用( )格式。

A.NTFS   B.FAT32   C.FAT   D.Linux

3.按照可信计算机评估标准,安全等级满足 C2 级要求的操作系统是( )。

A.DOS   B.Windows XP   C.Windows NT   D.UNIX

4.Windows 中强制终止进程的命令是( )。

A.tasklist   B.netsat   C.taskkill   D.netshare

二、案例分析题

1.工作任务描述:许多情况下服务器升级时会考虑安装两块或多块硬盘,这时候用多块硬盘组成 RAID 组时性能将会有很大提升;在服务器上一般采用了 RAID(Redundant Array of Inexpensive Disks)技术,即"廉价冗余磁盘阵列"技术。Windows Server 2012 自带的软 RAID 功能便可以实现不同级别的软 RAID 功能。试回答如下问题:

(1)RAID0 相当于在 Windows Server 2012 下的条带卷,在存放数据时,其将数据按磁盘的个数来进行分块,即把数据分成若干大小相等的小块,并把它们写到阵列上不同的硬盘上,请分析其读写速度是否得到提升? 磁盘利用率是多少? 是否有冗余功能?

(2)RAID1 相当于映在 Windows Server 2012 下的映像卷,即每个工作盘都有一个映像盘,每次写数据时必须同时写入映像盘,读数据时只从工作盘读出,当一个磁盘失效,系统可以自动地交换到映像磁盘上,而不需要重组失效的数据。请分析其读取速度是否得到提升? 磁盘利用率是多少? 是否有冗余功能?

(3)RAID5 是一种采用旋转奇偶校验独立存取的阵列方式,它与 RAID3、RAID4 不同的是没有固定的校验盘,而是按某种规则把奇偶校验信息均匀地分布在阵列所属的硬盘上,所以在每块硬盘上,既有数据信息也有校验信息。请分析其读取速度是否得到提升? 4 块磁盘实现 RAID5 的利用率是多少? 是否有冗余功能? 理论上可以允许有几个故障磁盘?

项目 8
Linux 系统安全管理与配置

据 2017 年中国互联网络信息中心统计,采用开源 Linux 操作系统的域名服务器数量大概是采用 Windows 操作系统的服务器数量的 5 倍;60% 以上服务器使用开源软件 ISC BIND;权威服务器、主辅服务器文件版本一致性达到 85.58%。

Linux 系统由于开源等特点而被广泛应用且适用于企业网络中的绝大多数应用,如 WWW、FTP、E-mail、BBS 等。本项目将就企业网站安全等方面进行安全审计与评估,保障网站高效可靠运行。

8.1 项目背景

A 企业长春总部园区网络要求外网由两台外网服务器提供 DNS、WWW 服务,一个内网服务器提供内网 FTP 服务。网络服务器要求采用 Linux 服务器架设,请从网络安全角度来分析采用 Linux 服务器的可行性,且按项目要求采用虚拟方式进行服务器架设并进行安全评估。

8.2 项目知识准备

本项目结合 A 企业长春总部园区网络来开展,服务器区域可以部署在出口路由器及防火墙后面。DNS 服务器部署可以采用主、辅服务器并行方式,例如主域名运行在基于 Linux 的服务器上,而辅域名运行在基于 Windows 的服务器上,同时不要将 DNS 信息对不需要此服务的用户开放,只允许在主、辅域间进行域传输交换,在域管理上采用授权机制等。同样,WWW 服务器可以结合群集方式进行负载均衡配置,以达到对服务器优化并提供服务的目的。对内网服务器来说,可以采用 VSFTP 架设,设置相应权限。由于与前面项目中 GNS3 兼容较好,本项目采用 VirtualBox 进行整体虚拟化实验。

8.2.1　Linux 系统简介

Linux 诞生于 1991 年 10 月 5 日,是一种自由和开放源码的操作系统,目前存在着许多不同的 Linux 版本,它们都使用了 Linux 内核。Linux 可安装在各种计算机硬件设备中,比如手机、平板电脑、路由器、台式计算机等。Linux 是一个领先的操作系统,世界上运算速度最快的 10 台超级计算机运行的都是 Linux 操作系统。

Linux 是一套免费使用和自由传播的类 UNIX 操作系统,用户可以通过网络或其他途径免费获得,是一个基于 POSIX 和 UNIX 的多用户、多任务、支持多线程和多 CPU 的操作系统。它能运行主要的 UNIX 工具软件、应用程序和网络协议。

Linux 同时具有字符界面和图形界面。在字符界面中,用户可以通过键盘输入相应的指令来进行操作,在类似 Windows 图形界面的 X-Window 系统中,用户可以使用鼠标对其进行操作。X-Window 环境与 Windows 环境相似,可以说是一个 Linux 版的 Windows。

Linux 发行版通常包含桌面环境、办公包、媒体播放器、数据库等应用软件。这些操作系统通常由 Linux 内核以及来自 GNU 计划的大量函数库和基于 X-Window 的图形界面组成。由于大多数软件包是自由软件和开源软件,所以 Linux 发行版的形式多种多样,包括功能齐全的桌面系统以及服务器系统和小型系统(通常位于嵌入式设备或启动软盘)。

比较出名的商业发行版有 Fedora(Red Hat 公司)、openSUSE(Novell 公司)和 Ubuntu(Canonical 公司)等。社区发行版由自由软件社区提供支持,有 Debian 和 Gentoo。还有 Patrick Volkerding 开发的 GNU/Linux 发行版 Slackware 等版本。

 8.2.2　Linux 系统安全

前面项目所讲的对 Windows 服务器系统的渗透攻击对 Linux 系统来说是不适用的,但不是说 Linux 服务器操作系统就非常安全,网络永远是相对安全的,尽管 Linux 系统更新比较快,但网络的漏洞仍然层出不穷,不能认为前面有路由器、防火墙,后面有 IPS 网络设备对 Linux 服务器进行防护就万无一失了。

要时刻提防网络攻击,利用安全评估软件对 Linux 服务器进行全面评估,针对发现的问题一一解决,提前做好预防工作,如升级内核、应用程序,对用户帐号策略、密码策略、文件及文件夹的权限设置、日志文件管理设置、安全的网络登录等做好处理。

8.3　项目实施

本项目将在一台机器上安装 VMware Workstation Pro,利用 VMware 安装一台 Red Hat Enterprise Linux 7 服务器,配置相应服务。同时在此基础上安装 Nessus 评估软件,通过一台 Windows 7 计算机作为客户端访问 Red Hat Enterprise Linux 7 服务器来进行安全评估测试,针对评估可能出现的漏洞进行安全优化整改。可以直接桥接至外网单独进行本项目的实施,也可以在前面学过的 GNS3 软件中设计网络环境。

任务 8-1　利用 VMware 安装 Linux 系统

本任务采用虚拟机进行 Red Hat Enterprise Linux 7 企业版安装。首先准备 Red Hat Enterprise Linux 7 企业版,注意检查 BIOS 虚拟化是否开启。以 Lenovo BIOS Setup Utility 为例,启动时按"F1"键进入 BIOS 配置,使用方向键移动至"Advanced""CPU Setup"选项,按"Enter"键,找到"Inter(R) Virtualization Technology"选项,按"Enter"键,选择"Enabled",按"F10"键,选择"Yes"保存并退出,重新启动计算机进行虚拟化安装。

利用 WMware 安装
Linux 系统

1.打开 VMware,依次单击"开始"→"程序"→"VMware Workstation Pro",弹出"VMware Workstation Pro"界面,如图 8-1 所示。

图 8-1　打开 VMware Workstation Pro

2.单击工具栏中的"创建新的虚拟机"按钮,弹出"欢迎使用新建虚拟机向导"对话框,如图 8-2 所示,单击"下一步"按钮。

3.插入操作系统的安装光盘映像文件,单击"下一步"按钮,输入主机名称及新建用户名及密码,如图 8-3 所示。

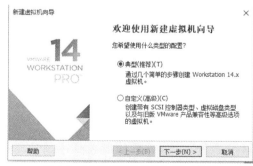

图 8-2　"欢迎使用虚拟机向导"对话框　　　　图 8-3　设置主机名及用户名

4.单击"下一步"按钮,设置虚拟机名称及安装位置,如图 8-4 所示。

5.设置磁盘容量大小,如图 8-5 所示。

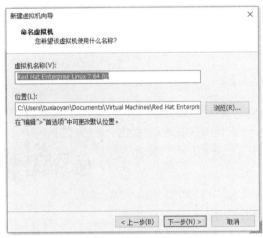

图 8-4　设置虚拟机名称及安装位置　　　　　图 8-5　设置磁盘容量大小

6.单击"下一步"按钮,进入已准备好创建虚拟机向导页,单击"完成"按钮完成虚拟机的创建。如图 8-6 所示。

7.在虚拟机管理界面中单击"开启此虚拟机"按钮后数秒就会看到 RHEL 7 系统安装界面,如图 8-7 所示。在界面中,Test this media & install Red Hat Enterprise Linux 7.4 和 Troubleshooting 的作用分别是校验光盘完整性后再安装以及启动救援模式。此时通过键盘的方向键选择 Install Red Hat Enterprise Linux 7.4 选项来直接安装 Linux 系统。

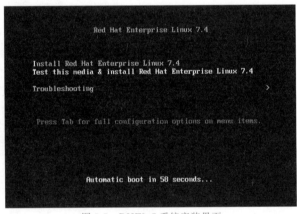

图 8-6　完成虚拟机的创建　　　　　　　　图 8-7　RHEL 7 系统安装界面

8.接下来按回车键后开始加载安装映像,所需时间为 30～60 秒,请耐心等待,选择系统的安装语言(简体中文)后单击"继续"按钮,如图 8-8 所示。

9.在安装界面中单击"软件选择"选项,如图 8-9 所示。

10.RHEL 7 系统的软件定制界面可以根据用户的需求来调整系统的基本环境,例如把 Linux 系统用作基础服务器、文件服务器、Web 服务器或工作站等。此时您只需在界面中单击选中"带 GUI 的服务器"单选按钮(注意:如果不选此项,则无法进入图形界面),然后单击左上角的"完成"按钮即可,如图 8-10 所示。

图 8-8 选择系统的安装语言

图 8-9 安装系统界面

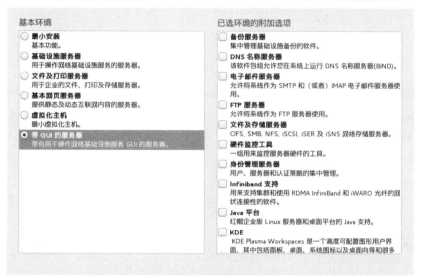

图 8-10 选择系统软件类型

11. 返回到 RHEL 7 系统安装主界面,单击"网络和主机名"选项后,将"主机名"字段设置为 RHEL7-1,然后单击左上角的"完成"按钮,如图 8-11 所示。

图 8-11 配置网络和主机名

12. 返回到 RHEL 7 系统安装主界面,单击"安装位置"选项后,单击"我要配置分区"按钮,然后单击左上角的"完成"按钮,如图 8-12 所示。

图 8-12　选择"我要配置分区"

13.开始配置分区。磁盘分区允许用户将一个磁盘划分成几个单独的部分,每一部分有自己的盘符。在分区之前,首先规划分区,以 40 GB 硬盘为例,做如下规划:

- /boot 分区大小为 300 MB;
- swap 分区大小为 4 GB;
- /分区大小为 10 GB;
- /usr 分区大小为 8 GB;
- /home 分区大小为 8 GB;
- /var 分区大小为 8 GB;
- /tmp 分区大小为 1 GB。

下面进行具体分区操作。

(1)先创建 boot 分区(启动分区)。将"新挂载点将使用以下分区方案"选项选中"标准分区"。单击"+"按钮,如图 8-13 所示。选择挂载点为"/boot"(也可以直接输入挂载点),容量大小设置为 300 MB,然后单击"添加挂载点"按钮。在如图 8-14 所示的界面中设置文件系统类型为"ext4",默认文件系统 xfs 也可以。

图 8-13　添加/boot 挂载点

图 8-14　设置/boot 挂载点的文件类型

（2）再创建交换分区。单击"＋"按钮，创建交换分区。"文件系统"类型中选择"swap"，大小一般设置为物理内存的两倍即可。比如，计算机物理内存大小为 2 GB，设置的 swap 分区大小就是 4 GB。

（3）用同样方法：创建"/"分区大小为 10 GB，"/usr"分区大小为 8 GB，"/home"分区大小为 8 GB，"/var"分区大小为 8 GB，"/tmp"分区大小为 1 GB。文件系统类型全部设置为"ext4"。设置完成后如图 8-15 所示。

（4）然后单击左上角的"完成"按钮，如图 8-16 所示。单击"接受更改"按钮完成分区。

图 8-15　手动分区

图 8-16　完成分区后的结果

14.返回到安装主界面，如图 8-17 所示，单击"开始安装"按钮后即可看到安装进度，在此处选择"ROOT 密码"，如图 8-18 所示。

15.然后设置 root 管理员的密码。若坚持用弱口令的密码则需要单击 2 次左上角的"完成"按钮才可以确认，如图 8-19 所示。这里需要注意，当在虚拟机中做实验的时候，密码无所谓强弱，但在生产环境中一定要让 root 管理员的密码足够复杂，否则系统将面临严重的安全问题。

图 8-17　RHEL 7 安装主界面

图 8-18　RHEL 7 系统的安装界面

图 8-19　设置 root 管理员的密码

16.Linux 系统安装过程一般在 30～60 分钟，在安装过程期间耐心等待即可。安装完成后单击"重启"按钮。

17.重启系统后将看到系统的初始化界面，单击"LICENSE INFORMATION"选项，如图 8-20 所示。

18.选中"我同意许可协议"复选框,然后单击左上角的"完成"按钮。

19.返回到初始化界面后单击"完成配置"选项。

20.虚拟机软件中的RHEL 7系统经过又一次的重启后,终于可以看到系统的欢迎界面,如图8-21所示。在界面中选择默认的语言"汉语",然后单击"前进"按钮。

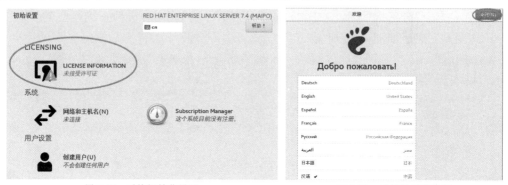

图 8-20　系统初始化界面　　　　　　　　　　图 8-21　系统的语言设置

21.将系统的键盘布局或输入方式选择为English(Australian),然后单击"前进"按钮,如图8-22所示。

图 8-22　设置系统的输入来源类型

22.按照如图8-23所示的设置来设置系统的时区(上海,中国),然后单击"前进"按钮。

23.为RHEL 7系统创建一个本地的普通用户,该帐户的用户名为yangyun,密码为redhat,然后单击"前进"按钮,如图8-24所示。

24.在如图8-25所示的界面中单击"开始使用Red Hat Enterprise Linux Server"按钮,出现如图8-26所示的界面。至此,RHEL 7系统完成了全部的安装和部署工作。

图 8-23　设置系统时区

图 8-24　设置本地普通用户

图 8-25　系统初始化结束界面

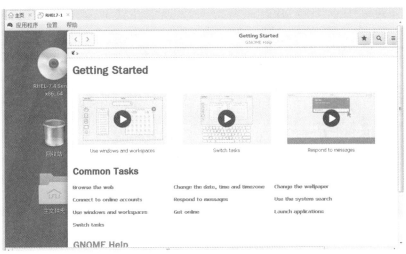

图 8-26 系统的欢迎界面

任务 8-2 重置 root 管理员密码

平日里让运维人员头疼的事情已经很多了,因此偶尔把 Linux 系统的密码忘记了并不用慌,只需简单几步就可以完成密码的重置工作。如果您刚刚接手了一台 Linux 系统,要先确定其是否为 RHEL 7 系统。如果是,然后再进行下面的操作。

1.如图 8-27 所示,先在空白处单击右键,单击"打开终端"菜单,然后在打开的终端中输入如下命令。

[root@localhost ~]# **cat /etc/redhat-release**
Red Hat Enterprise Linux Server release 7.4(Maipo)
[root@localhost ~]#

图 8-27 打开终端

2.在终端中输入"reboot",或者单击右上角的关机按钮 ⏻,单击"重启"按钮,重启 Linux 系统主机并出现引导界面时,按下键盘上的 e 键进入内核编辑界面,如图 8-28 所示。

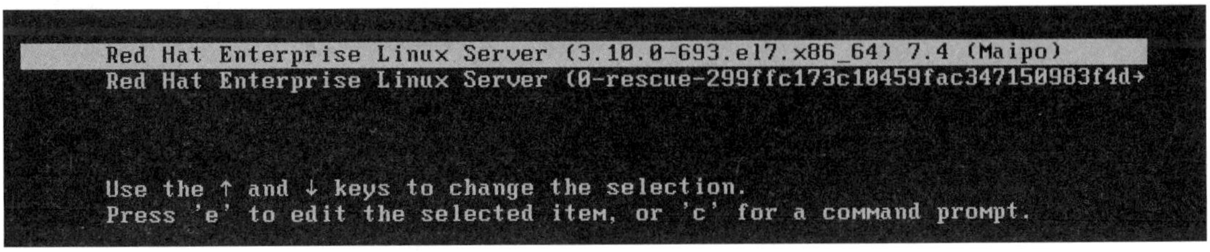

```
Red Hat Enterprise Linux Server (3.10.0-693.el7.x86_64) 7.4 (Maipo)
Red Hat Enterprise Linux Server (0-rescue-299ffc173c10459fac347150983f4d⟩

      Use the ↑ and ↓ keys to change the selection.
      Press 'e' to edit the selected item, or 'c' for a command prompt.
```

图 8-28 Linux 系统的内核编辑界面

3.在 linux16 参数这行的最后面追加"rd.break"参数,然后按下 Ctrl + X 组合键来运行修改过的内核程序,如图 8-29 所示。

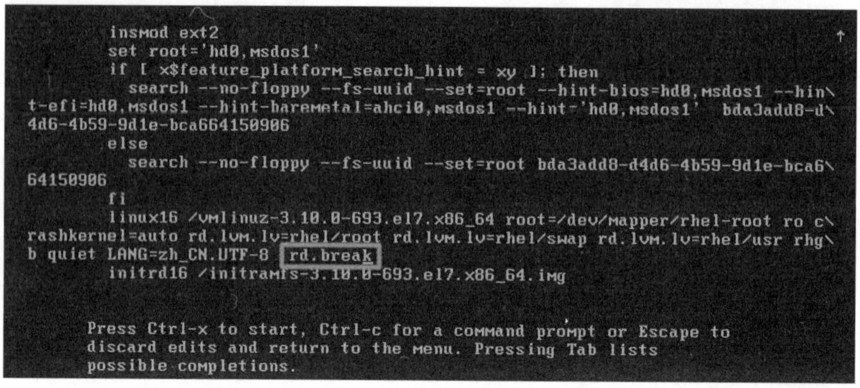

图 8-29　内核信息的编辑界面

4.大约 30 秒过后,进入系统的紧急求援模式。依次输入以下命令,等待系统重启操作完毕,然后就可以使用新密码 newredhat 来登录 Linux 系统了。命令行执行效果如图 8-30 所示。(注意:输入 passwd 后,输入密码和确认密码是不显示的!)

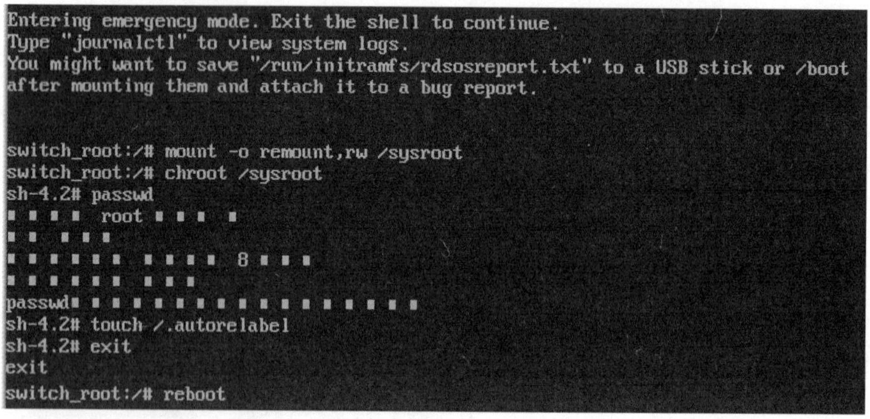

图 8-30　重置 Linux 系统的 root 管理员密码

任务 8-3　使用 yum 命令

尽管 RPM 能够帮助用户查询软件相关的依赖关系,但问题还是要运维人员自己来解决,而有些大型软件可能与数十个程序都有依赖关系,在这种情况下安装软件会是非常麻烦的工作。yum 软件仓库便是为了进一步降低软件安装难度和复杂度而设计的技术。

RHEL 先将发布的软件存放到 yum 服务器内,然后分析这些软件的依赖属性问题,将软件内的记录信息写下来。然后再将这些信息分析后记录成软件相关性的清单列表。这些列表数据与软件所在的位置被叫作容器(Repository)。当用户端有软件安装的需求时,用户端主机会主动向网络上面的 yum 服务器的容器网址下载清单列表,然后通过清单列表的数据与本机 RPM 数据库已存在的软件数据相比较,就能够一下安装所有需要的具有依赖属性的软件了。整个流程如图 8-31 所示。

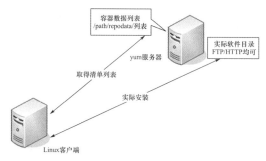

图 8-31   yum 使用的流程示意图

当用户端有升级、安装的需求时,yum 会向容器要求更新清单,使清单更新到本机的/var/cache/yum 里面。当用户端实施更新、安装时,就会用本机清单与本机的 RPM 数据库进行比较,这样就知道该下载什么软件了。接下来 yum 会到容器服务器（yum Server）下载所需要的软件,然后再通过 RPM 的机制开始安装软件。这就是整个流程,但仍然离不开RPM。常见的 yum 命令见表 8-1。

表 8-1   常见的 yum 命令

命令	作用
yum repolist all	列出所有仓库
yum list all	列出仓库中所有软件包
yum info 软件包名称	查看软件包信息
yum install 软件包名称	安装软件包
yum reinstall 软件包名称	重新安装软件包
yum update 软件包名称	升级软件包
yum remove 软件包名称	移除软件包
yum clean all	清除所有仓库缓存
yum check-update	检查可更新的软件包
yum grouplist	查看系统中已经安装的软件包组
yum groupinstall 软件包组	安装指定的软件包组
yum groupremove 软件包组	移除指定的软件包组
yum groupinfo 软件包组	查询指定的软件包组信息

例:使用用户管理器管理用户和组群

默认图形界面的用户管理器是没有安装的,需要安装 system-config-users 工具。

1.安装 system-config-users 工具

(1)下列命令用于检查是否安装 system-config-users。

[root@RHEL7-1 ~]# **rpm -qa|grep system-config-users**

(2)如果没有安装,可以使用 yum 命令安装所需软件包。

①挂载 ISO 安装映像,相关代码如下。

//挂载光盘到 /iso 下

[root@RHEL7-1 ~]# **mkdir /iso**

［root@RHEL7-1 ～］# **mount /dev/cdrom /iso**

mount：/dev/sr0 写保护，将以只读方式挂载

②制作用于安装的 yum 源文件，相关代码如下。

［root@RHEL7-1 ～］# **vim /etc/yum.repos.d/dvd.repo**

dvd.repo 文件的内容如下

/etc/yum.repos.d/dvd.repo

or for ONLY the media repo，do this：

yum --disablerepo=\ * --enablerepo=c6-media ［command］

［dvd］

name=dvd

#特别注意本地源文件的表示需用 3 个"/"

baseurl=file：///iso

gpgcheck=0

enabled=1

③使用 yum 命令查看 system-config-users 软件包的信息，如图 8-32 所示。

［root@RHEL7-1 ～］# **yum info system-config**

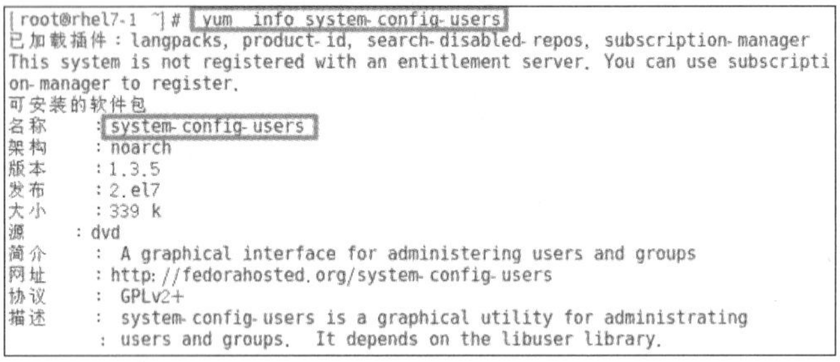

图 8-32 使用 yum 命令查看 system-config-users 软件包的信息

④ 使用 yum 命令安装 system-config-users。

［root@RHEL7-1 ～］# **yum clean all** //安装前先清除缓存

［root@RHEL7-1 ～］# **yum install system-config-users -y**

正常安装完成后，最后的提示信息是：

……

已安装：

system-config-users.noarch 0：1.3.5-2.el7

作为依赖被安装：

system-config-users-docs.noarch 0：1.0.9-6.el7

完毕！

所有软件包安装完毕，可以使用 rpm 命令再一次进行查询：

［root@RHEL7-1 etc］# **rpm -qa | grep system-config-users**

system-config-users-docs-1.0.9-6.el7.noarch

system-config-users-1.3.5-2.el7.noarch

2.用户管理器

使用命令 system-config-users 会打开如图 8-33 所示的"用户管理器"。

图 8-33　用户管理器

使用"用户管理器"可以方便地执行添加用户或组群、编辑用户或组群的属性、删除用户或组群、加入或退出组群等操作。

任务 8-4　配置远程控制服务

1.配置 sshd 服务

配置远程
控制服务

SSH(Secure Shell)是一种能够以安全的方式提供远程登录的协议,也是目前远程管理 Linux 系统的首选方式。想要使用 SSH 协议来远程管理 Linux 系统,则需要部署配置 sshd 服务程序。sshd 是基于 SSH 协议开发的一款远程管理服务程序,不仅使用起来方便快捷,而且能够提供以下两种安全验证的方法。

基于口令的验证:用帐户和密码来验证登录。基于密钥的验证:需要在本地生成密钥对,然后把密钥对中的公钥上传至服务器,并与服务器中的公钥进行比较;该方式相对来说更安全。

现有计算机的情况如下。

• 计算机名为 RHEL 7-1,角色为 RHEL 7 服务器,IP 为 192.168.10.1/24。

• 计算机名为 RHEL 7-2,角色为 RHEL 7 客户机,IP 为 192.168.10.20/24。

需特别注意两台虚拟机的网络配置方式一定要一致,本例中都改为桥接模式。

在 RHEL 7 系统中,已经默认安装并启用了 sshd 服务程序。接下来使用 ssh 命令在 RHEL 7-2 上远程连接 RHEL 7-1,其格式为"ssh［参数］主机 IP 地址"。要退出登录则执行 exit 命令。在 RHEL 7-2 上操作。

［root@RHEL7-2 ～］# **ssh 192.168.10.1**

The authenticity of host ′192.168.10.1 (192.168.10.1)′ can′t be established.

ECDSA key fingerprint is SHA256:f7b2rHzLTyuvW4WHLjl3SRMIwkiUN＋cN9y1yDb9wUbM.

ECDSA key fingerprint is MD5:d1:69:a4:4f:a3:68:7c:f1:bd:4c:a8:b3:84:5c:50:19.

Are you sure you want to continue connecting（yes/no）？ yes

Warning：Permanently added '192.168.10.1'（ECDSA）to the list of known hosts.

root@192.168.10.1's password：此处输入远程主机 root 管理员的密码

Last login：Wed May 30 05：36：53 2018 from 192.168.10.

［root@RHEL7-1 ～］♯

［root@RHEL7-1 ～］♯ **exit**

logout

Connection to 192.168.10.1 closed.

如果禁止以 root 管理员的身份远程登录服务器，则可以大大降低被黑客暴力破解密码的概率。下面进行相应配置。

（1）在 RHEL 7-1 SSH 服务器上。首先使用 vim 文本编辑器打开 sshd 服务的主配置文件，然后把第 38 行 ♯PermitRootLogin yes 参数前的井号（♯）去掉，并把参数值 yes 改成 no，这样就不再允许 root 管理员远程登录了。记得最后保存文件并退出。

［root@RHEL7-1 ～］♯ **vim /etc/ssh/sshd_config**

……

36

37 ♯LoginGraceTime 2m

38 PermitRootLogin no

39 ♯StrictModes yes

……

（2）一般的服务程序并不会在配置文件修改之后立即获得最新的参数。如果想让新配置文件生效，则需要手动重启相应的服务程序。最好也将这个服务程序加入开机启动项中，这样系统在下一次启动时，该服务程序便会自动运行，继续为用户提供服务。

［root@RHEL7-1 ～］♯ **systemctl restart sshd**

［root@RHEL7-1 ～］♯ **systemctl enable sshd**

（3）当 root 管理员再来尝试访问 sshd 服务程序时，系统会提示不可访问的错误信息。仍然在 RHEL 7-2 上测试。

［root@RHEL7-2 ～］♯ **ssh 192.168.10.1**

root@192.168.10.10's password：此处输入远程主机 root 管理员的密码

Permission denied，please try again.

2.安全密钥验证

加密是对信息进行编码和解码的技术，在传输数据时，如果担心被他人监听或截获，就可以在传输前先使用公钥对数据进行加密处理，然后再进行传送。这样，只有掌握私钥的用户才能解密这段数据，除此之外的其他人即便截获了数据，一般也很难将其破译为明文信息。

在生产环境中使用密码进行口令验证存在着被暴力破解或嗅探截获的风险。如果正确配置了密钥验证方式，那么 sshd 服务程序将更加安全。

下面使用密钥验证方式，以用户 student 身份登录 SSH 服务器，具体配置如下。

（1）在服务器 RHEL 7-1 上建立用户 student，并设置密码。

［root@RHEL7-1 ～］♯ **useradd student**

［root@RHEL7-1 ～］♯ **passwd student**

（2）在客户机 RHEL 7-2 中生成"密钥对"。查看公钥 id_rsa.pub 和私钥 id_rsa。

［root@RHEL7-2 ～］# **ssh-keygen**

Generating public/private rsa key pair.

Enter file in which to save the key (/root/.ssh/id_rsa)：//按回车键或设置密钥的存储路径

Enter passphrase (empty for no passphrase)：//直接按回车键或设置密钥的密码

Enter same passphrase again：//再次按回车键或设置密钥的密码

Your identification has been saved in /root/.ssh/id_rsa.

Your public key has been saved in /root/.ssh/id_rsa.pub.

The key fingerprint is：

SHA256：jSb1Z223Gp2j9HlDNMvXKwptRXR5A8vMnjCtCYPCTHs root@RHEL7-1

The key's randomart image is：

```
+---[RSA 2048]----+
|       .o...      |
|      + ..  * oo.|
|     = E.o oB  o|
|      o.+oB..o  |
|      .S ooo+= =|
|o  .o...==      |
|         .o o.=o|
|o ..=o+         |
|          ..o.oo|
+----[SHA256]-----+
```

［root@RHEL7-2 ～］# **cat /root/.ssh/id_rsa.pub**

ssh-rsa AAAAB3NzaC1yc2EAAAADAQABAAABAQCurhcVb9GHKP4taKQMuJRdLLKTAVnC4f9Y9H2Or4rLx3YCqsBVYUUn4gSzi8LAcKPcPdBZ817Y4a2OuOVmNW+hpTR9vfwwuGOiU1Fu4Sf5/14qgkd5EreUjE/KIPlZVNX904blbIJ90yu6J3CVz6opAdzdrxckstWrMSlp68SIhi517OVqQxzA+2G7uCkplh3pbtLCKlz6ck6x0zXd7MBgR9S7nwm1DjHl5NWQ+542Z++MA8QJ9CpXyHDA54oEVrQoLitdWEYItcJIEqowIHM99L86vSCtKzhfD4VWvfLnMiO1UtostQfpLazjXoU/XVp1fkfYtc7FFl+uSAxIO1nJ root@RHEL7-2

［root@RHEL7-2 ～］# **cat /root/.ssh/id_rsa**

（3）把客户机 RHEL 7-2 中生成的公钥文件传送至远程主机：

［root@RHEL7-2 ～］# **ssh-copy-id student@192.168.10.1**

/usr/bin/ssh-copy-id：INFO：attempting to log in with the new key(s)，to filter out any that are already installed

/usr/bin/ssh-copy-id：INFO：1 key(s) remain to be installed -- if you are prompted now it is to install the new keys

student@192.168.10.1's password：//此处输入远程服务器密码

Number of key(s) added：1

Now try logging into the machine，with： "ssh 'student@192.168.10.1'"

and check to make sure that only the key(s) you wanted were added.

（4）对服务器 RHEL 7-1 进行设置（65 行左右），使其只允许密钥验证，拒绝传统的口令验证方式。将"PasswordAuthentication yes"改为"PasswordAuthentication no"。记得在修

改配置文件后保存并重启 sshd 服务程序。

［root@RHEL7-1 ～］# **vim /etc/ssh/sshd_config**

……

74

62 # To disable tunneled clear text passwords，change to no here！

63 # PasswordAuthentication yes

64 # PermitEmptyPasswords no

65 PasswordAuthentication no

66

……

［root@RHEL7-1 ～］# **systemctl restart sshd**

（5）在客户机 RHEL 7-2 上尝试使用 student 用户远程登录到服务器，此时无须输入密码也可成功登录。同时利用 ifconfig 命令可查看到 ens33 的 IP 地址是 192.168.10.1，也即 RHEL 7-1 的网卡和 IP 地址，说明已成功登录到了远程服务器 RHEL 7-1 上。

［root@RHEL7-2 ～］# ssh student@192.168.10.1

Last failed login：Sat Jul 14 20：14：22 CST 2018 from 192.168.10.20 on ssh：notty

There were 6 failed login attempts since the last successful login.

［student@RHEL7-1 ～］$ ifconfig

ens33：flags=4163<UP，BROADCAST，RUNNING，MULTICAST>　 mtu 1500

　　　　 inet 192.168.10.1　 netmask 255.255.255.0　 broadcast 192.168.10.255

　　　　 inet6 fe80：：4552：1294：af20：24c6　 prefixlen 64　 scopeid 0x20<link>

　　　　 ether 00：0c：29：2b：88：d8　 txqueuelen 1000　 （Ethernet）

　　　　 ……

（6）在 RHEL 7-1 上查看 RHEL 7-2 客户机的公钥是否传送成功。本例成功传送。

［root@RHEL7-1 ～］# **cat /home/student/.ssh/authorized_keys**

ssh-rsa AAAAB3NzaC1yc2EAAAADAQABAAABAQCurhcVb9GHKP4taKQMuJRdLLKTAVnC4f 9Y9 H2Or4rLx3YCqsBVYUUn4gSzi8LAcKPcPdBZ817Y4a2OuOVmNW＋hpTR9vfwwuGOiU1Fu4Sf5/ 14qgkd5EreUjE/KIPlZVNX904blbIJ90yu6J3CVz6opAdzdrxckstWrMSlp68SIhi517OVqQxzA＋2G7uCkpl h3pbtLCKlz6ck6x0zXd7MBgR9S7nwm1DjHl5NWQ＋542Z＋＋MA8QJ9CpXyHDA54oEVrQoLitdWEYI tcJIEqowIHM99L86vSCtKzhfD4VWvfLnMiO1UtostQfpLazjXoU/XVp1fkfYtc7FFl＋uSAxIO1nJ root@ RHEL7-2

3.远程传输命令

scp（secure copy）是一个基于 SSH 协议在网络之间进行安全传输的命令，其格式为"scp［参数］本地文件 远程帐户@远程 IP 地址：远程目录"。

任务 8-5　利用 Nessus 软件对 Linux 系统进行安全评估

Linux 系统运行一段时间以后，会出现越来越多的漏洞，因此对系统进行安全评估非常重要。不同于 Windows 系统可以通过在线更新补丁进行修补，Linux 的关键补丁可能需要手工进行修补，这就对网络管理人员提出了较大挑战。

Nessus 是优秀的系统漏洞扫描与分析软件，提供完整的电脑漏洞扫描服务，并随时更新其漏洞数据库。Nessus 软件采用客户端/服务器体系结构，可自行定义插件，可同时在本机或远端上遥控进行系统的漏洞扫描和分析。Nessus 软件具有扫描任意端口和任意服务的功能，能产生详细的输出报告，包括目标的脆弱点、怎样修补漏洞以防止黑客入侵及危险级别。

本任务通过 Oracle VM VirtualBox 虚拟一个 Red Hat Enterprise Linux 7 系统，网络连接采用桥接方式并配置相同网段，在 Linux 系统中安装 Nessus 软件，并在 Windows 7 系统的主机上通过浏览器运行 Nessus 软件对 Linux 系统进行扫描评估。具体内容请扫描二维码获取。

利用 Nessus 软件对 Linux 系统进行安全评估文本

任务 8-6　安全加固 Linux 系统

Linux 服务器安装完成之后，系统应用软件提供的网络服务程序变得"臃肿"，针对服务的各种渗透也日益增多，如果网络管理人员没有相应的服务器安全意识，不对系统进行优化，将出现很严重的漏洞。

本任务通过 Oracle VM VirtualBox 虚拟一个 Red Hat Enterprise Linux 7 系统，网络连接采用桥接方式并配置相同网段，在 Linux 系统中进行系统优化并把网络服务最小化，使网络服务器相对安全。具体内容请扫描二维码获取。

安全加固 Linux 系统文本

8.4　项目习作

1.你是一企业网络管理员，你使用的防火墙在 UNIX 下的 IPTABLES，现在需要通过对防火墙的配置不允许 192.168.0.2 这台主机登录你的服务器，应该怎么设置防火墙规则？（　　）

A.iptables-A input-p tcp-s 192.168.0.2-source-port 23-j DENY

B.iptables-A input-p tcp-s 192.168.0.2-destination-port 23-j DENY

C.iptables-A input-p tcp-d 192.168.0.2-source-port 23-j DENY

D.iptables-A input-p tcp-d 192.168.0.2-destination-port 23-j DENY

2.你的 Window 2000 开启了远程登录 Telnet，但你发现 Window 98 和 UNIX 计算机没有办法远程登录，只有 Windows 2000 的系统才能远程登录，你应该怎么办？（　　）

A.重设防火墙规则　　　　　　　　B.检查入侵检测系统

C.运用杀毒软件,查杀病毒　　　　　D.将 NTLM 的值改为 0

3.你所使用的系统为 Windows 2000,所有的分区均是 NTFS 的分区,C 区的权限为 everyone 读取和运行,D 区的权限为 everyone 完全控制,现在你将一名为 test 的文件夹由 C 区移动到 D 区之后,test 文件夹的权限为?(　　　)

A.everyone 读取和运行　　　　　　B.everyone 完全控制

C.everyone 读取、运行、写入　　　　D.以上都不对

4.你所使用的系统为 UNIX,你通过 umask 命令求出当前用户的 umask 值为 0023,请问该用户在新建一文件夹,具体有什么样的权限?(　　　)

A.当前用户读、写和执行,当前组读取和执行,其他用户和组只读

B.当前用户读、写,当前组读取,其他用户和组不能访问

C.当前用户读、写,当前组读取和执行,其他用户和组只读

D.当前用户读、写和执行,当前组读取和写入,其他用户和组只读

学习情境 4
系统网络防护与数据加密

随着各种新的网络技术的不断应用和迅速发展,计算机网络的应用范围变得越来越广,所起的作用越来越重要。而随着计算机技术的不断发展,病毒、木马也变得越来越复杂和高级。而网络攻击与网络安全是紧密结合在一起的,研究网络的安全性就得研究网络攻击手段。系统网络防护已经成为网络安全需要面对的重要课题。

数据加密技术是数据安全的核心技术,尤其是在当今电子商务、数字货币、网络银行等各种网络业务快速兴起的时代。如何保证数据安全使之不被窃取、不被篡改或破坏越来越受到人们的重视。解决这些问题的关键就是数据加密技术。在数据加密技术中,密钥是必不可少的,密钥是使密码算法按照一种特定方式运行并产生特定密文的值。

项目 9
计算机病毒与木马防护

9.1　项目背景

新一代的计算机病毒充分利用某些常用操作系统与应用软件的低防护性的弱点肆虐，最近几年随着互联网在全球的普及，病毒通过网络传播，其扩散速度骤然提高，受感染的范围也越来越广。因此，计算机网络的安全保护变得越来越重要。那么如何查杀和防治计算机病毒呢？

9.2　项目知识准备

9.2.1　计算机病毒的定义

一般来讲，凡是能够引起计算机故障，能够破坏计算机中的资源（包括硬件和软件）的代码，统称为计算机病毒。美国国家计算机安全局出版的《计算机安全术语汇编》对计算机病毒的定义是："计算机病毒是一种自我繁殖的特洛伊木马，它由任务部分、接触部分和自我繁殖部分组成"。而在我国也通过条例的形式给计算机病毒下了一个具有法律性、权威性的定义，《中华人民共和国计算机信息系统安全保护条例》明确定义："计算机病毒，是指编制或者在计算机程序中插入的破坏计算机功能或者毁坏数据，影响计算机使用，并能自我复制的一组计算机指令或者程序代码"。

9.2.2　计算机病毒的结构

计算机病毒一般由引导模块、感染模块、触发模块、破坏模块四大部分组成。根据是否被加载到内存，计算机病毒又分为静态和动态。处于静态的病毒存储于存储器介质中，一般不执行感染和破坏操作，其传播只能借助第三方活动（如：复制、下载、邮件传输等）实现。当病毒经过引导进入内存后,便处于动态,满足一定的触发条件后就开始进行感染和破坏,从而对计算机系统和资源构成威胁并造成损坏。

1.引导模块

计算机病毒为了进行自身的主动传播必须寄生在可以获取执行权的寄生对象上。就目前出现的各种计算机病毒来看,其寄生对象有两种:磁盘引导扇区和特定文件(如:EXE、COM、可执行文件、DOC、HTML 等)。寄生在它们上面的病毒程序可以在一定条件下获得执行权,从而得以进入计算机系统,并处于激活状态,然后进行动态传播和破坏活动。计算机病毒的寄生方式有两种:潜代方式和链接方式。所谓潜代,是指病毒程序用自己的部分或全部指令代码,替代磁盘引导扇区或特定文件中的部分或全部内容。链接则是指病毒程序将自身代码作为正常程序的一部分与原有正常程序链接在一起。寄生在磁盘引导扇区的病毒一般采取潜代方式,而寄生在可执行文件中的病毒一般采用链接方式。对于寄生在磁盘引导扇区的病毒来说,病毒引导程序占据了原系统引导程序的位置,并把原系统引导程序搬移到一个特定的地方。这样系统一启动,病毒引导模块就会自动地装入内存并获得执行权,然后该引导模块负责将病毒程序的传染模块和发作模块装入内存的适当位置,并采取常驻内存技术以保证这两个模块不会被覆盖,接着对这两个模块设定某种激活方式,使之在适当的时候获得执行权。完成这些工作后,病毒引导模块将系统引导模块装入内存,使系统在带毒状态下可以继续运行。对于寄生在特定文件中的病毒来说,病毒程序一般可以通过修改原有文件,使对该文件的操作转入病毒引导模块,引导模块同时完成病毒程序的其他两个模块的驻留内存及初始化工作,然后把执行权交还给原文件,使系统及文件在带毒状态下继续运行。

2.感染模块

感染是指计算机病毒由一个载体传播到另一个载体。这种载体一般为磁盘,它是计算机病毒赖以生存和进行传染的媒介。但是,只有载体还不足以使病毒得到传播。促成病毒感染还有一个先决条件,可分为两种情况:一种情况是用户在复制磁盘或文件时,把一个病毒由一个载体复制到另一个载体上,或者通过网络上的信息传递,把一个病毒从一方传递到另一方;另一种情况是病毒处于激活状态下,只要感染条件满足,病毒就能主动地把自身感染给另一个载体。计算机病毒的感染方式基本可以分为两大类,一是立即感染,即病毒在被执行的瞬间,抢在宿主程序开始执行前,立即感染磁盘上的其他程序,然后执行宿主程序。二是驻留内存并伺机感染,内存中的病毒检查当前系统环境,在执行一个程序、浏览一个网页时感染磁盘上的程序。驻留在系统内存中的病毒程序在宿主程序运行结束后,仍可活动,直至关闭计算机。

3.触发模块

计算机病毒在感染和发作之前,往往要判断某些特定条件是否满足,满足则感染和发作,否则不感染或不发作,这些条件就是计算机病毒的触发条件。计算机病毒频繁的破坏行为可能给用户以重创。目前病毒采用的触发条件主要有以下几种:

(1)日期触发。许多病毒采用日期作为触发条件。日期触发大体包括特定日期触发、月份触发和前半年触发、后半年触发等。

(2)时间触发。时间触发包括特定的时间触发、染毒后累计工作时间触发和文件最后写入时间触发等。

（3）键盘触发。有些病毒监视用户的击键动作，当病毒预定的击键发生时，病毒被激活，进行某些特定操作。键盘触发包括击键次数触发、组合键触发和热启动触发等。

（4）感染触发。许多病毒的感染需要某些条件触发，而且相当数量的病毒将与感染有关的信息反过来作为破坏行为的触发条件，称为感染触发。它包括运行感染文件个数触发、感染序数触发、感染磁盘数触发和感染失败触发等。

（5）启动触发。病毒对计算机的启动次数计数，并将此值作为触发条件。

（6）访问磁盘次数触发。病毒对磁盘 I/O 访问次数进行计数，将预定次数作为触发条件。

（7）CPU 型号、主板型号触发。病毒能识别运行环境的 CPU 型号、主板型号，以预定 CPU 型号、主板型号为触发条件，这种病毒的触发方式比较罕见。

4.破坏模块

在触发条件满足的情况下，病毒对系统或磁盘上的文件进行破坏。这种破坏活动不一定是删除磁盘上的文件，有的可能是显示一串无用的提示信息。有的病毒在发作时，会干扰系统或用户的正常工作。而有的病毒，一旦发作，就会造成系统死机或删除磁盘文件。新型的病毒发作还会造成网络的拥塞甚至瘫痪。计算机病毒破坏行为的激烈程度取决于病毒作者的主观意愿和他所掌握的技术。数以万计、不断发展扩散的病毒，其破坏行为千奇百怪。病毒的破坏目标和攻击部位主要有：系统数据区、系统运行速度、磁盘、CMOS、主板和网络等。

 9.2.3 计算机病毒的危害

1.对计算机数据信息的直接破坏

大部分病毒在激发的时候直接破坏计算机的重要信息数据，所利用的手段有格式化磁盘、改写文件分配表和目录区、删除重要文件或者用无意义的"垃圾"数据改写文件、破坏CMOS 设置等。

2.占用磁盘空间和对信息的破坏

寄生在磁盘上的病毒总要非法占用一部分磁盘空间。引导型病毒的一般侵占方式是由病毒本身占据磁盘引导扇区，而把原来的引导扇区转移到其他扇区，即引导型病毒要覆盖一个磁盘扇区。被覆盖的扇区数据永久性丢失，无法恢复。

3.抢占系统资源

大多数病毒在动态时都是常驻内存的，这就必然抢占一部分系统资源。病毒所占用的基本内存长度与病毒本身长度相当。病毒抢占内存，导致内存减少，一部分软件不能运行。除占用内存外，病毒还抢占中断，干扰系统运行。

4.影响计算机运行速度

病毒进驻内存后不但干扰系统运行，还影响计算机运行速度，主要表现在：

（1）病毒为了判断传染激发条件，对计算机的工作状态进行监视，这相对于计算机的正常运行状态而言既多余又有害。

（2）有些病毒为了保护自己，不但对磁盘上的静态病毒加密，而且进驻内存后动态病毒也处于加密状态，CPU 每次寻址到病毒处时要运行一段解密程序把加密的病毒解密成合法的 CPU 指令再执行；而等病毒运行结束再用一段程序对病毒重新加密。这样 CPU 额外执行数千条乃至上万条指令。

5.导致用户的数据不安全

病毒技术的发展可以使计算机内部数据损坏和失窃,特别是重要的数据,所以计算机病毒是影响计算机安全的重要因素。

9.2.4　常见的计算机病毒

1.蠕虫(Worm)病毒

蠕虫(Worm)病毒是一种通过网络传播的病毒。它的出现比文件病毒、宏病毒等传统病毒晚,但是无论在传播速度、传播范围还是破坏程度上都比传统病毒严重得多。

蠕虫病毒一般由两部分组成:一个主程序和一个引导程序。主程序的功能是搜索和扫描。它可以读取系统的公共配置文件,获得网络中联网用户的信息,从而通过系统漏洞,将引导程序建立到远程计算机上。引导程序实际上是蠕虫病毒主程序的一个副本,主程序和引导程序都具有自动重新定位的能力。

2.CIH 病毒

CIH 病毒,又名"切尔诺贝利"病毒,是有史以来影响最大的病毒之一。它是由台湾大学生陈盈豪编制的,1998 年 5 月陈盈豪完成以他的英文名缩写命名的 CIH 病毒。

3.宏病毒

宏病毒即宏中的病毒。宏是微软公司为其 OFFICE 软件包设计的一个特殊功能,是软件设计者为了让人们在使用软件时避免一再地重复相同的动作而设计出来的一种工具。它利用简单的语法,把常用的动作写成宏,人们在工作时就可以直接利用事先编写好的宏去自动完成某项特定的任务,而不必再重复相同的动作,其目的是让用户文档中的一些任务自动化。

4.Word 文档杀手病毒

Word 文档杀手病毒通过网络进行传播,大小为 53248 字节。该病毒运行后会搜索软盘、U 盘等移动存储磁盘和网络映射驱动器上的 Word 文档,并试图用自身覆盖找到的 Word 文档,以达到传播病毒的目的。

该病毒会破坏原来文档的数据,而且会在计算机管理员修改用户密码时进行键盘记录,记录结果也会随病毒的传播一起被发送。

9.3　项目实施

任务 9-1　使用 360 杀毒软件

360 杀毒是免费的杀毒软件,它创新性地整合了四种领先防杀引擎,包括 BitDefender 病毒查杀引擎、360 云查杀引擎、360 主动防御引擎、360 QVM 人工智能引擎。360 杀毒查杀能力出色,轻巧快速,误杀率低。

360 杀毒软件具有以下特点:

①全面防御 U 盘病毒;②领先四引擎,全时防杀病毒;③坚固网盾,拦截钓鱼挂马网页;④独有可信程序数据库,防止误杀;⑤快速升级及时获得最新防护能力。

360 杀毒软件的使用

360 杀毒软件的界面如图 9-1～图 9-4 所示。

图 9-1　360 杀毒软件工作界面

图 9-2　360 杀毒软件全盘扫描界面

图 9-3　360 杀毒软件快速扫描界面

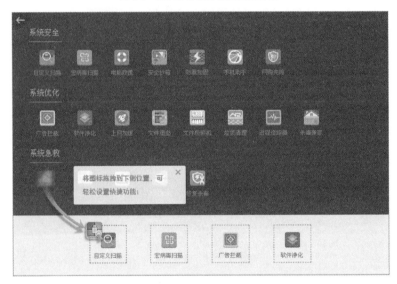

图 9-4　360 杀毒软件专业功能界面

任务 9-2　使用 360 安全卫士软件

　　360 安全卫士是当前很受用户欢迎的上网安全软件,使用方便。360 安全卫士拥有电脑体验、木马查杀、电脑清理、系统修复等多种功能,并首创"木马防火墙"功能,依靠抢先侦测和云端鉴别,可全面、智能地拦截各类木马病毒,保护用户的帐号、隐私等重要信息。

　　360 安全卫士运用云安全技术,在拦截和查杀木马病毒的效果、速

360 安全卫士软件的使用

度以及专业性上表现出色,能有效防止个人数据和隐私被木马病毒窃取。360安全卫士自身非常轻巧,同时具备开机加速、垃圾清理等多种系统优化功能,可大大加快电脑运行速度,内含的360软件管家还可帮助用户轻松下载、升级和强力卸载各种应用软件。

1.木马查杀

定期进行木马查杀可以有效保护各种系统帐户安全,可选择快速查杀、全盘查杀和按位置查杀。

单击"全盘查杀"将马上按照选择的查杀方式进行全盘木马扫描,如图9-5所示。

图9-5 360安全卫士选择"全盘查杀"

2.电脑清理

作用:清理恶意软件及恶评插件(一般需要清理恶评插件)。

(1)恶意软件的定义

恶意软件是对破坏系统正常运行的软件的统称,一般来说有如下表现形式:强行安装,无法卸载;安装以后修改主页且锁定;安装以后随时弹出恶意广告;自我复制代码,类似病毒,拖慢系统速度。

(2)插件的定义

插件是指会随着IE浏览器的启动自动执行的程序,根据插件在浏览器中的加载位置,可以分为工具条(Toolbar)、浏览器辅助(BHO)、搜索挂接(URL SEARCHHOOK)、下载ActiveX(ACTIVEX)。

有些插件能够帮助用户更方便地浏览互联网或调用上网辅助功能,也有部分被称为广告软件(Adware)或间谍软件(Spyware)的恶评插件。此类插件监视用户的上网行为,并把所记录的数据报告给插件程序的创建者,以达到投放广告,盗取游戏或银行帐号、密码等非法目的。

因为插件由不同的发行商发行,其技术水平良莠不齐,插件很可能与其他运行中的程序发生冲突,从而导致诸如页面错误、运行时间错误等现象,影响了正常浏览。如图9-6所示为电脑清理界面。单项清理的选项如下:

①清理垃圾；②清理插件；③清理注册表；④清理 Cookies；⑤清理痕迹；⑥清理软件。

图 9-6　电脑清理界面

3.软件管家(主要功能是软件卸载)

如图 9-7 所示为 360 软件管家界面。可以卸载电脑中不常用的软件,节省磁盘空间,提高系统运行速度。

图 9-7　360 软件管家界面

- 卸载:选中要卸载的软件,单击此按钮,软件被立即卸载。
- 刷新:单击此按钮,将重新扫描电脑,检查软件情况。

4.系统修复

　　360 安全卫士提供的漏洞补丁均从微软官方获取。如果系统漏洞较多就容易招致病毒，及时修复漏洞有利于保证系统安全。系统修复界面如图 9-8 所示，包括常规修复、漏洞修复、软件修复、驱动修复。

图 9-8　系统修复界面

5.优化加速

　　如图 9-9 所示为优化加速界面，包括开机加速、系统加速、网络加速、硬盘加速。单击"开机加速"选项，在扫描完成的界面（图 9-10）中单击"深度优化"按钮，弹出如图 9-11 所示界面，在这里可以进行启动项管理。

图 9-9　优化加速界面

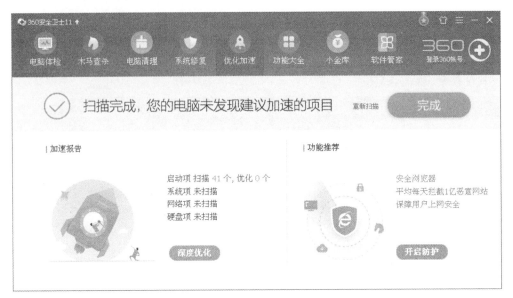

图 9-10　开机加速扫描

图 9-11　启动项管理

宏病毒也是脚本病毒的一种，由于它的特殊性，所以在这里单独算成一类。宏病毒的前

级是：Macro，第二前缀是：Word、Excel 等（其中之一）。凡是感染 Word 文档的病毒格式是：Macro.Word；凡是感染 Excel 文档的病毒格式是：Macro.Excel。该类病毒的共有特性是能感染 Office 系列文档，然后通过 Office 通用模板进行传播，如：著名的宏病毒美丽莎（Macro.Melissa）。

宏病毒的防范

一个宏的运行，特别是恶意宏程序的运行，受宏的安全性影响是最大的，如果宏的安全性高，那么没有签署的宏就不能运行，甚至还能使部分 Excel 的功能失效。所以，宏病毒在感染 Excel 之前，会自行对 Excel 的宏的安全性进行修改，把宏的安全性设置为低。

下面通过一个实例来对宏病毒的原理与运行机制进行分析：

①启动 Word，创建一个新文档。

②在新文档的"开发工具"选项卡中单击"宏"按钮（或按组合键 Alt＋F8），弹出"宏"对话框。

③为宏命名，规定自动宏的名称为 autoexec。

④单击"创建"按钮，如图 9-12 所示。

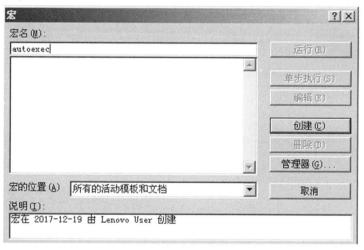

图 9-12　创建宏

⑤在宏代码编辑窗口，输入 VB 代码：Shell("c:\windows\system32\sndvol32.exe")，调用 Windows 自带的音量控制程序，如图 9-13 所示。

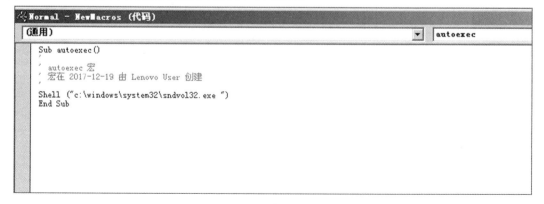

图 9-13　宏代码编辑窗口

⑥关闭宏代码编辑窗口,将文档存盘并关闭。

⑦再次启动刚保存的文档,可以看到音量控制程序被自动启动,如图 9-14 所示。

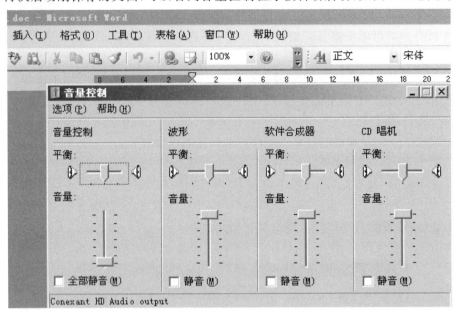

图 9-14　音量控制程序被自动启动

由此可见,宏病毒主要针对 Office 通用模板进行传播,在使用此类软件的时候应该防治宏病毒。

9.4　项目习作

1.以下说法正确的是(　　)。

A.木马不像病毒那样有破坏性

B.木马不像病毒那样能够自我复制

C.木马不像病毒那样是独立运行的程序

D.木马与病毒都是独立运行的程序

2.使用防病毒软件时,一般要求用户每隔 2 周进行升级,这样做的目的是(　　)。

A.对付最新的病毒,因此需要下载最新的程序

B.程序中有错误,所以要不断升级,消除程序中的 BUG

C.新的病毒在不断出现,因此需要用及时更新病毒的特征码资料库

D.以上说法的都不对

3.恶意代码是(　　)。

A.病毒　　　　　　　B.广告　　　　　　　C.间谍　　　　　　　D.都是

4.现代病毒木马融合了(　　)新技术。

A.进程注入　　　　　B.注册表隐藏　　　　C.漏洞扫描　　　　　D.都是

5.在计算机病毒检测手段中,下面关于特征代码法的表述,错误的是(　　)。

A.随着病毒种类增多,检测时间变长　　　　B.可以识别病毒名称

C.误报率低　　　　　　　　　　　　　　D.可以检测出多态型病毒

6.下面关于计算机病毒的说法中,错误的是(　　)。

A.计算机病毒只存在于文件中　　　　　　B.计算机病毒具有传染性

C.计算机病毒能自我复制　　　　　　　　D.计算机病毒是一种人为编制的程序

7.关于计算机病毒,下列说法错误的是(　　)。

A.计算机病毒是一个程序　　　　　　　　B.计算机病毒具有传染性

C.计算机病毒的运行不消耗 CPU 资源　　　D.病毒并不一定都具有破坏力

8.病毒的运行特征和过程是(　　)。

A.入侵、运行、驻留、传播、激活、破坏　　B.传播、运行、驻留、激活、破坏、自毁

C.入侵、运行、传播、扫描、窃取、破坏　　D.复制、运行、撤退、检查、记录、破坏

9.以下方法中,不适用于检测计算机病毒的是(　　)。

A.特征代码法　　　　B.校验和法　　　　C.加密　　　　　　　D.软件模拟法

10.下列不属于行为监测法检测病毒的行为特征的是(　　)。

A.占有 INT 13H　　　　　　　　　　　　B.修改 DOS 系统内存总量

C.病毒程序与宿主程序的切换　　　　　　D.不使用 INT 13H

11.计算机病毒从本质上说是(　　)。

A.蛋白质　　　　　　B.程序代码　　　　C.应用程序　　　　　D.硬件

12.下列属于硬件病毒的是(　　)。

A.Stone　　　　　　　B.Monkey　　　　　C.CIH　　　　　　　D.冲击波

项目 10
使用 Sniffer Pro 防护网络

网络攻击与网络安全是紧密结合在一起的,研究网络的安全性就需要研究网络攻击手段。在网络这个不断更新换代的世界里,网络中的安全漏洞无处不在,即便旧的安全漏洞被补上了,新的安全漏洞又不断涌现。网络攻击正是利用这些存在的漏洞和安全缺陷对系统和资源进行攻击。在这样的环境中,我们每一个人都面临着安全威胁,都有必要对网络安全有所了解,并能够处理一些安全方面的问题。

Sniffer 是网络嗅探行为,或者叫网络窃听器。它工作在网络底层,通过对局域网上传输的各种信息进行嗅探窃听,从而获取重要信息。Sniffer Pro 是 Network Associates 公司开发的一个可视化网络分析软件,它主要通过网络嗅探行为,监控检测网络传输以及网络的数据信息,具体用来被动监听、捕捉、解析网络上的数据包并做出各种相应的参考数据分析,由于其强大的网络分析功能和全面的协议支持性,被广泛应用在网络状态监控及故障诊断等方面。当然,Sniffer Pro 也可能被黑客或别有用心的人用来窃听并窃取某些重要信息并以此进行网络攻击。

 10.2.1　网络嗅探

1.Sniffer Pro 的工作原理

在采用以太网技术的局域网中,所有的通信都是按广播方式进行的,通常在同一个网段的所有网络接口都可以访问在物理媒体上传输的所有数据,但一般来说,一个网络接口并不响应所有的数据报文,因为数据的收发是由网卡来完成的,网卡解析数据帧中的目的 MAC 地址,并根据网卡驱动程序设置的接收模式判断该不该接收。在正常的情况下,它只响应目的 MAC 地址为本机硬件地址的数据帧或本 VLAN 内的广播数据报文。但如果把网卡的接收模式设置为混杂模式,网卡将接收所有传递给它的数据包。即在这种模式下,不管该数据包是否是传给它的,它都能接收。在这样的基础上,Sniffer Pro 采集并分析通过网卡的所有数据包,就达到了嗅探检测的目的,这就是 Sniffer Pro 工作的基本原理。

2.Sniffer Pro 在网络维护中的应用

Sniffer Pro 在网络维护中主要是利用其流量分析和查看功能,解决局域网中出现的网络传输质量问题。

(1)广播风暴

广播风暴是局域网中最常见的一个网络故障。广播风暴一般是由客户机被病毒攻击、网络设备损坏等故障引起的。可以使用 Sniffer Pro 中的主机列表功能,查看网络中哪些机器的流量大,合矩阵就可以看出哪台机器数据流量异常。从而可以在最短的时间内,判断出网络的具体故障点。

(2)网络攻击

随着网络的不断发展,黑客技术吸引了不少网络爱好者。在大学校园里,一些初级黑客开始拿校园网来做实验,DDoS 攻击成为一些黑客炫耀技术的手段,由于校园网本身的数据流量比较大,加上外部 DDoS 攻击,就可能出现短时间的中断现象。对于类似的攻击,使用 Sniffer Pro 软件,可以有效判断网络是受广播风暴影响,还是受到了来自外部的攻击。

(3)检测网络硬件故障

在网络中工作的硬件设备,只要有所损坏,数据流量就会异常,使用 Sniffer Pro 可以轻易判断出物理损坏的网络硬件设备。

10.2.2 蜜罐技术

1.蜜罐概述

蜜罐好比情报收集系统,是故意让人攻击的目标,引诱黑客前来攻击。所以攻击者入侵后,就可以知道攻击者是如何得逞的,随时了解针对服务器发动的最新的攻击和漏洞。还可以通过窃听黑客之间的联系,收集黑客所用的种种工具,并且掌握他们的社交网络。

设计蜜罐的初衷是让黑客入侵,借此收集证据,同时隐藏真实的服务器地址,因此我们要求一个合格的蜜罐具有发现攻击、产生警告、强大的记录能力、欺骗、协助调查等功能。

2.蜜罐应用

(1)迷惑入侵者,保护服务器

在一般的客户/服务器模式里,浏览者是直接与网站服务器连接的,整个网站服务器都暴露在入侵者面前,如果服务器安全措施不够,那么整个网站数据都有可能被入侵者轻易销毁。但是如果在客户/服务器模式里嵌入蜜罐,让蜜罐扮演网站服务器的角色,真正的网站服务器作为一个内部网络在蜜罐上做网络端口映射,这样可以把网站的安全系数提高,入侵者即使渗透了位于外部的"服务器",也得不到任何有价值的资料,因为他入侵的是蜜罐而已。虽然入侵者可以在蜜罐的基础上跳进内部网络,但这要比直接攻下一台外部服务器复杂得多,许多水平不足的入侵者只能望而却步。蜜罐也许会被破坏,但蜜罐本来就是扮演被破坏的角色。

在这种用途上,蜜罐既然成了内部服务器的保护层,就必须要求它自身足够坚固,否则整个网站都要拱手送人了。

（2）抵御入侵者，加固服务器

入侵与防范一直都是热点问题，而在其间插入一个蜜罐环节将会使防范变得有趣，这个蜜罐被设置得与内部网络服务器一样，当一个入侵者费尽力气入侵了这个蜜罐时，管理员已经收集到足够的攻击数据来加固真实的服务器。

（3）诱捕网络罪犯

这是一个相当有趣的应用，当管理员发现一个普通的客户/服务器模式网站服务器已经牺牲成"肉鸡"的时候，如果技术能力允许，管理员会迅速修复服务器。如果是企业的管理员，他们会设置一个蜜罐模拟出已经被入侵的状态，让入侵者在不起疑心的情况下被记录下一切行动证据，从而可以轻易揪出 IP 源头的那双黑手。

 10.2.3 拒绝服务攻击

1.拒绝服务攻击概述

拒绝服务攻击即攻击者想办法让目标机器停止提供服务或资源访问，是黑客常用的攻击手段之一。这些资源包括磁盘空间、内存、进程甚至网络带宽，从而阻止正常用户的访问。其实对网络带宽进行的消耗性攻击只是拒绝服务攻击的一小部分，只要能够对目标造成麻烦，使某些服务被暂停甚至主机死机，都属于拒绝服务攻击。拒绝服务攻击问题也一直得不到合理的解决，这是由网络协议本身的安全缺陷造成的，从而拒绝服务攻击也成了攻击者的终极手法。

2.SYN Flood 拒绝服务攻击的原理

SYN Flood 是当前最流行的拒绝服务攻击之一，这是一种利用 TCP 协议缺陷，发送大量伪造的 TCP 连接请求，从而使得被攻击方资源耗尽（CPU 满负荷或内存不足）的攻击方式。

SYN Flood 拒绝服务攻击是通过 TCP 协议三次握手而实现的。

首先，攻击者向被攻击服务器发送一个包含 SYN 标志的 TCP 报文，SYN（Synchronize）即同步报文。同步报文会指明客户端使用的端口以及 TCP 连接的初始序号。这时同被攻击服务器建立了第一次握手。

其次，被攻击服务器在收到攻击者的 SYN 报文后，将返回一个 SYN＋ACK 报文，表示攻击者的请求被接受，同时 TCP 序列号加一，ACK（Acknowledgment）被确认，这样就同被攻击服务器建立了第二次握手。

最后，攻击者也返回一个确认报文 ACK 给被攻击服务器，同时 TCP 序列号加一，到此一个 TCP 连接完成，三次握手完成。

问题就出在 TCP 连接的三次握手中，假设一个用户向服务器发送了 SYN 报文后突然死机或掉线，那么服务器在发出 SYN＋ACK 应答报文后是无法收到客户端的 ACK 报文的（第三次握手无法完成），在这种情况下服务器一般会重试（再次发送 SYN＋ACK 报文给客户端）并等待一段时间再丢弃这个未完成的连接，我们称为 SYN 超时，一般来说这个时间为 30 秒～2 分钟；一个用户出现异常导致服务器的一个线程等待 1 分钟并不是很大的问题，但如果有一个恶意的攻击者大量模拟这种情况，服务器将为了维护一个非常大的半连接列表而消耗非常多的资源。实际上如果服务器的 TCP/IP 栈不够强大，最后的结果往往是堆栈溢出崩溃——即使服务器的系统足够强大，服务器也将忙于处理攻击者伪造的 TCP 连接请求而无暇理睬客户的正常请求，此时从正常客户的角度看来，服务器失去响应，服务器受到了 SYN Flood 攻击（SYN 洪水攻击）。

10.3　项目实施

任务 10-1　安装 Sniffer Pro

本任务将对 Sniffer Pro 的安装、功能及界面进行介绍。

在网上下载 Sniffer Pro 软件后，直接运行安装程序，系统会提示输入个人信息和软件注册码，安装结束后，重新启动，之后再安装汉化补丁。运行 Sniffer 程序后，系统会自动搜索机器中的网络适配器，单击"确定"按钮出现 Sniffer 主界面。下面详细介绍安装过程。

Sniffer Pro 安装

（1）Sniffer Pro 安装包如图 10-1 所示。双击运行 Sniffer Pro 安装程序，出现欢迎界面，如图 10-2 所示。

（2）单击"Next"按钮，开始安装加载，如图 10-3 和图 10-4 所示。

图 10-1　Sniffer Pro 安装包

图 10-2　Sniffer Pro 欢迎界面

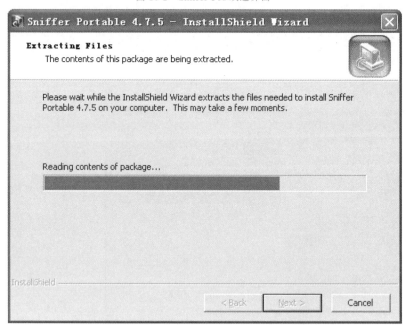

图 10-3　Sniffer Pro 安装中

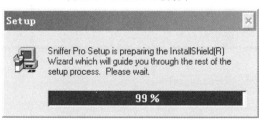

图 10-4　Sniffer Pro 安装加载

（3）按照默认的安装选项单击"Next"按钮，出现注册信息界面，如图 10-5 所示。图 10-6 是对该注册信息的解释。

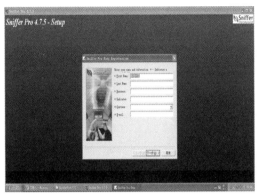

图 10-5　Sniffer Pro 注册信息界面

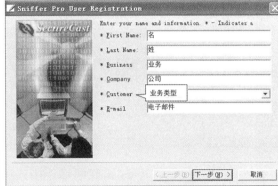

图 10-6　对注册信息的解释

（4）输入信息如图 10-7 所示，输入英文名字，* 号为必填内容。

（5）单击"下一步"按钮，出现第 2 个注册信息对话框（图 10-8），输入地址、城市、电话等，按要求输入，如图 10-9 所示。

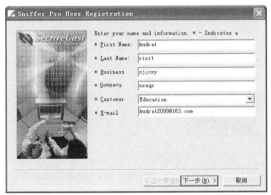

图 10-7　注册信息对话框 1

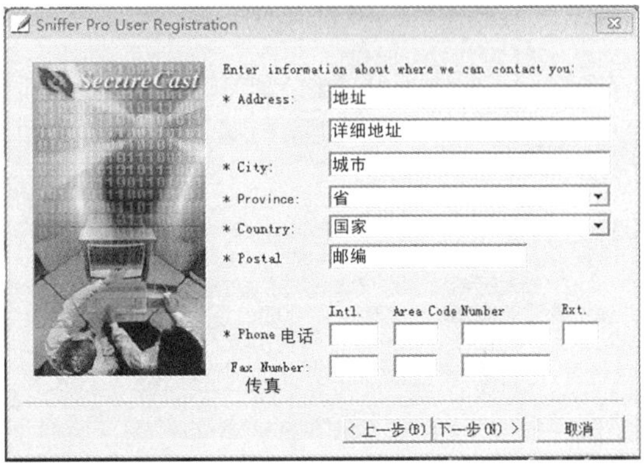

图 10-8　注册信息对话框 2(1)

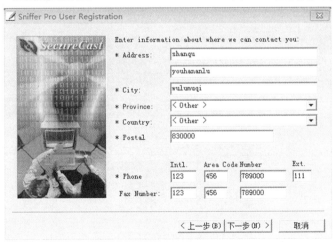

图 10-9　注册信息对话框 2(2)

（6）单击"下一步"按钮，出现第 3 个注册信息对话框（图 10-10），按要求输入序列号等信息，如图 10-11 所示。

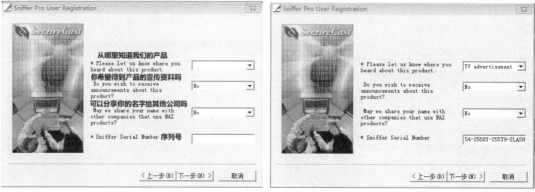

图 10-10　注册信息对话框 3(1)　　　　　图 10-11　注册信息对话框 3(2)

（7）单击"下一步"按钮，出现网络连接选项对话框（图 10-12），选择不连接网络，单击"下一步"按钮。

（8）将出现注册信息完成对话框如图 10-13 所示，单击"完成"按钮，完成安装。重启计算机，使 Sniffer Pro 生效。

图 10-12　网络连接选项对话框　　　　　图 10-13　注册信息完成对话框

（9）计算机重启后，如图 10-14 所示，进入"开始"菜单选择"Sniffer Pro"子项，运行 Sniffer 程序。出现 Sniffer Pro 主窗口，如图 10-15 所示。

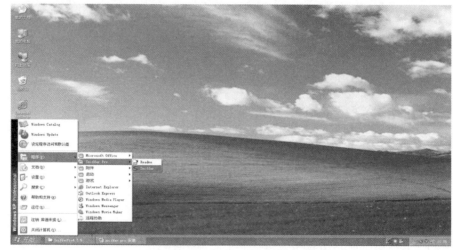

图 10-14　运行 Sniffer 程序

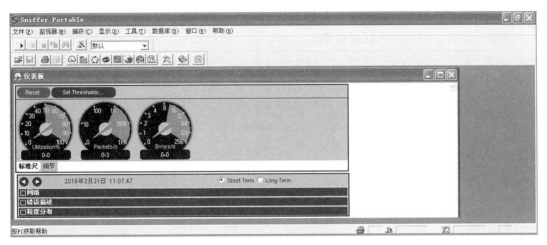

图 10-15　Sniffer Pro 主窗口

任务 10-2　捕获与解析 Sniffer Pro 报文

1.选择网络接口

(1)打开计算机,依次单击"开始"→"程序"→"Sniffer Pro"→"Sniffer"菜单,打开 Sniffer Pro 主窗口,如图 10-15 所示。

(2)如图 10-16 所示,依次单击"文件"→"选定设置"菜单,弹出"当前设置"对话框,如图 10-17 所示。如果本地主机具有多个网络接口,且需要监听的网络接口不在列表中,可以单击"新建"按钮添加。选择正确的网络接口后,单击"确定"按钮。

图 10-16　操作界面　　　　　　　　　　　　图 10-17　选择网络接口

2.报文捕获与解析

(1)在 Sniffer Pro 主窗口中,如图 10-16 所示,直接单击工具栏中的"开始"按钮(黑色三

角形),开始捕获经过选定网络接口的所有数据包。用本机的浏览器打开任意一个网页,在
Sniffer Pro 主窗口中观察数据捕获情况。

(2)依次单击主窗口中"捕获"→"停止并显示"菜单或直接单击工具栏中的"停止并显示"按钮(左数第四个),在弹出的窗口中选择"解码"选项卡,显示如图 10-18 所示界面。

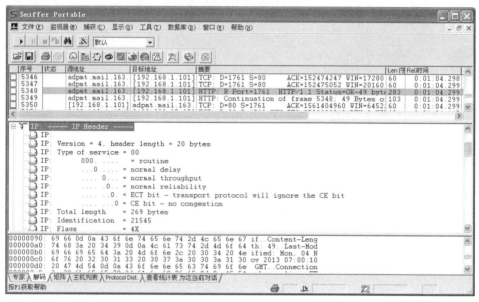

图 10-18　IP 报文段捕获界面

(3)在图 10-18 的上方窗格中,选中向 Web 服务器请求网页内容的 HTTP 报文,在中间窗格中选中一项,在下方窗格中将有十六进制和 ASCII 码数据与之相对应。

(4)在中间窗格的 IP 报文段描述中,对照图 10-19 中的 IP 报文格式,可以清楚地分析捕获到的报文段。

3.定义过滤器

我们也可以通过定义过滤器来捕获指定的数据包。

(1)在 Sniffer Pro 主窗口中,依次单击"捕获"→"定义过滤器"菜单,如图 10-20 所示。

图 10-19　IP 报文格式

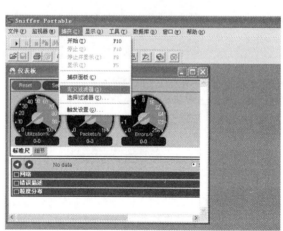

图 10-20　打开过滤器

（2）弹出"定义过滤器-捕获"对话框,选择"地址"选项卡。在"地址类型"下拉列表中,选择"IP"项,在"模式"栏内选择"包含"项,并在下方列表中分别填写源主机和目标主机的 IP 地址,如图 10-21 所示。

（3）选择"高级"选项卡,展开节点"IP",单击选中协议"ICMP",如图 10-22 所示,单击"确定"按钮。此时,Sniffer Pro 只捕获计算机源主机和目标主机之间通信的 ICMP 报文。

图 10-21　设置地址　　　　　　　　　　图 10-22　选择协议

（4）打开本地计算机"CMD"（IP:192.168.1.101）,ping 目标主机（IP:192.168.1.100）,如图 10-23 所示。

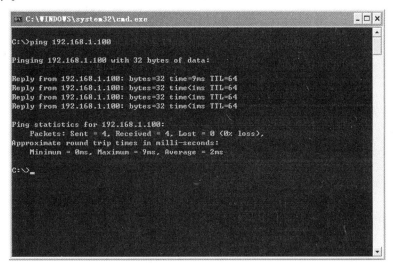

图 10-23　ping 操作

（5）进入 Sniffer Pro,单击工具栏中的"停止并显示"按钮,在弹出的窗口中选择"解码"选项卡,显示如图 10-24 所示的捕获界面。

（6）在界面中间窗格的 ICMP 报文段描述中,对照 ICMP 报文格式（图 10-25）,可以分析捕获到的报文段。

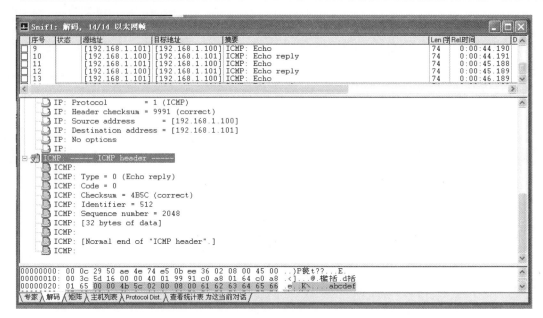

图 10-24　ICMP 报文段捕获界面

类型(13或14)	代码(0)	校验和(16位)
标识符(16位)		序列号(16位)
发起时间戳(32位)		
接收时间戳(32位)		
传输时间戳(32位)		

图 10-25　ICMP 报文格式

任务 10-3　防范 SYN Flood 攻击

1.捕获洪水数据

（1）打开攻击者主机的 Sniffer Pro，单击工具栏"定义过滤器"按钮，在弹出的"定义过滤器-捕获"对话框中设置如下过滤条件：在"地址"选项卡中输入源主机 A、目标主机 B 的 IP 地址；在"高级"选项卡中展开节点"IP"，单击选中协议"TCP"。单击"确定"按钮使过滤条件生效，如图 10-26 所示。

SYN Flood 攻击

（2）在 Sniffer Pro 工具栏中单击"开始捕获数据包"按钮，开始捕获数据包。

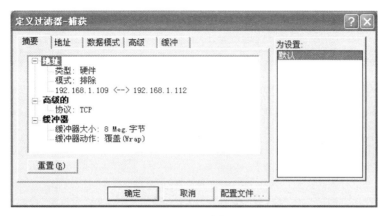

图 10-26　过滤条件设置

2.性能分析

(1)启动被攻击主机系统的性能监视器,监视在遭受洪水攻击时本机的 CPU、内存消耗情况。依次单击"开始"菜单→"控制面板"→"管理工具"→"性能监视器","性能监视器"窗口如图 10-27 所示。

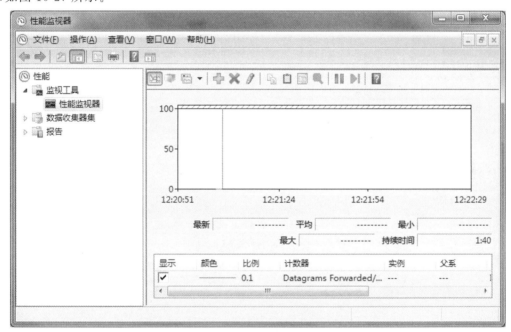

图 10-27　"性能监视器"窗口

(2)在监视视图区单击鼠标右键,在弹出的快捷菜单中选择"属性"打开"性能监视器 属性"对话框,如图 10-28 所示。

(3)在"数据"选项卡中将"计数器"列表框中的条目删除;单击"添加"按钮,打开"添加计数器"对话框,在"从计算机选择计数器"列表中展开"TCPv4",选中"Segments Received/sec",单击"添加"按钮,然后关闭"添加计数器"对话框,如图 10-29 所示;单击"性能监视器属性"对话框中的"确定"按钮,使策略生效。

图 10-28　"性能监视器 属性"对话框

图 10-29　"添加计数器"对话框

运行已准备好的独裁者拒绝服务攻击工具之前,我们会发现该款工具软件解压后会有两端,分别为 Server 及 Client 端,我们需将 Server 端在被攻击方加以运行,此时被攻击端才中了该木马,接下来才可以在攻击端使用 Client 进行攻击,要注意的一点是在解压该款工具软件时要关闭所有的查杀病毒及防护软件,不然会将 Clinet 及 Server 这两款工具文件加以删除。

3.洪水攻击

（1）运行已准备好的独裁者拒绝服务攻击工具，选择 SYN 攻击方式，在视图中需要输入源主机、目标主机的 IP 地址和端口，如图 10-30 所示。

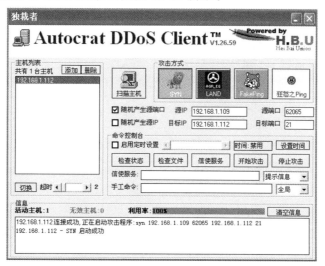

图 10-30　"独裁者"界面

（2）单击图 10-30 中的"开始攻击"按钮，对被攻击主机进行 SYN Flood 攻击。

（3）主机被攻击后，依次单击"开始"菜单→"控制面板"→"管理工具"→"性能监视器"，打开如图 10-31 所示的性能监视器监视视图区。在此，可以观察内存的使用情况，比较攻击前后系统性能的变化情况。

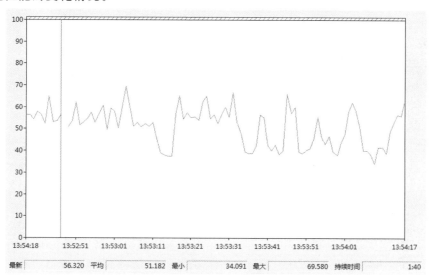

图 10-31　被攻击主机性能监视器中的图形变化

（4）攻击者停止 SYN Flood 攻击，并停止捕获数据包，分析攻击者与被攻击主机间的 TCP 会话数据。

（5）对 Sniffer Pro 捕获到的数据包进行分析，观察攻击者对被攻击主机开放的 TCP 端口进行 SYN Flood 攻击时 TCP 连接三次握手的情况，如图 10-32 所示。

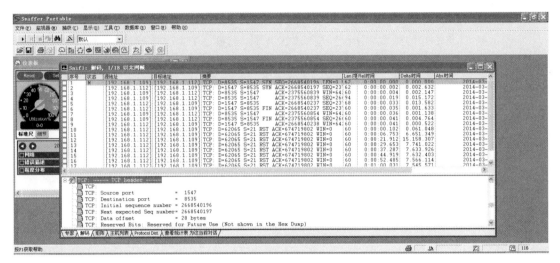

图 10-32　被攻击主机 Sniffer Pro 捕获界面

10.4　项目习作

一、问答题

1.如图 10-33 所示是用 Sniffer Pro 软件捕获的一帧数据,试回答如下问题。

图 10-33　Sniffer Pro 软件捕获的数据

(1)这个数据帧的传输层协议是什么?

(2)这个数据帧的目的端口号是什么? 是哪种应用或服务的默认端口号?

(3)这个数据帧是哪个 IP 地址(源)向哪个 IP 地址(目的)发送的?

（4）这个数据帧是 TCP 三次握手中的第几次？

（5）这个数据包在传输层中的序列号是什么？

（6）发送这个数据帧的计算机的 IP 与 MAC 地址分别是什么？

（7）根据 IP 头部信息可以看出这个数据帧的上层（传输层）协议是什么？

（8）这个数据包的 TTL 值是多少？

（9）根据这个数据帧的链路控制层 DLC 的哪个标志可以判断出三层的协议是 IP 协议？

（10）这个数据帧的目的计算机的 IP 与 MAC 地址分别是什么？

项目 11

加密数据

11.1 项目背景

在网络安全日益受到关注的今天,加密技术在各方面的应用也越来越突出,在各方面都表现出举足轻重的作用,本项目主要介绍加密技术的应用。首先概述了加密技术的概念及其分类,然后主要阐述了加密技术在一些方面的应用,主要包括 PGP 的安装、密钥对的生成、文件加密签名的实现、电子邮件加密/解密等。通过本项目的讲解,加深对数字签名及公钥密码算法的理解。

11.2 项目知识准备

11.2.1 加密技术基本概念

加密技术是最常用的安全保密手段,它利用技术手段把重要的数据变为乱码(加密)传送,到达目的地后再用相同或不同的手段还原(解密)。

· 明文。采用密码方法可以隐蔽和保护机密消息,使未授权者不能提取信息,被隐蔽的消息称作明文。

· 密文。密码可将明文变换成一种隐蔽形式,称为密文。

· 加密。由明文到密文的变换称为加密。

· 解密(或脱密)。由合法接收者从密文恢复出明文的过程称为解密(或脱密)。

· 破译。非法接收者试图从密文分析出明文的过程称为破译。

· 加密算法。对明文加密时采用的一组规则称为加密算法。

· 解密算法。对密文解密时采用的一组规则称为解密算法。

· 密钥。加密算法和解密算法是在一组仅有合法用户知道的秘密信息,称为密钥的控制下进行的,加密和解密过程中使用的密钥分别称为加密密钥和解密密钥,如图 11-1 所示。

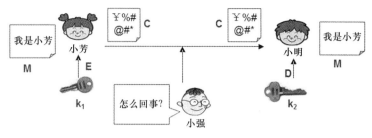

图 11-1　数据加密过程

11.2.2　古典加密技术

密码研究已有数千年的历史。许多古典密码虽然已经受不住现代手段的攻击,但是它们在密码研究史上的贡献不可否认,许多古典密码思想至今仍然被广泛传播。为了使读者对密码有一个更加直观的认识,这里介绍两种简单却著名的古典密码。

1.Caesar 密码

Caesar 密码采用传统的代替加密算法,在发生加密(即发生移位)之前,其置换表见表 11-1。

表 11-1　　　　　　　　Caesar 密码置换表(加密前)

a	b	c	d	e	f	g	h	i	j	k	l	m
A	B	C	D	E	F	G	H	I	J	K	L	M
z	n	o	p	q	r	s	t	u	v	w	x	y
N	O	P	Q	R	S	T	U	V	W	X	Y	Z

加密后每一个字母向前推移 k 位,当 $k=5$ 时,置换表见表 11-2。

表 11-2　　　　　　　　Caesar 密码置换表(加密后)

a	b	c	d	e	f	g	h	i	j	k	l	m
F	G	H	I	J	K	L	M	N	O	P	Q	R
n	o	p	q	r	s	t	u	v	w	x	y	z
S	T	U	V	W	X	Y	Z	A	B	C	D	E

例如,有明文:data security has evolved rapidly,按照表 11-2 的置换关系,经过加密后就可以得到密文:IFYF XJHZWNYD MFX JATQAJI WFUNIQD。

2.单表置换密码

单表置换密码也采用一种传统的代替加密算法,在算法中维护着一个置换表,这个置换表记录了明文和密文的对照关系。在发生加密(即发生置换)之前,其置换表见表 11-3。

表 11-3　　　　　　　单表置换密码置换表(加密前)

a	b	c	d	e	f	g	h	i	j	k	l	m
A	B	C	D	E	F	G	H	I	J	K	L	M
n	o	p	q	r	s	t	u	v	w	x	y	z
N	O	P	Q	R	S	T	U	V	W	X	Y	Z

在单表置换算法中,密钥是由一组英文字符和空格组成的,称为密钥词组,当密钥词组

为 I LOVE MY COUNTRY 时,对应的置换表见表 11-4。

表 11-4　　　　　　　　单表置换密码置换表(加密后)

a	b	c	d	e	f	g	h	i	j	k	l	m
I	L	O	V	E	M	Y	C	U	N	T	R	A
n	o	p	q	r	s	t	u	v	w	x	y	z
B	D	F	G	H	J	K	P	Q	S	W	X	Z

在表 11-4 中 ILOVEMYCUNTR 是密钥词组 I LOVE MY COUNTRY 略去前面已出现过的字符 O 和 Y 依次写下的。后面 ABD…WXZ 则是密钥词组中未出现的字母按照英文字母表顺序排列而成的,密钥词组可作为密码的标志,记住这个密钥词组就能掌握字母加密置换的全过程。

例如,有明文:data security has evolved rapidly,按照表 11-4 的置换关系,经过加密后就可以得到密文:VIKI JEOPHUKX CIJ EQDRQEV HIFUVRX。

 11.2.3　对称加密及 DES 算法

1.对称加密

如图 11-2 所示,对称加密采用了对称密码编码技术,它的特点是文件加密和解密使用相同的密钥,即加密密钥也可以用作解密密钥,这种方法在密码学中叫作对称加密算法。

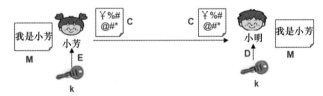

图 11-2　对称加密

2.DES 算法的概念

DES(Data Encryption Standard)是在 20 世纪 70 年代中期由美国 IBM 公司发展起来的,且被美国国家标准局公布为数据加密标准的一种分组加密法。

分组加密法就是对一定大小的明文或密文做加密或解密操作。在这个加密系统中,每次加密或解密的分组大小均为 64 位,所以 DES 没有密码扩充问题。对明文做分组切割时,可能最后一个分组会小于 64 位,此时要在此分组之后附加"0"位。另一方面,DES 所用的加密或解密密钥也是 64 位的,但因其中 8 位用来做奇偶校验,所以 64 位中真正起密钥作用的只有 56 位。加密与解密所使用的算法除了子密钥的顺序不同之外,其他部分是完全相同的。

3.DES 算法的原理

DES 算法的入口参数有 3 个:Key、Data 和 Mode。其中 Key 为 8 个字节共 64 位,是 DES 算法的工作密钥。Data 也为 8 个字节共 64 位,是要被加密或解密的数据。Mode 为 DES 的工作方式,有两种:加密或解密。

若 Mode 为加密,则用 Key 把 Data 进行加密,生成 Data 的密码形式(64 位)作为 DES 的输出结果。

若 Mode 为解密,则用 Key 把密码形式的 Data 解密,还原为 Data 的明码形式(64 位)作为 DES 的输出结果。

11.2.4 公开密钥及 RSA 算法

1.公开密钥

如图 11-3 所示,非对称加密就是加密和解密不使用同一个密钥,通常有两个密钥,称为公钥和私钥,它们两个必须配对使用,否则不能打开加密文件。公钥是可以对外公布的,私钥则不能,只能由持有人一个人知道。这就是它的优越性,因为采用对称加密时如果是在网络上传输加密文件就很难把密钥告诉对方,不管用什么方法都有可能被窃听。而非对称加密有两个密钥,且其中的公钥是可以公开的,不怕别人知道,收件人解密时用自己的私钥即可,这样就很好地避免了密钥的传输安全性问题。

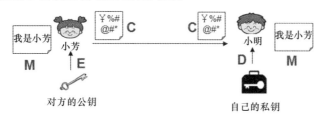

图 11-3 非对称加密

2.RSA 算法

RSA 是第一个比较完善的公开密钥算法,它既能用于加密,也能用于数字签名。RSA 以它的三个发明者 Ron Rivest、Adi Shamir、Leonard Adleman 的名字首字母命名,这个算法经过多年深入的密码分析,虽然密码分析者既不能证明也不能否定 RSA 的安全性,但这恰恰说明该算法有一定的可靠性,目前它已经成为最流行的公开密钥算法。

RSA 公钥、私钥的组成,以及加密、解密的公式见表 11-5。

表 11-5 RSA 公钥、私钥的组成,以及加密、解密的公式

公钥(KU)	n:两素数 p 和 q 的乘积(p 和 q 必须保密) e:与(p−1)(q−1)互质
私钥(KR)	d:e^{-1} mod (p−1)(q−1) n:两素数 p 和 q 的乘积(p 和 q 必须保密)
加密	C≡M^e mod n
解密	M≡C^d mod n

我们先复习一下数学上的几个基本概念,它们在后面的介绍中会用到:

(1)什么是"素数"

素数是整数,它除了能表示为自身与 1 的乘积以外,不能表示为其他任何两个整数的乘积。例如,15=3×5,所以 15 不是素数;又如,12=6×2=4×3,所以 12 也不是素数。另一方面,13 除了等于 13×1 以外,不能表示为其他任何两个整数的乘积,所以 13 是素数。素数也称为"质数"。

(2)什么是"互质数"(或"互素数")

数学教材对互质数是这样定义的:"公约数只有 1 的两个数,叫作互质数。"这里所说的

"两个数"是指自然数。

判别方法主要有以下几种(不限于此):

①两个质数一定是互质数。例如,2 与 7,13 与 19。

②一个质数如果不能整除另一个合数,这两个数就为互质数。例如,3 与 10,5 与 26。

③1 不是质数也不是合数,它和任何一个非零自然数在一起都是互质数。例如,1 与 9908。

④相邻的两个自然数是互质数。例如,15 与 16。

⑤相邻的两个奇数是互质数。例如,49 与 51。

⑥大数是质数的两个数是互质数。例如,97 与 88。

⑦小数是质数,大数不是小数的倍数的两个数是互质数。例如,7 与 16。

⑧两个数都是合数(两个数的差又较大),小数所有的质因数都不是大数的约数,这两个数是互质数。例如,357 与 715,357=3×7×17,而 3、7 和 17 都不是 715 的约数,这两个数为互质数。

(3)什么是"模指数运算"

先介绍模运算。模运算是整数运算,有一个整数 m,以 n 为模做模运算,即 m mod n。怎样做呢？m 被 n 整除,只取所得的余数作为结果,就叫作模运算。例如,10 mod 3=1,26 mod 6=2,28 mod 2=0 等。模指数运算就是先做指数运算,取其结果再做模运算。如 5^3 mod 7=125 mod 7=6。

(4)算法描述

①选择一对不同的、足够大的素数 p 和 q。

②计算 n=pq。

③计算 f(n)=(p-1)(q-1),同时对 p 和 q 严加保密,不让任何人知道。

④找一个与 f(n)互质的数 e,且 1<e<f(n)。

⑤计算 d,使得 de≡1 mod f(n)。这个公式也可以表示为 $d≡e^{-1}$ mod f(n)。

这里要解释一下,≡是数论中表示同余的符号。公式中,≡符号的左边必须和符号右边同余,也就是说两边模运算结果相等。显而易见,不管 f(n)取什么值,符号右边 1 mod f(n)的结果都等于 1;符号左边 d 与 e 的乘积做模运算后的结果也必须等于 1。这就需要计算出 d 的值,让这个同余等式能够成立。

⑥公钥 KU=(e,n),私钥 KR=(d,n)。

⑦加密时,先将明文变换成 0 至 n-1 的一个整数 M。若明文较长,可先分割成适当的组,然后进行交换。设密文为 C,则加密过程为:$C≡M^e$ mod n。

⑧解密过程为:$M≡C^d$ mod n。

(5)实例描述

可以通过一个简单的例子来理解 RSA 算法的工作原理。为了便于计算,在以下实例中只选取小数值的素数 p 和 q,以及 e。假设用户 A 需要将明文"key"通过 RSA 算法加密后传递给用户 B,过程如下:

①设计公钥(e,n)和私钥(d,n)

令 p=3,q=11,得出 n=pq=3×11=33,f(n)=(p-1)(q-1)=2×10=20。取 e=3(3 与 20 互质),则 de≡1 mod f(n),即 3d≡1 mod 20。d 怎样取值呢？可以用试算的方法来寻找。试算结果见表 11-6。

表 11-6 试算结果

d	de＝3d	de mod (p－1)(q－1)＝3d mod 20
1	3	3
2	6	6
3	9	9
4	12	12
5	15	15
6	18	18
7	21	1
8	24	4
9	27	7

通过试算我们找到,当 d＝7 时,de≡1 mod f(n)同余等式成立。因此,可令 d＝7。从而可以设计出一对公私密钥,加密密钥(公钥)为:KU＝(e,n)＝(3,33),解密密钥(私钥)为:KR＝(d,n)＝(7,33)。

②英文数字化

将英文数字化,并按每两个数字一组进行分组。假定明文编码表按英文字母表顺序排列,见表 11-7。

表 11-7 英文数字化

字母	a	b	c	d	e	f	g	h	i	j	k	l	m
码值	01	02	03	04	05	06	07	08	09	10	11	12	13
字母	n	o	p	q	r	s	t	u	v	w	x	y	z
码值	14	15	16	17	18	19	20	21	22	23	24	25	26

则得到分组后 key 的明文信息为:11,05,25。

③明文加密

用户加密密钥(3,33)将数字化明文分组信息加密成密文。e＝3,n＝33,由 $C≡M^e \bmod n$ 得:

$C1＝(M1)^e \bmod n＝11^3 \bmod 33＝11$

$C2＝(M2)^e \bmod n＝5^3 \bmod 33＝26$

$C3＝(M3)^e \bmod n＝25^3 \bmod 33＝16$

因此,得到相应的密文信息为:11,26,16。

④密文解密

用户 B 收到密文,若将其解密,只需要计算 $M≡C^d \bmod n$,其中 d＝7,n＝33。

$M1＝(C1)^d \bmod n＝11^7 \bmod 33＝11$

$M2＝(C2)^d \bmod n＝26^7 \bmod 33＝05$

$M3＝(C3)^d \bmod n＝16^7 \bmod 33＝25$

用户 B 得到明文信息为:11,05,25。根据上面的编码表将其转换为英文,我们又得到了恢复后的原文"key"。

由于 RSA 算法的公钥、私钥的长度(模长度)达到 1024 位甚至 2048 位才能保证安全,所以,p、q、e 的选取,公私密钥的生成,加解密模指数运算都有一定的计算程序,可用计算机高速完成。

11.3 项目实施

任务 11-1　使用 Windows 7 的加密文件系统

1.EFS 的应用

Windows 2000 以上、NTFS v5 版本格式分区上的 Windows 操作系统提供了一个叫作 EFS(Encrypting File System,加密文件系统)的新功能。EFS 基于公钥策略。在使用 EFS 加密一个文件或文件夹时,系统首先生成一个由伪随机数组成的 FEK (File Encryption

Windows 7 加密文件系统应用

Key,文件加密钥匙),然后利用 FEK 和数据扩展标准 X 算法创建加密后的文件,并把它存储到硬盘上,同时删除未加密的原始文件。随后系统利用公钥加密 FEK,并把加密后的 FEK 存储在同一个加密文件中。而在访问被加密的文件时,系统首先利用当前用户的私钥解密 FEK,然后利用 FEK 解密文件。在首次使用 EFS 时,如果用户还没有公钥/私钥对(统称为密钥),就会首先生成密钥,然后加密数据。在域环境中,密钥的生成依赖于域控制器,否则它就依赖于本地机器。

2.EFS 的设置和使用

在 Windows 7 下对文件或文件夹进行 EFS 加密很简单,具体步骤如下。如果加密成功,加密对象就会变成浅绿色,解密时进行相反操作即可。

(1)选择需要加密的文件或文件夹,单击鼠标右键,在弹出的快捷菜单中选择"属性",如图 11-4 所示。弹出如图 11-5 所示的属性对话框,在"常规"选项卡中单击"高级"按钮,弹出"高级属性"对话框,如图 11-6 所示。

图 11-4　快捷菜单

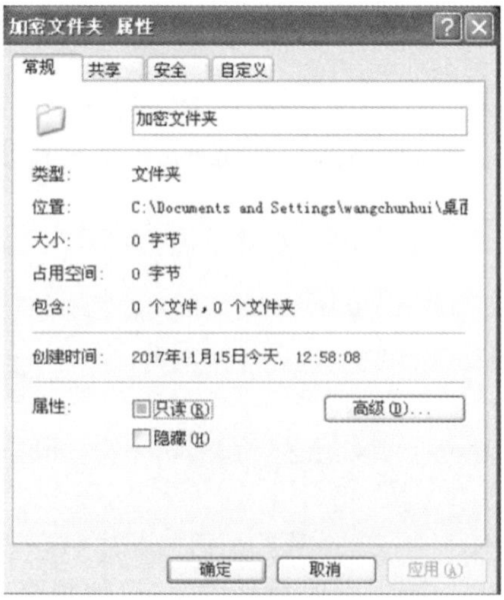

图 11-5　"加密文件夹 属性"对话框

（2）在"高级属性"对话框中勾选"加密内容以便保护数据"复选框，单击"确定"按钮，如图 11-6 所示。加密后的文件夹在资源管理器中会显示为浅绿色，图 11-7 所示。

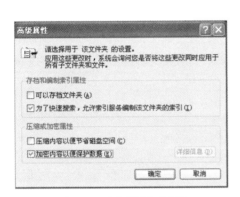

图 11-6 "高级属性"对话框   图 11-7 资源管理器

（3）此时 Windows 7 自动生成了一个对应用户的证书。为了数据的安全可以导出证书，依次单击"开始"→"运行"菜单，在"运行"对话框的"打开"文本框中输入"certmgr.msc"，调出证书管理器，在"证书-当前用户"目录下找到生成的证书，如图 11-8 所示。

图 11-8 证书窗口

（4）右键证书，在弹出的快捷菜单中选择"所有任务"→"导出"。打开"证书导出向导"对话框，如图 11-9 所示。

图 11-9　"证书导出向导"对话框

（5）单击"下一步"按钮，选择同时导出私钥，如图 11-10 所示。单击"下一步"按钮，输入保护私钥密码，如图 11-11 所示。

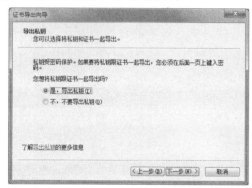

图 11-10　导出私钥

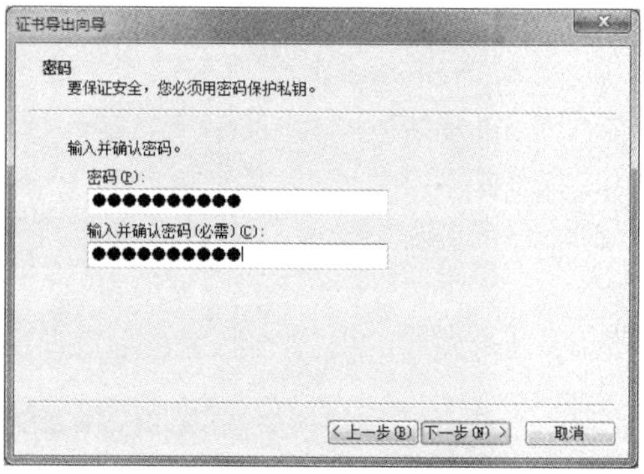

图 11-11　输入保护私钥密码

（6）单击"下一步"按钮，指定要导出的文件名，如图 11-12 所示。再单击"下一步"按钮，完成证书导出向导，如图 11-13 所示。

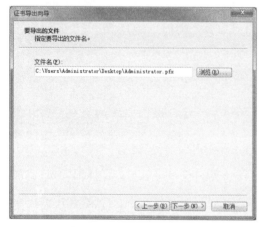

图 11-12　指定要导出的文件名

图 11-13　完成证书导出向导

总之,EFS 加密或依赖于域控制器或依赖于本地用户帐户,如果不考虑 EFS 加密强度而采用这种加密方式,一旦遇到脱机攻击,破解了域控制器或者本地对应的用户帐户,EFS 加密就不攻自破。不过对于大多数用户来说,EFS 加密是一种操作系统带来的免费加密方式,可以应对大部分非法偷窥或复制,是一种不错的安全工具。

任务 11-2　使用 PGP 加密系统

PGP(Pretty Good Privacy)是由美国菲利普·齐默尔曼(Philip Zimmermann)提出的用于保护电子邮件和文件传输安全的技术,在学术界和技术界都得到了广泛的应用。PGP 的主要特点是使用单向散列算法对邮件/文件内容进行签名以保证邮件/文件内容的完整性,使用公钥和私钥技术保证邮件/文件内容的机密性和不可否认性。它是一款非常好的密码技术学习和应用软件。

1.安装 PGP 软件

(1)首先查看软件包所包含的文件内容。图 11-14 为一般的 PGP 软件包所包含的文件,我们运行它的安装文件 PGP8.exe。

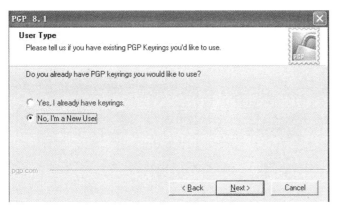

图 11-14　PGP 软件包

(2)进入安装界面,在图 11-15 中选择"No,I'm a New User"来输入软件安装所需的 key。

图 11-15　PGP 用户类型

(3)单击"Next"按钮,在图 11-16 中选择要安装的 PGP 组件。再单击"Next"按钮,安装结束后重启系统,如图 11-17 所示。

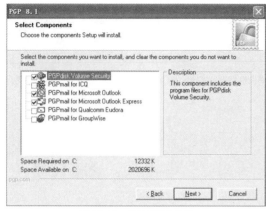

图 11-16 选择 PGP 组件　　　　　　　　　图 11-17 安装结束

（4）下面安装汉化软件，运行"PGP 简体中文化版.exe"安装文件，将 PGP 进行汉化。出现"请输入安装密码"对话框，如图 11-18 所示。密码保存在"使用说明.txt"文件中，为"pgp.com.cn"。输入之后，进入安装向导，如图 11-19 所示。

图 11-18 "请输入安装密码"对话框　　　　　图 11-19 安装向导

（5）单击"下一步"按钮默认安装，在安装组件选择处，选择"完整安装"，安装完成。

（6）安装完成之后进行信息注册。右击任务栏中的 PGP 锁型图标，在弹出的快捷菜单中选择"许可证"，如图 11-20 所示。在"PGP 许可证"对话框中单击"更改许可证"按钮，如图 6-21 所示。

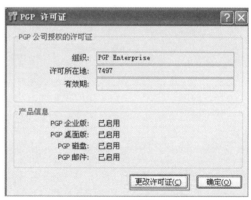

图 11-20 选择"许可证"　　　　　　　　　图 11-21 更改许可证

(7)进入"PGP 许可证授权"对话框后,单击"手动"按钮展开许可证的文本框。同时打开"使用说明.txt"文件,将相应的内容输入文本框,如图 11-22 所示。单击"确认"按钮,完成安装。

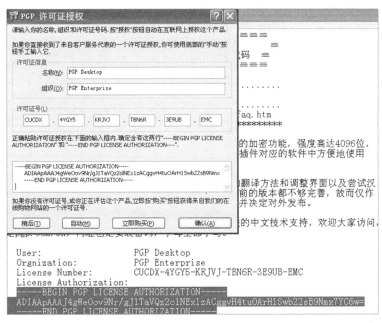

图 11-22 "PGP 许可证授权"对话框

2.生成密钥对

(1)依次单击"开始"→"程序"→"PGP"→"PGPkeys"菜单,打开"PGPkeys"窗口,如图 11-23 所示。单击新建密钥对工具按钮,在"PGP Key Generation Wizard"提示向导对话框(图 11-24)中开始创建密钥对。

(2)输入对应的用户名和邮箱地址,单击"下一步"按钮,如图 11-24 所示。

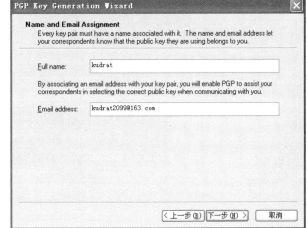

图 11-23 "PGPkeys"窗口　　　　　　图 11-24 创建密钥对

(3)输入私钥的保护密码,如图 11-25 所示。注意密码的隐藏输入和长度,单击"下一步"按钮。

(4)如图 11-26 所示,密钥对生成。

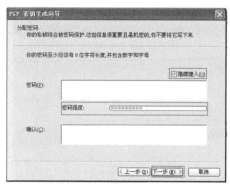

图 11-25　输入密码

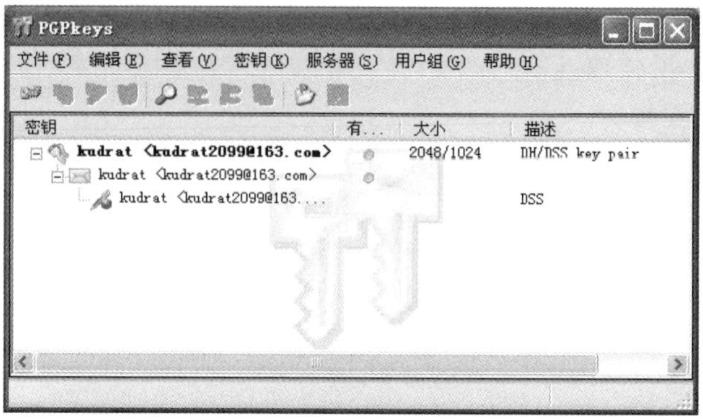

图 11-26　密钥对生成

3.用 PGP 加密和解密文件

（1）使用记事本创建文件"PGP 测试文件.txt"，文件内容为"这个文件是加密的"。

（2）如图 11-27 所示，依次单击"开始"→"程序"→"PGP"→"PGPmail"菜单，在工具栏中选择 Encrypt/Sign 图标（左起第四个），如图 11-28 所示。

图 11-28　PGPmail 工具栏

图 11-27　打开 PGPmail

图 11-29　"选择要加密并签名的文件"对话框

（3）在"选择要加密并签名的文件"对话框中，选择最初建立的"PGP 测试文件.txt"文件，如图 11-29 所示。

（4）如图 11-30 所示，在密钥选择对话框中，选中接收者的密钥，然后双击选中项。

（5）在图 11-31 中，输入私钥密码，正确输入后单击"确定"按钮，文件被转换为扩展名为.pgp 的加密文件。弹出如图 11-32 所示的对话框，重新输入密码或选择不同的密钥。

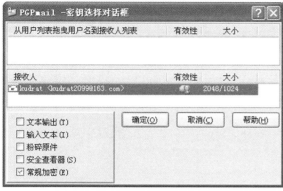

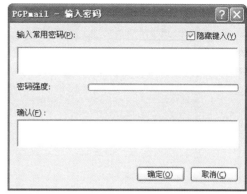

图 11-30　密钥选择对话框　　　　　　　　　图 11-31　输入密码(1)

（6）单击"确定"按钮,在"PGP 测试文件.txt"的目录下会出现一个新的加密文件"PGP 测试文件.txt.pgp",文件就加密成功了。

（7）解密文件时,先双击生成的加密文件"PGP 测试文件.txt.pgp",弹出如图 11-33 所示的对话框,要求输入密钥的密码。

图 11-32　输入密码(2)　　　　　　　　　　图 11-33　输入密码(3)

（8）在输入正确的密码后,就可以解密出原来的文件了。

（9）在本任务中可以与合作伙伴互相实验,注意交换公钥。

4.用 PGP 对 Outlook Express 邮件进行加解密操作

（1）打开 Outlook Express,填写好邮件内容后,选择"工具"菜单中的"使用 PGP 加密",使用用户公钥加密邮件内容。如图 11-34 所示。

图 11-34　加密 Outlook Express 邮件

（2）生成加密后的邮件，如图 11-35 所示。

图 11-35　加密后的邮件

（3）对方收到邮件后打开，如图 11-36 所示。

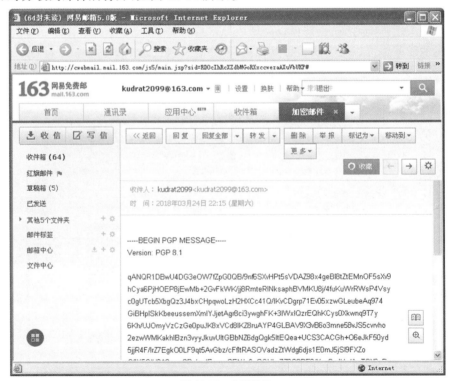

图 11-36　收到邮件

（4）选中加密后的邮件，并复制邮件内容。在"开始"菜单中打开 PGPmail，在 PGPmail 中选择"解密/校验"按钮，如图 11-37 所示。在弹出的对话框中选择要解密的文件，如图 11-38 所示。将要解密的邮件内容复制到剪贴板中。

图 11-37 "解密/校验"按钮

图 11-38 选择文件

（5）输入用户私钥保护密码后，邮件被解密还原，如图 11-39 所示。

图 11-39 邮件被解密还原

11.4 项目习作

一、填空题

1.加密也可以提高终端和网络通信安全，有_____、_____、_____三种方法加密传输数据。

2.密码系统包括以下 4 个方面：_____、_____、_____、_____。

3.解密算法 D 是加密算法 E 的_____。

4.常规密钥密码体制又称为_____，是在公开密钥密码体制以前使用的密码体制。

5.如果加密密钥和解密密钥_____，这种密码体制称为对称密码体制。

6.DES 算法密钥是_____位，其中密钥有效位是_____位。

7._____算法的安全是基于分解两个大素数的积的困难。

二、选择题

1.telnet 和 FTP 协议在进行连接时要用到用户名和密码,用户名和密码是以(　　)形式传输的。

A. 对称加密　　　　B. 加密　　　　　C. 明文　　　D. 不传输密码

2.假如你向一台远程主机发送特定的数据包,却不想远程主机响应你的数据包。这时你使用(　　)类型的进攻手段。

A. 缓冲区溢出　　　B. 地址欺骗　　　C. 拒绝服务　　D. 暴力攻击

3.DES 加密算法的密钥长度是(　　)。

A. 64 位　　　　　B. 56 位　　　　　C. 168 位　　D. 40 位

4.RSA 属于(　　)。

A. 秘密密钥密码　　　　　　　B. 公用密钥密码

C. 非对称密钥密码　　　　　　D. 保密密钥密码

5.DES 属于(　　)。

A. 对称密钥密码　　　　　　　B. 公用密钥密码

C. 保密密钥密码　　　　　　　D. 秘密密钥密码

6.MD5 算法可以提供(　　)数据安全性检查。

A. 可用性　　　　　B. 机密性　　　　C. 完整性　　D. 以上三者均有

7. SHA 算法可以提供(　　)数据安全性检查。

A. 完整性　　　　　B. 机密性　　　　C. 可用性　　D. 以上三者均有

8. 数字签名技术提供(　　)数据安全性检查。

A. 机密性　　　　　B. 源认证　　　　C. 可用性　　D. 完整性

9.在以下认证方式中,最常用的认证方式是(　　)。

A. 基于摘要算法认证　　　　　B. 基于 PKI 认证

C. 基于数据库认证　　　　　　D. 基于帐户名/口令认证

10.在公钥密码体制中,不公开的是(　　)。

A. 公钥　　　　　　B. 私钥　　　　　C. 加密算法　　D. 数字证书

11.数字签名中,制作签名时要使用(　　)。

A. 用户名　　　　　B. 公钥　　　　　C. 密码　　　D. 私钥

12.在公钥密码体制中,用于加密的密钥为(　　)。

A. 私钥　　　　　　B. 公钥　　　　　C. 公钥与私钥　D. 公钥或私钥

13.计算机网络系统中广泛使用的 3DES 算法属于(　　)。

A. 不对称加密　　　B. 不可逆加密　　C. 对称加密　　D. 公开密钥加密

14.3DES 使用的密钥长度是(　　)位。

A. 64　　　　　　　B. 56　　　　　　C. 168　　　D. 128

学习情境 5
综合案例

网络安全部署是全面的,包括交换机、路由器、防火墙、IPS、主机等所有主机及网络设备安全的整体实施。综合案例主要根据网络安全的实施进行整体设计,每个企业发展不同,决定了安全方案的不同,但主体设计思想是一致的,就是不同设备实现不同功能,达到网络设备的安全极限,完成细节设计、全面设计。

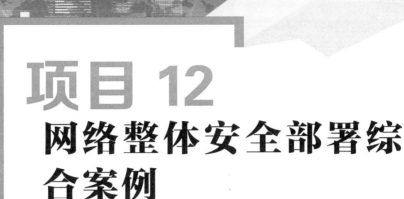

项目 12 网络整体安全部署综合案例

网络建设的主要目的是为广大用户提供宽松、开放、易用的网络环境。而对于一个企业来说，围绕着社会效益、经济效益、内涵文化等方面，网络建设有很多种体现形式，如网站建设、OA 应用、E-mail、FTP、BBS 等多种 Internet 服务项目。企业内部的总体设计将本着总体规划、分步实施的原则，充分体现系统技术的先进性、高度的安全可靠性，同时具有良好的开放性、可扩展性。这样对于一个企业来说，网络安全也显得尤为重要，本项目将从企业网络整体部署所涉及的相关点来进行安全设计。

12.1 项目背景与需求分析

A 企业是一个跨地区的大型企业，它由 A 企业长春总部、A 企业上海分公司、A 企业北京办事处组成，A 企业的三个部分处于不同城市，具有各自的内部网络，并且都已经连接到互联网中。

1. 网络需求

（1）A 企业长春总部园区网络需求：

A 企业长春总部要求有一个外网服务器提供 WWW 服务，一个内网服务器提供 OA 办公服务，便于企业分支进行 VPN 访问，企业总部有四个楼层，每个楼层约有 20 台 PC。

（2）A 企业北京办事处网络需求：

A 企业北京办事处有一个办公室，有 20 人左右，要求不超过 20 台 PC 能同时上网与客户进行网络沟通并能对总部进行 VPN 访问。

（3）A 企业上海分公司网络需求：

A 企业上海分公司有两个楼层，每个楼层各有 20 台左右 PC，要求内网放置一个服务器，提供文件及打印功能，并要求分公司会议室能实现无线上网。

2. 需求分析

（1）A 企业长春总部园区网络需求分析：

需添加四台接入交换机、两台汇聚交换机、一台核心交换机、一台内网服务器、一台外网服务器、一台企业防火墙、一台接入路由器、一至四楼每层 20 台 PC。

（2）A 企业北京办事处网络需求分析：

需添加一台接入路由器、一台核心交换机、一个办公室 20 台 PC。

（3）A 企业上海分公司网络需求分析：

需添加一台接入路由器、一台核心交换机、两台接入交换机、一台内网服务器、无线 AP、两个楼层每层 20 台 PC。

12.2 项目的规划设计与实施

A 企业网络设备涉及企业防火墙、路由器、核心交换机、汇聚交换机、接入交换机、服务器、无线 AP 等网络安全设备。

A 企业长春总部园区网络是一个典型的大中型企业网络模型，是一般对信息要求相对较高的企事业单位所采用的基于核心层、汇聚层、接入层三层设备的网络结构。对于网络性能、访问控制、接入管理等划分较为清晰，是一般由多栋建筑形成的园区常采用的组网结构。它的基本结构层次清晰、可规划，设计与改造空间较大，网络设备比较齐全，安全管理与配置也相对要求较高。它由若干二层接入交换机、三层汇聚交换机、三层核心交换机所连接的内部网络、防火墙、服务器和接入路由器组成。此类网络的安全配置要从多个角度来考虑，如接入部分、内网部分等。

通过对路由器的配置可以实现 NAT、ACL、VPN、IDS、CA、UTM 防火墙等功能。此类网络中的安全设备可以根据实际需求灵活选择。

A 企业北京办事处网络是应用最为普遍的小型办公 SOHO 网络，适合于员工人数在百人以内的规模，它的基本结构简单，网络设备较少，员工所用设备基本处于同一局域网段内，安全管理与配置相对要求也不是很高，并且不用专门人员管理与维护。它由一到两台二层交换机所连接的内部网络和接入路由器组成。此类网络的安全配置主要是通过路由器或具有路由器功能的主机设备来加以实施的。

通过对路由器的配置可以实现 NAT、ACL、VPN、DHCP、包过滤防火墙等基本功能。此类网络也可以引入专用的安全设备，具体要看此部分网络对安全性的要求。

A 企业上海分公司网络是比较常见的中小型企业网络，适合于员工人数在百人以上的规模，它的基本结构和网络设备相对简单，通过 VLAN 等技术对内部网络进行逻辑分段，引入了三层交换设备，安全管理与配置相对要求一般。它由一到两台三层交换机和若干台二层交换机、无线 AP 所连接的内部网络和接入路由器组成。此类网络的安全配置主要是通过路由器来加以实施的，同时与内网的三层交换机相配合实现安全访问的控制。

通过对路由器的配置可以实现 NAT、ACL、VPN、VLAN、DHCP、无线安全、包过滤防火墙等基本功能。此类网络也可以引入专用的安全设备，具体要看此部分网络对安全性的要求。

12.2.1　VLAN、IP 地址规划

拓扑结构设计如图 2-1 所示（A 企业整体网络结构图）。根据网络拓扑设计交换机、路由器、防火墙、IPS 等网络设备。

VLAN 是指在交换局域网的基础上，采用网络管理软件构建的可跨越不同网段、不同网络的端到端的逻辑网络，可以使物理上连接的各工作站在逻辑上限制通信，实现各网段之间的相互独立。使用 VLAN 技术可以有效地控制网络广播风暴，优化网络带宽，减少网络交通量，提高整体网络安全性，简化网络管理工作。VLAN 之间理论上不需要互相通信，但

也可以通过核心交换机或路由器等设备的路由选择功能来实现不同 VLAN 间的数据通信，这样可以满足不同部门对其他 VLAN 中的部分工作站资源的访问需要。从技术角度讲，VLAN 的划分策略主要有：基于端口的 VLAN 划分、基于 MAC 地址的 VLAN 划分以及基于协议的 VLAN 划分三种方式，其中基于端口和基于协议是 VLAN 划分的主要方式。

A 企业网络接入用户采用基于 IEEE 802.1Q 协议划分，将企业网络初步划分为 150 个 VLAN，由于各 VLAN 通过 DHCP 服务器自动获取 IP，所以简单易行，VLAN 内部均采取 24 位掩码，各 VLAN 之间通过本楼汇聚交换机进行路由转化，故汇聚交换机与核心交换机通过路由进行通信，这部分采用 30 位掩码，需要引起注意。

在本案例中，为了便于学习与理解，模拟了一个互联网，包括六台互相连通的路由器（运行 OSPF 动态路由协议）、一台 DNS 服务器、一台 WWW 服务器、一台 CA 服务器。请根据表 12-1 进行 VLAN 规划及 IP 地址分配并填入表中，表格行数不够请自行扩充。

表 12-1 　　　　　　　　　　A 企业网络 VLAN 规划及 IP 地址分配一览表

VLAN ID	VLAN Name	IP/Subnetwork	描述
11			
12			
13			
14			
15			
21			
22			
23			

12.2.2 设备选型

总体设计以高性能、高可靠性、高安全性，良好的可扩展性、可管理性和统一的网管系统及可靠组播为原则，还要考虑到技术的先进性、成熟性，并采用模块化的设计方法。

防火墙主要控制内网用户上网，通过访问策略实现网络安全访问。防火墙参数主要如下：吞吐量、并发会话数、是否支持 VPN 集群和负载均衡、流量监控、防御拒绝服务（DoS）攻击，例如 SYN 泛滥、互联网控制信息协议（ICMP）泛滥、端口扫描、Ping Of Death 等攻击方式。

路由器在网络设计的时候要考虑采用统一的网络出口设备，主要参数如下：保证内网的用户可以简单高速地访问互联网的包转发能力、背板带宽、路由协议、VPN、流量分析、NAT。

NAT 是在 IP 地址资源日益短缺的情况下提出的，一个局域网内部有很多台主机，但不能保证每台主机都拥有合法的 IP 地址，为了达到所有的内部主机都可以连接 Internet 的目的，可以使用地址转换。NAT 是改变 IP 报文中源地址或目的地址的一种处理方式。可以使一个局域网中的多台主机使用少量的合法地址访问外部的资源，也可以设定内部的 WWW、FTP、Telnet 等服务提供给外部网络使用。NAT 同时隐藏了内部局域网的主机地址，可以在一定程度上防范外部的非法攻击。在网络地址转换时，根据转换关联可以找到与数据包对应的地址池，根据地址池就可以找到 HASH 表，将转换记录记在相应的 HASH 表中。还原时，根据目的地址可以知道该地址属于哪个地址池，从而找到相应的 HASH 表，就可以继续进行还原操作。

核心交换机是局域网核心层的骨干,重点考虑全网的安全建设,采用的核心设备必须具备完整的安全体系架构,具备防源 IP 地址欺骗、防 DoS/DDoS 攻击、防 IP 扫描等防攻击功能,支持千兆端口链路聚合,支持端口映像,支持 DHCP Snooping,设备的管理支持采用 SNMP v3 标准协议,具备数据加密、非法数据包检测等安全功能,保证网络设备的安全,负责可靠而迅速地传输大量的数据流。主要参数如下:背板带宽、第三层转发性能、高可用性特性。

汇聚交换机主要选用三层交换机。在全网络的设计上体现了分布式路由思想,可以大大减轻核心交换机的路由压力,有效地进行路由流量的均衡。作为本地网络的汇聚设备,对于突发流量大、控制要求高的情况,需要对 QoS 有良好支持的应用(多媒体流-语音、视频和数据的融合应用,比如多媒体教室和教学)实施策略部署和接入的汇聚。对于没有特殊需求(多媒体传输、安全、控制等)的子网,比如正常办公子网(通常只进行数据的传输)可以考虑选择性能中等的二层交换机设备。主要参数如下:背板带宽、包转发率、链路聚合。

接入交换机就是在每栋楼的楼层接入的交换机,接入交换机的选择仍然非常重要,考虑到接入交换机对于终端用户接入的控制起着非常重要的作用,因此建议采用安全性、控制性较高的设备。接入设备可以通过包过滤或访问控制列表实现对用户流量的控制,完成基本业务系统之间的隔离和安全性控制、认证管理等功能。设备应该能够提供 MAC 地址绑定、支持 IEEE 802.1Q VLAN 的划分、IEEE 802.1X 的认证等功能,满足网络对接入控制和管理的需求。主要参数如下:背板带宽、交换容量、转发性能、端口数量、端口/IP/MAC 三元组的绑定。

网络中的几台服务器要具有下列功能:仅供 A 公司内网用户访问;网络中的 WWW 服务器、Mail 服务器、OA 服务器等可以同时被内网及外网访问,提供入侵检测、协议分析、流量控制及 SNMP 网络管理等功能。

无线 AP 根据网络规划的需要,在无线网络中可以有选择地支持 Fat 和 Fit 两种工作模式,在组网模式上可以与无线控制器配套使用,主要参数如下:交换容量(全双工)、包转发率、端口聚合。

12.2.3 网络整体实施

制订实施进度计划。网络工程的工程进度安排见表 12-2,在网络实施过程中,要严格按照网络规划实施,在网络设备的安装与调试过程中,局部采取边施工边测试的原则,防止出现网络环路、漏调、漏接等现象。

表 12-2 网络工程进度表

工作内容	工 作 日																		
	1	2	3	4	5	6	7	8	9	10	11	12	13	14	15	16	17	18	19
入场,核实现场数据																			
设备、材料入场																			
网络设备安装调试																			
无线网络安装调试																			
服务器安装调试																			
工程文档																			
工程验收																			
技术培训																			

12.2.4　网络整体测试

在 A 企业内部局域网中,核心层设备起到承载汇聚层设备高速互连的作用,并且根据网络的目的地址进行网络转发,这就要求核心层设备达到线速,因此在核心层设备上尽量把规则下放。在核心层设备的主管理引擎执行路由管理、网络管理、网络服务等任务,利用交换的高速背板,可以独立实现硬件路由、交换和组播功能以及硬件 ACL 和 QoS 功能,从而保证了网络的高速稳定运行。

接入交换机是直接连接用户的终端设备,能通过认证客户端实现自动获取 IP 地址,并且访问内、外网资源。另外,在接入交换机中配置访问控制列表(ACL)、设置 IP 数据过滤,禁止如冲击波、振荡波等通过端口跨 VLAN 进行资源访问,达到保护网络安全的目的。

局域网内部功能测试是网络安全的一个重要部分,通过内部局域网的组建,检测网络设备能否为网络正常运行提供安全稳定的保障,测试部分可运用常用网络命令,如 ping、tracert 等,对网络基本状态进行检测,再结合交换机内置命令,完成如下操作:显示接口信息、显示所有 TCP 连接的状态、显示 TCP 连接的流量统计信息、显示 UDP 流量统计信息、显示 IP 报文统计信息、显示 ICMP 流量统计信息、清除 IP 报文统计信息、清除 TCP 连接的流量统计信息、清除 UDP 流量统计信息等。

广域网接入功能测试是检验网络成果的一个重要组成部分,测试部分可运用常用网络命令,如 ping、tracert、netstat -an、nslookup 等,对网络的基本状态进行测试。如在路由器上测试局域网接口及广域网接口、数据包转发功能、路由信息维护功能、SNMP 功能,以及日志、地址转换、访问控制、防火墙、地址分配等功能。同时,启动若干机器在 ISP 运营商中下载比较大的数据,从路由器吞吐量、时延、丢包率等方面检验路由器的稳定性和可靠性。

可结合表 12-3 自行设计测试内容。

表 12-3　　　　　　　　　　　　　　　　功能测试表

测试命令或内容	测试手段、方法	测试结果

12.3　综合项目施工报告

撰写综合项目施工报告很重要,因为这是第一手资料,所以要精心设计每一个项目的内容。而边施工边测试是检验工程质量的关键,只有设计合理、科学,才能简化工作步骤。下面给出几个针对施工过程的表,可以放到施工报告及验收报告中。

网络测试是正常运行网络的安全保障,要求对接入层设备、汇聚层设备、核心层设备、无线控制器及 AP、出口路由器等进行全方位的测评。测评要求给出具体的结果,形成文档。网络综合测试表见表 12-4。

表 12-4 网络综合测试表

测试内容	测试方法	检查结果	说明
1.Telnet 和串口登录： 用 Telnet 和串口两种方式能正常登录		□完善 □不完善	
2.端口统计数据： 查看各个使用端口的收发统计数据是否正常,异常报文是否增长	参照设备命令手册给出具体实际测试方法,尤其是命令操作,一般来说不同设备不同命令	□完善 □不完善	
3.Debug 开关： 日志信息应正常,所有 Debug 开关关闭	参照设备命令手册给出具体实际测试方法,尤其是命令操作,一般来说不同设备不同命令	□完善 □不完善	
4.电源状态查看： 各电源模块工作状态正常	参照设备命令手册给出具体实际测试方法,尤其是命令操作,一般来说不同设备不同命令	□完善 □不完善	
5.CPU 占有率： CPU 占有率应正常,与当前开展的业务类型和转发流量相符	参照设备命令手册给出具体实际测试方法,尤其是命令操作,一般来说不同设备不同命令	□完善 □不完善	
6.不使用的网络服务端口要关闭： 比如 FTP Server 功能在不使用时要及时关闭	参照设备命令手册给出具体实际测试方法,尤其是命令操作,一般来说不同设备不同命令	□完善 □不完善	
7.系统当前正在发生的告警信息： 有告警及时处理	参照设备命令手册给出具体实际测试方法,尤其是命令操作,一般来说不同设备不同命令	□完善 □不完善	
8.抽样检查 9%AP 设备信号覆盖效果： 抽样点信号强度不低于－70 dBm	详细标注抽检 AP 设备的物理地点、IP 地址、信号强度读数等	□完善 □不完善	
9.关联无线服务是否正常、迅速,抽样点读数信号强度		□完善 □不完善	

在施工过程中针对机房中的设备如服务器、防火墙等进行全方位的测评。测评要求给出具体的结果,形成文档。技术测试表见表 12-5。

表 12-5 技术测试表

测试内容	安全控制/措施	落实	部分落实	没有落实	不适用
物理安全	物理位置的选择				
	物理访问控制				
	防盗窃和防破坏				
	防雷击				
	防火				
	防水和防潮				
	防静电				
	温湿度控制				
	电力供应				
	电磁防护				

（续表）

测试内容	安全控制/措施	落实	部分落实	没有落实	不适用
网络安全	网络结构安全				
	网络访问控制				
	网络安全审计				
	边界完整性检查				
	网络入侵防范				
	恶意代码防范				
	网络设备防护				
主机安全	身份鉴别				
	访问控制				
	安全审计				
	剩余信息保护				
	入侵防范				
	恶意代码防范				
	资源控制				
应用安全	身份鉴别				
	访问控制				
	安全审计				
	剩余信息保护				
	通信完整性				
	通信保密性				
	抗抵赖				
	软件容错				
	资源控制				
数据安全及备份与恢复	数据完整性				
	数据保密性				
	备份和恢复				

在施工过程中针对机房中的设备进行测评，如服务器被攻击的情况。测评要求给出具体的结果，形成文档，威胁赋值表见表 12-6。

表 12-6　　　　　　　　　　　　　　　威胁赋值表

资产名称	编号	威胁																	总分值	威胁等级
		操作失误	滥用授权	行为抵赖	身份冒假	口令攻击	密码分析	漏洞利开	拒绝服务	恶意代码	窃取数据	物理破坏	社会工程	意外故障	通信中断	数据受损	电源中断	灾害	管理不到位	越权使用	

在施工过程中针对机房中的设备，如服务器、防火墙等进行全方位的脆弱性评估并要求给出具体的结果，形成文档，脆弱性分析赋值表见表 12-7。

表 12-7 　　　　　　　　　　　　　　　脆弱性分析赋值表

检测项	检测子项		脆弱性	作用对象	赋值	潜在影响	整改建议	标志
管理脆弱性检测	机构、制度、人员							
	安全策略							
	检测与响应							
	日常维护							
网络脆弱性检测	网络拓扑及结构							
	网络设备							
	网络安全设备							
系统脆弱性检测	操作系统							
	数据库							
应用脆弱性检测	网络服务							
	后台程序							
数据处理和存储脆弱性检测	数据处理							
	数据存储							
运行维护脆弱性检测	安全事件管理							
	安全运行保障							
设备与应急响应脆弱性检测	数据备份							
	应急预案及演练							
物理脆弱性检测	环境							
	设备							
	存储介质							
木马病毒检测	远程控制木马							
	恶意插件							
	防病毒软硬件							
渗透与攻击性检测	现场渗透测试	办公区						
		生产区						
		服务区						
		跨地区						
	远程渗透测试							
关键设备安全性专项检测	关键设备一							
	关键设备二							
	关键设备三							
设备采购环节维护环节检测	设备采购环节							
	维护环节							
其他检测								

　　综合项目施工报告的撰写还包含很多内容,要结合实践与实际从事的网络安全工作,围绕安全相关的设备进行设计,为网络安全验收打下坚实的依据基础。

12.4　项目习作

　　1.通过网络检索,对校园网网络设备进行网络安全案例分析。
　　2.结合网络整体安全部署撰写综合项目施工报告。

参 考 文 献

［1］ 杨云,邹努,高杰.计算机网络安全［M］.北京:中国铁道出版社,2016.

［2］ ［美］Shon Harris,Fernando Maymi.CISSP 认证考试指南［M］.7 版.北京:清华大学出版社,2018.

［3］ 潘霄,葛维春,全成浩,等.网络信息安全工程技术与应用分析［M］.北京:清华大学出版社,2016.

［4］ 贾如春,沈洋,网络安全实用项目教程［M］.北京:清华大学出版社,2015.

［5］ 迟恩宇,王东.网络安全与防护［M］.北京:高等教育出版社,2015.

［6］ ［美］凯文•华莱士.CCNP ROUTE 300－101 认证考试指南［M］.北京:人民邮电出版社,2016.

［7］ 寇晓蕤,王清贤.网络安全协议:原理、结构与应用［M］.2 版.北京:高度教育出版社,2016.

电子活页

管理 lvm 逻辑卷

管理文件权限

管理文件系统

配置与管理
FTP 服务器

熟练使用
Linux 基本命令

安装和管理软件包

管理动态磁盘

Linux 用户和
组管理

配置 TCP-IP
网络接口

配置与管理
DHCP 服务器

配置与管理
DNS 服务器

配置与管理
iptables 防火墙

配置与管理
NFS 服务器

配置与管理
samba 服务器

配置与管理
squid 代理服务器

配置与管理
VPN 服务器

配置与管理
Web 服务器

配置与管理
电子邮件服务器

实现 shell 编程

使用 vim 编辑器

进程管理与系统监视